陕西省"十四五"首批职业教育规划教材
陕西省计算机教育学会 2021 年优秀教材
全国技工教育规划教材
高职高专计算机类专业系列教材

U0159920

Linux 网络操作系统

主　编　魏　迎
副主编　张卫婷　屈　毅
参　编　顾旭峰　李　焕　王　宁
主　审　殷锋社

西安电子科技大学出版社

内 容 简 介

随着云计算、大数据技术，人工智能技术的快速发展，各行各业对于熟练掌握 Linux 应用的人才需求也日益增多。本书为广大 Linux 学习者而编写，主要讲述了 Linux 的基础知识和网络服务的部署。

本书分为三个学习情境，每个学习情境中设置了多个项目。学习情境一主要讲解 Linux 服务器的部署、Linux 系统的维护、用户和组群的管理、服务软件的安装、文件系统安全的维护、磁盘管理、网络通信等；学习情境二主要讲解常见的 DHCP、NFS、Samba、FTP、DNS、Web、电子邮件和 MariaDB 等网络服务的部署；学习情境三主要讲解防火墙、代理服务等系统安全管理。

本书适合作为大中专院校计算机类专业的教材，也可作为 Linux 爱好者的入门学习读物。

图书在版编目(CIP)数据

Linux 网络操作系统/魏迎主编. —西安：西安电子科技大学出版社，2020.9(2024.1 重印)
ISBN 978-7-5606-5836-0

Ⅰ. ①L…　Ⅱ. ①魏…　Ⅲ. ①Linux 操作系统—高等职业教育—教材　Ⅳ. ①TP316.85

中国版本图书馆 CIP 数据核字(2020)第 147306 号

策　　划	高　樱
责任编辑	雷鸿俊
出版发行	西安电子科技大学出版社(西安市太白南路 2 号)
电　　话	(029)88202421　88201467　　　邮　　编　710071
网　　址	www.xduph.com　　　　　　电子邮箱　xdupfxb001@163.com
经　　销	新华书店
印刷单位	陕西天意印务有限责任公司
版　　次	2020 年 9 月第 1 版　2024 年 1 月第 6 次印刷
开　　本	787 毫米 × 1092 毫米　1/16　印　张　23.5
字　　数	560 千字
定　　价	59.00 元

ISBN 978-7-5606-5836-0 / TP

XDUP 6138001-6

***** 如有印装问题可调换 *****

前　言

Linux 作为网络操作系统，广泛应用于网络服务部署、人工智能技术、云计算、大数据技术等领域。目前，开源、安全、稳定和移植性好的 Linux 操作系统已成为主流网络操作系统，社会对 Linux 人才需求日益增多，因此，培养从事基于 Linux 技术的人才日趋重要。

本书共分 Linux 基本应用、部署 Linux 网络服务和 Linux 系统安全管理三个学习情境。每个学习情境下设若干项目，全书总共 17 个项目，其内容包括 Linux 服务器的部署、Linux 系统的维护、用户和组群的管理、服务软件的安装、文件系统安全的维护、磁盘管理、网络通信等 Linux 基本应用，DHCP、NFS、Samba、FTP、DNS、Web、电子邮件、MariaDB 等网络服务的部署，以及防火墙、代理服务等系统安全管理。每个知识点通过相关项目诠释了对应的 Linux 基本知识点和技能点以及项目开发技巧，强调了工学结合，实现了专业技能培养的实战化教学。

本书的主要特色有：

(1) 与高职学生认知接轨。

基于高职学生的认知特点，书中配置的实验尽可能从图形化界面入手，同时保证命令行操作的完备。本书内容由浅入深，每个项目都设置了知识准备(基础知识)、项目实施(基础实训)、反思与进阶(提高性实训)和项目小结，最后设置有练习题，有助于学生循序渐进地学习相关技能。

(2) 与技能大赛接轨。

近年来，在全国高等职业院校技能大赛中，云计算技术与应用、大数据技术与应用等多个赛项都是基于 Linux 平台来搭建、配置和部署各种网络服务的。本书覆盖了竞赛中所需的 Linux 系统基本技能和要求。

(3) 与"1+X"证书制度接轨。

自 2019 年"1+X"证书制度试点工作开展以来，许多企业推出的"X"证书中都涉及 Linux 基本技能。经过梳理和总结，本书融合了所有有关 Linux 方面的职业技能考核标准。

(4) 与岗位实际接轨。

本书采用"项目导向，任务驱动"的"教、学、做"一体的工学结合模式。每一个项目都分为项目引入、需求分析、知识准备、项目实施、反思与进阶等几部分，通过项目引入和需求分析帮助学生梳理解决问题所需的技能，通过知识准备、项目实施提高学生的实践技能，通过反思与进阶提升学生解决实际问题的能力，进而培养学生进行项目开发的良好习惯。

本书内容安排从易到难，采用项目教学，可操作性强。不管是 Linux 初学者，还是广大的 Linux 爱好者，都可以通过本书轻松掌握 Linux 基本应用和网络服务部署。

本书由咸阳职业技术学院和南京第五十五所技术开发有限公司共同编写，咸阳职业技术学院魏迎担任主编，张卫婷和屈毅担任副主编，陕西工业职业技术学院殷锋社担任主审。具体编写分工为：项目 1～10 由魏迎编写，项目 11、12 由张卫婷编写，项目 13、14 由屈毅编写，项目 15 由南京第五十五所技术开发有限公司顾旭峰编写，项目 16 由咸阳职业技术学院李焕编写，项目 17 由陕西省自强中等专业学校王宁编写。全书由魏迎统稿。

本书涉及的资源可通过百度网盘(链接：https://pan.baidu.com/s/1DqC_SI5gr-vs2JsDkOTeow，提取码：wo50)。

本书涉及的资源可通过百度网盘(链接：https://pan.baidu.com/s/1fCPpOFMIG7-5Aeu7PNmOxQ，提取码：1234)或者通过邮件(wlucky666@163.com)获取。

本书在编写过程中参考了一些互联网上的资料，由于网络上资料众多，引用复杂，无法一一注明原出处，在此向原作者表示感谢！由于作者水平有限，书中难免存在疏漏和不妥之处，恳请读者批评指正，作者不胜感激。

魏　迎

2020 年 5 月

目　录

学习情境一　Linux 基本应用

学习情境二　部署 Linux 网络服务

学习情境三　Linux 系统安全管理

学习情境一　Linux 基本应用

项目 1　部署 Linux 服务器

项目引入

随着学生人数的增加，为保证网络服务的稳定和系统的安全性，经过网络中心师生的讨论，决定选用 Linux 操作系统作为网络操作系统，由 IT 协会的学生完成网络中心服务器操作系统的安装与配置。

需求分析

如果想为服务器安装 Red Hat Linux 7.6 操作系统，就需要掌握 Linux 系统安装要点，如磁盘的分区、管理员账户设置等，同时能根据实际情况完成 Windows 与 Linux 双系统的安装。具体要求如下：

◇ 掌握 Linux 的分区。
◇ 会安装 Linux 操作系统。
◇ 安装 Linux 与 Windows 双系统，实现 Linux 与 Windows 双系统并存。

1.1　知 识 准 备

知识准备

1.1.1　Linux 简介

1. Linux 的起源

UNIX 系统是 1969 年 Bell 实验室开发的一种操作系统。由于其良好而稳定的性能，操作简单方便，单机用户也可以使用，因此在计算机领域得到广泛应用。随着 UNIX 走向商业化，如果想继续使用就需要购买授权。在 UNIX 昂贵的授权费用下，很多学者不得不中止对其的研究。1987 年荷兰某大学教授安德鲁写了一个 Minix，类似于 UNIX，专用于教学。随着 Minix 系统的公开，很多学者开始使用并改进 Minix，希望把改进的部分整合到 Minix 中，但是安德鲁觉得他的系统是用于教学的，不能破坏纯净性，于是拒绝了改进。

1991 年，芬兰赫尔辛基大学的学生 Linus Torvalds 将 Minix 系统成功移植到自己的个人计算机上。他仔细研读了 UNIX 的核心代码，去除比较复杂的核心程序，将其改为能够适用一般个人计算机的一种操作系统，这就是 Linux 的雏形。他还在互联网上公布了自己写的 Linux，并发布了一个帖子，大意就是：我写了一个操作系统的内核，但是还不够完善，希望 UNIX 爱好者帮助其进行改进。帖子发出后引起了强烈的反响。在大家的努力下

1994 年 Linux 的 1.0 版本正式发布，从此 Linux 的用户迅速增加，Linux 核心开发小组也日益强大。这时能在 Linux 上运行的软件已经十分广泛，从编译器到网络软件及 X-Window 都有。现在，Linux 凭借优秀的设计和不凡的性能，加上 IBM、Intel、AMD、Dell、Oracle、Sybase 等国际知名企业的大力支持，市场份额逐步增大，逐渐成为主流操作系统之一。

　　Linux 系统的标志和吉祥物是一个名为 Tux 的可爱的小企鹅。据说，因为 Linus 在澳大利亚时曾被一只动物园里的企鹅咬了一口，便选择了企鹅作为 Linux 的标志，如图 1-1 所示。

图 1-1　Linux 的标志

2. Linux 的版权问题

　　自由软件之父 Richard Stallman 认为，软件是全人类的智慧结晶，不应该为某一家公司服务。在 20 世纪 80 年代，他发起了自由软件运动 GNU，并发布了通用公共许可证(General Public License，GPL)协议。他还建立了自由软件基金会(FSF)，并提出 GNU 计划的目的是开发一个完全自由的、与 UNIX 类似但功能强大的操作系统，以便为所有的计算机使用者提供一个功能齐全、性能良好的基本系统。

　　所谓自由软件，就是指自由使用、自由学习和修改、自由分发、自由创建衍生版。GNU 的定义是一个递归缩写，即 GNU IS NOT UNIX。由于递归缩写是一种在全称中递归引用它自身的缩写，因此无法准确地解释出它的真正全称。

1.1.2　Linux 体系结构

　　Linux 一般包括内核(Kernel)、命令解释层(Shell 或其他操作环境)和实用工具等 3 个主要部分。

1. Linux 内核

　　内核是系统的心脏，是运行程序、管理磁盘和打印机等硬件设备的核心程序。操作环境向用户提供一个操作界面，它从用户那里接受命令，并且把命令送给内核去执行。由于内核提供的都是操作系统中最基本的功能，因此如果内核发生问题，整个计算机系统就可能崩溃。

2. Shell 解释层

　　Shell 是系统的用户界面，提供了用户与内核进行交互操作的一种接口。

　　Shell 是一个命令解释器，解释由用户输入的命令，并且把它们送到内核。不仅如此，Shell 还有自己的编程语言，用于对命令的编辑，它允许用户编写由 Shell 命令组成的程序。

　　Shell 不仅是一种交互式命令解释程序，还是一种程序设计语言，它与 MS-DOS 中的批处理命令类似，但比批处命令功能强大。在 Shell 脚本程序中可以定义变量，并进行参数传递、流量控制、函数调用等。

Shell 有多种不同的版本，例如：

- Bourne Shell，这是贝尔实验室开发的版本，是 UNIX 普遍使用的 Shell。
- Bash，这是 GNU 的 Bourne Again Shell，是 GNU 操作系统上默认的 Shell。
- Korn Shell，这是对 Bourne Shell 的发展，在大部分情况下与 Bourne Shell 兼容。
- C Shell，这是 Sun 公司(现已被 Oracle 公司收购)Shell 的 BSD 版本，其语法类似 C 语言，适合编程。

3. 实用工具

标准的 Linux 系统都有一套叫做实用工具的程序，如编辑器、编程语言、办公套件、Internet 工具、数据库等，用户也可以编写自己的工具。

1.1.3　Linux 的版本

Linux 的版本分为内核版本和发行版本。

1. 内核版本

内核的开发和规范一直由 Linus 领导的开发小组控制着，版本也是唯一的。开发小组每隔一段时间会公布新的版本或其修订版，从 1991 年 10 月 Linus 向世界公开发布的内核 0.0.2 版本(0.0.1 版本功能简单，所以未曾公开发布)到目前最新的内核 4.5.4 版本，Linux 的功能越来越强大。

Linux 内核的版本号是有一定规则的，版本号的格式通常为"主版本号.次版本号.修正号"。主版本号和次版本号标志着重要的功能变动，修正号表示较小的功能变更。

主版本号，即发布的 Kernel 主版本；

次版本号，偶数表示稳定版，奇数表示测试版；

修正号，即错误修补的次数。

用户可以访问 Linux 内核官方网站 http://www.kernel.org/，下载最新的内核代码。

2. 发行版本

仅有内核而没有应用软件的操作系统是无法使用的。Linux 的发行版本一般分为两类。一类是商业公司维护的发行版，也就是所谓的发行版本(Distribution)；另一类是社区组织维护的发行版本。目前各种发行版本超过 300 种，而且还在不断增加。相对于内核版本，发行版本号随发布者的不同而不同，与系统内核的版本是相互独立的。

3. 主流的 Linux 套件

1）Red Hat Linux(https://www.redhat.com/en)

Red Hat 是目前最成功的商业 Linux 套件发布商。它自 1999 年在美国纳斯达克上市以来，发展良好，目前已经成为 Linux 商界事实上的龙头。

2）SUSE Linux Enterprise(https://www.suse.com/)

SUSE 是欧洲最流行的 Linux 发行套件，它在软件国际化上作出过不小的贡献。现在 SUSE 已经被 Novell 收购，发展也很好。但与 Red Hat 相比，它并不太适合初级用户使用。

3) Ubuntu(https://www.ubuntu.com/index_kylin)

Ubuntu 是 Linux 发行版本中的后起之秀，它具备吸引个人用户的众多特性，如简单易用的操作方式、漂亮的桌面、众多的硬件支持等，它已经成为 Linux 界一颗耀眼的明星。

4) 红旗 Linux(http://www.redflag-linux.com/)

红旗 Linux 是国内比较成熟的一款 Linux 发行套件，它的界面十分美观，操作十分简单，仿照 Windows 的操作界面，让用户使用起来更感亲切。

1.1.4　常见的 Red Hat Linux 相关产品

1. Red Hat Linux 版本

Red Hat 公司在开源软件界大名鼎鼎，它发布了最早的 Linux 商业版本 Red Hat Linux。Red Hat 一直领导着 Linux 的开发、部署和经营，从嵌入式设备到安全网页服务器，是用开源软件作为 Internet 基础设施解决方案的领头羊。Red Hat 公司在发布 Red Hat Linux 系列版本的同时，还发布了 Red Hat Enterprise Linux(即 Red Hat Linux 企业版)，简写为 RHEL。RHEL 面向企业级用户，主要应用在服务器领域。Red Hat 公司对 RHEL 系列产品采用收费制度。

2019 年 5 月 7 日 Red Hat Enterprise Linux 8.0(RHEL8.0)正式发布，RHEL 8.0 在云/容器化工作负载方面提供了许多改进。它是为混合云时代重新设计的操作系统，旨在支持从企业数据中心到多个公共云的工作负载和运作。从 Linux 容器、混合云到 DevOps、人工智能，RHEL 8.0 不仅在混合云中支持企业 IT，还帮助这些新技术战略蓬勃发展。

2. Fedora Project

从 2003 年开始 Red Hat 开启了 Fedora Project 开发计划，由 Red Hat 公司赞助，以社群主导和支持的方式开发了 Linux 发行版本 Fedora core。它的目标是以公开论坛的形式，基于开源软件，创建一份完整的、通用的操作系统。因为 Red Hat 公司不再开发免费版的 Red Hat Linux，而是由 Fedora Project 来完成，Fedora Project 不断引入自由软件的新技术，从而导致其发行版本缺乏足够的稳定性。目前，Fedora Project 已更名为 Fedora。

3. CentOS

CentOS 是一个开源软件贡献者和用户社区，它对 RHEL 源代码重新进行了编译。CentOS 社区不断与其他同类社区合并，使 CentOS Linux 逐渐成为使用最广泛的 RHEL 兼容版本。事实上，其稳定性不比 RHEL 差，唯一不足的就是缺乏技术支持，因为它是社区发布的免费版。它与 RHEL 产品有着严格的版本对应关系，如使用 RHEL 6 源代码重新编译发布的是 CentOS Linux 6，与 RHEL 7.1 对应的就是 CentOS Linux 7.1。

1.1.5　Linux 系统的特点

Linux 系统能迅速发展与其良好的特性是分不开的，Linux 拥有 UNIX 全部的功能和特性。

1. 源码公开

Linux 系统的开发与 GNU 项目紧密结合，它的大多数组成部分都直接来自 GNU 项目。任何人或组织只要遵守 GPL 条款，都可以自由使用 Linux 源代码。加之 Linux 的软件资源十分丰富，每种通用程序在 Linux 上几乎都可以找到，并且数量还在不断增加，从而也促进了 Linux 的学习、推广和应用。

2. 安全性及可靠性好

Linux 采取了许多安全技术措施，如对读/写进行权限控制、带保护的子系统、审计跟踪、核心授权等。Linux 内核的高效和稳定已在各个领域内被大量事实所验证。

3. 广泛的硬件支持

由于有众多开发者在为 Linux 的扩充贡献力量，所以 Linux 有着异常丰富的驱动程序资源，支持各种主流硬件设备(如 x86、ARM、MIPS、ALPHA 和 PowerPC 等)和最新的硬件技术，甚至可在没有存储管理单元 MMU 的处理器上运行。

4. 出色的速度性能

Linux 的运行通常是以年为单位，可以连续运行数月、数年而无需重新启动。

5. 支持多重硬件平台

Linux 能够在笔记本式计算机、PC 工作站甚至大型机上运行，并能在 x86、MIPS、PowerPC、SPARC 和 Alpha 等主流的体系结构上运行。可以说，Linux 是目前支持硬件平台最多的操作系统。

6. 友好的用户界面

Linux 向用户提供了 3 种界面，即用户命令界面、系统调用界面和图形用户界面(类似 Windows 图形界面的 X-Window 系统，用户可以使用鼠标方便、直观和快捷地进行操作)。

7. 强大的网络功能

Linux 是通过 Internet 产生和发展起来的。一方面，它支持各种标准的 Internet 网络协议，很容易移植到嵌入式系统中，目前 Linux 几乎支持所有主流的网络硬件、网络协议和文件系统，因此它是 NFS 的一个很好的平台。另一方面，由于 Linux 有很好的文件系统支持(如支持 ext2、ext3、vfat、ntfs、iso9660、romfs 和 nfs 等文件系统)，是数据备份、同步和复制的良好平台。这些都为开发嵌入式系统应用打下了坚实的基础。

8. 支持多任务、多用户

Linux 是一个多任务、多用户的操作系统，可以支持多个用户同时使用，并共享系统的磁盘、外设、处理器等系统资源。每个用户对自己的文件、设备等资源具有特定的权限，且互不影响。Linux 的保护机制使每个应用程序和用户互不干扰，当一个任务崩溃时其他任务仍然照常运行。

1.1.6　桌面环境

在 Linux 中，一个桌面环境(Desktop Environment，有时称为桌面管理器)为计算机提供一个图形用户界面(GUI)，但严格来说窗口管理器和桌面环境是有区别的。桌面环境是为 Linux/UNIX 操作系统提供一个更加完备的界面以及大量整合工具和使用程序，其基本易用性吸引着大量的新用户。一个典型的桌面环境提供图标、视窗、工具栏、文件夹、壁纸以及拖放等功能。整体而言，桌面环境在设计和功能上的特性，赋予了它与众不同的外观和感觉。

现今主流的桌面环境有 KDE、GNOME、XFce、LXDE 等，除此之外还有 Ambient、EDE、IRIX Interactive Desktop、Mezzo、Sugar、CDE 等。

(1) KDE (Kool Desktop Environment)：该项目始建于 1996 年 10 月，比 GNOME 还要早一些。KDE 项目是由图形排版工具 Lyx 的开发者——一位名叫 Matthias Ettrich 的德国人发起的，目的是满足普通用户能够通过简单、易用的桌面来管理 UNIX 工作站上的各种应用软件及完成各种任务的需求。

(2) GNOME：即 GNU 网络对象模型环境 (The GNU Network Object Model Environment)计划的一部分，是开放源码运动的一个重要组成部分，也是一种让使用者容易操作和设定电脑环境的工具。GNOME 是基于自由软件，为 UNIX 或者类 UNIX 操作系统构造一个功能完善、操作简单及界面友好的桌面环境，它是 GNU 计划的正式桌面。

(3) XFce (XForms Common Environment)：该项目创建于 2007 年 7 月，类似于商业图形环境 CDE，是一个运行在各类 UNIX 下的轻量级桌面环境。原作者 Olivier Fourdan 最先设计 XFce 是基于 XForms 三维图形库。XFce 的设计目的是用来提高系统的效率，在节省系统资源的同时能够快速加载和执行应用程序。

(4) Fluxbox：是一个基于 GNU/Linux 的轻量级图形操作界面，它虽然没有 GNOME 和 KDE 那样精致，但由于它的运行对系统资源和配置要求极低，所以被安装到很多较旧的或是对性能要求较高的机器上，其菜单和有关配置被保存在用户根目录下的.fluxbox 目录里，这样使得它的配置极为便利。

(5) Enlightenment：是一个功能强大的窗口管理器，它的目标是让用户轻而易举地配置所见即所得的桌面图形界面。现在 Enlightenment 的界面已经相当豪华，拥有像 AfterStep 一样的可视化时钟及其他浮华的界面效果。用户不仅可以任意选择边框和动感的声音效果，最有吸引力的是由于它开放的设计思想，每一个用户可以根据自己的爱好，任意地配置窗口的边框、菜单及屏幕上其他各个部分，而不需要接触源代码，也不需要编译任何程序。

1.1.7   Linux 与 Windows 的区别

Microsoft Windows 是美国微软公司研发的一套操作系统，问世于 1985 年，起初仅仅是 Microsoft-DOS 模拟环境，后续的系统版本由于微软不断地更新升级，从 16 位、32 位再到现在流行的 64 位，系统版本从最初的 Windows 1.0 到现在的 Windows 10 及 Windows Server 服务器企业级操作系统，不断持续更新，微软一直致力于 Windows 操作系统的开发和完善。图形化的界面更为人性化，逐渐成为通用的操作系统。

在性能方面，经过全球 Linux 爱好者的开发与优化，开源的 Linux 系统在性能方面要胜过 Windows，所以国内的大部分企业服务器使用的都是 Linux 平台。

在安全方面，Windows 平台要定期进行打补丁来完成系统安全的更新。

1.1.8   Linux 的应用

Linux 因其稳定、开源、免费、安全、高效的特点，发展迅猛，在服务器市场占有率超过 80%。随着云计算技术的发展，Linux 在未来服务器领域应用仍是大势所趋。

1. 服务器领域

Linux 是目前市场上最受欢迎的服务器操作系统之一。如每月的页面浏览量有 100 亿人次的维基百科使用的就是 Linux 系统，U2L 计划(用 Linux 操作系统替代 UNIX 操作系统)也在广泛开展。

2. 云计算领域

在构建云计算平台的过程中，底层操作系统几乎都采用的是 Linux 系统，同时，开源技术起到了不可替代的作用。从某种意义上说，开源是云计算的灵魂。目前开源的云计算项目有 OpenStack、CloudStack、Eucalyptus 和 OpenNebula 等。

3. 嵌入式领域

由于 Linux 系统开放源代码，功能强大、可靠、稳定性强、灵活且具有极大的伸缩性，加上它广泛支持大量的微处理体系结构、硬件设备、图形支持和通信协议，Linux 是最适合嵌入式开发的操作系统。目前最成功的当属谷歌开发的 Android 系统，它是基于 Linux 的移动操作系统。Linux 具体的嵌入式应用大致有以下几类：

(1) 移动通信终端：如 Android 手机。

(2) 移动计算设备：如 Android 平板电脑、HandPC、PalmPC 及 PDA。

(3) 网络通信设备：如接入盒、打印机服务器等。

(4) 智能家电设备：如基于 Ubuntu 或 Android 的机顶盒、仿真设备、控制设备、行动装置等。

(5) 车载电脑：丰田和标致等多家汽车厂商也在使用 Linux 操作系统。

4. 桌面领域

KDE 和 GNOME 等桌面系统使得 Linux 更像是一个 Mac 或 Windows 之类的操作系统，提供完善的图形用户界面，而不同于其他使用命令行界面(Command Line Interface，CLI)的类 UNIX 操作系统。常用的面向桌面的 Linux 系统包括 Linux Mint、Ubuntu Desktop 等。

1.2　项目实施

经过前面的介绍，我们对 Linux 有了一定的了解。为了能很好地使用 Linux 操作系统，首先要学会如何安装 Linux 操作系统。本节以 Red Hat Enterprise Linux 7.6 为例，介绍如何安装 Linux 操作系统。

1.2.1　VMware 虚拟机的使用

为了在计算机中正确地安装 Linux 系统，IT 协会的学生决定先在 VMware Workstation 虚拟机上进行安装测试。

创建虚拟机

VMware Workstation 是 VMware 公司销售的商业软件产品之一，它可以在一台机器上同时运行两个或多个操作系统，一个是原始的操作系统，其他操作系统运行于虚拟机上。

运行于虚拟机上的操作系统不需要重新划分磁盘空间，不会破坏原有的系统结构，也可以同时运行多个操作系统而不需要重新启动计算机。

(1) 首先安装已完美支持微软最新 Windows 10 操作系统的 VMware Workstation Pro 15。这里安装的是 VMware Workstation Pro 15.5.0，其基本设置如下：

在"VMware Workstation"中选择"文件"→"新建"→"虚拟机"，在弹出的窗口中选择"自定义(高级)"，单击"下一步"按钮，如图 1-2 所示。

(2) 选择建立虚拟机的版本。VMware Workstation 所建立的虚拟机保证向下兼容，即 VMware Workstation 14.0 所建立的虚拟机可以在 VMware Workstation 15 中运行，反之则不可以运行。如果不考虑老版本的 VMware Workstation，可以直接单击"下一步"按钮，如图 1-3 所示。

图 1-2　新建虚拟机　　　　　　　　　　　图 1-3　选择虚拟机版本

(3) 在安装客户机操作系统界面，选择"稍后安装操作系统"。如果选择前两项，系统会进入自动安装状态，系统安装完成后显示默认的英文环境。单击"下一步"按钮，可以在虚拟机建立完成后再放入光盘，如图 1-4 所示。

(4) 选择客户机操作系统。选在"Linux"→"Red Hat Enterprise Linux7 64 位"。选择完成后单击"下一步"按钮，如图 1-5 所示。

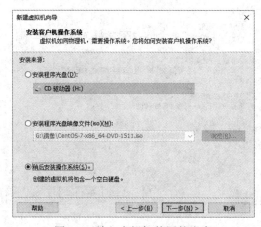

图 1-4　放入虚拟机使用的光盘　　　　　　图 1-5　选择操作系统版本

(5) 命名虚拟机。这是在 VMware Workstation 中显示的标签名，而不是虚拟机的主机

名。虚拟机的所有文件都存在于宿主机的硬盘中，可以选择恰当的位置来存放，如
E:\rhel7.6。完成后单击"下一步"按钮，如图 1-6 所示。

（6）处理器配置采用默认值，也可以调整处理器的数量。选择完成后单击"下一步"
按钮，如图 1-7 所示。

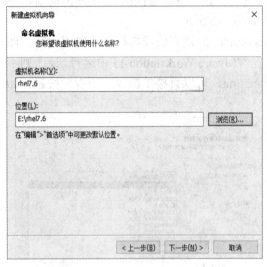
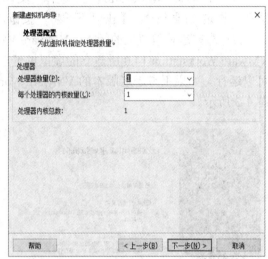

图 1-6　确定虚拟机标签及保存位置　　　　　图 1-7　进行处理器的配置

（7）选择虚拟机所使用的内存大小，默认为 2048 MB。完成后单击"下一步"按钮，
如图 1-8 所示。

（8）选择网络类型，这里我们选择"使用桥接网络"选项。选择完成后单击"下一步"
按钮，如图 1-9 所示。

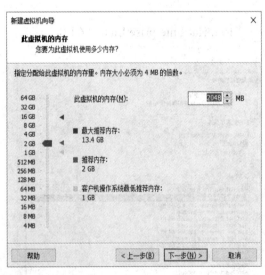
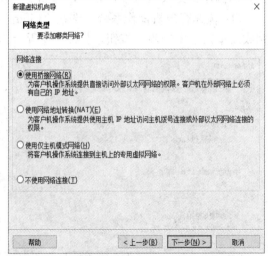

图 1-8　选择虚拟机内存　　　　　　　　　图 1-9　选择网络类型

（9）选择 I/O 控制器类型，采用推荐数值。选择完成后单击"下一步"按钮，如图 1-10

所示。

(10) 选择磁盘类型，采用推荐数值。选择完成后单击"下一步"按钮，如图 1-11 所示。

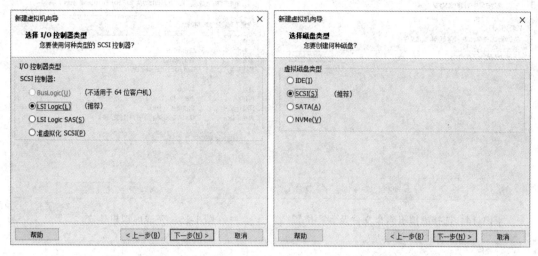

图 1-10 选择 I/O 控制器类型　　图 1-11 选择磁盘类型

(11) 选择"创建新虚拟磁盘"选项为虚拟机建立一个新的虚拟磁盘。选择完成后单击"下一步"按钮，如图 1-12 所示。

(12) 输入虚拟机的磁盘容量，这里设置的最大磁盘大小为 100 GB。虚拟磁盘占用磁盘的实际大小是以虚拟机中保存数据的大小为准的。选择"将虚拟磁盘存储为单个文件"选项，然后单击"下一步"按钮，如图 1-13 所示。

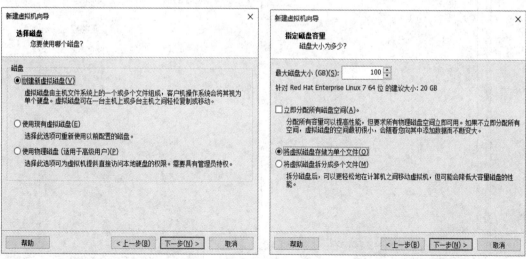

图 1-12 新建虚拟机磁盘　　图 1-13 输入虚拟机磁盘容量

(13) 选择磁盘文件的存储位置，在默认情况下磁盘文件保存在虚拟机所在的目录，即 E:/rhel7.6 中。输入完成后单击"下一步"按钮，如图 1-14 所示。

(14) 完成以上配置后，如图 1-15 所示，单击"自定义硬件"按钮，打开硬件对话框，选择"新 CD/DVD"，在右侧选择"使用 ISO 映像文件"，选择 Red Hat Enterprise Linux 7.6

安装文件，单击"关闭"按钮，如图 1-16 所示。

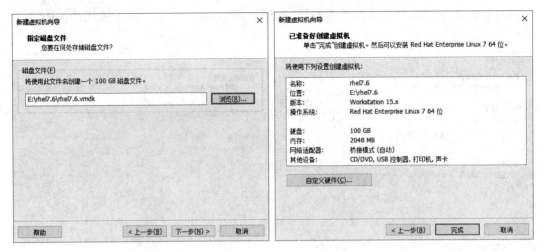

图 1-14　选择虚拟机磁盘文件及保存位置　　　　图 1-15　完成虚拟机建立

图 1-16　选择虚拟机硬件

(15) 完成虚拟机的建立后，可以单击图中"开启此虚拟机"按钮选项来运行虚拟机，如图 1-17 所示。

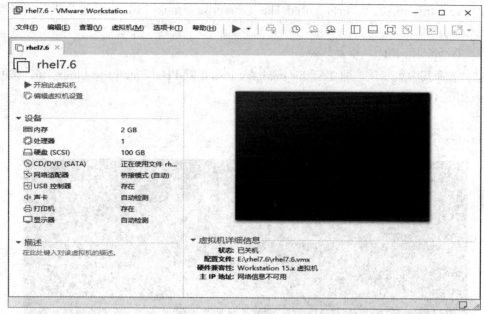

图 1-17　运行虚拟机

1.2.2　Red Hat Enterprise Linux 7.6 的安装

1. 初始安装

(1) 开启此虚拟机之后，就进入到 Linux 的安装引导界面，如
图 1-18 所示。RHEL7.6 即 Red Hat Enterprise Linux7.6 有三个安装
选项：

Linux 操作系统的安装

◇ Install Red Hat Enterprise Linux 7.6，安装 RHEL7.6。

图 1-18　安装引导界面

◇ Test this media & install Red Hat Enterprise Linux 7.6，检测这个媒介或者安装 RHEL7.6。

◇ Troubleshooting，修复故障。

(2) 选择其中第二项，即 Test this media & install Red Hat Enterprise Linux 7.6，按回车键进入如图 1-19 所示的界面。

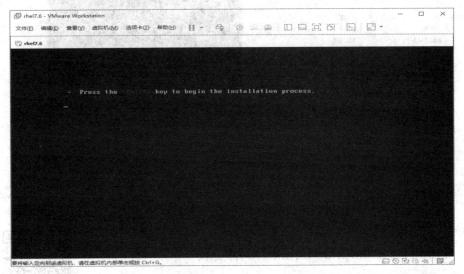

图 1-19　选择第二项并回车后进入的界面

(3) 检测正在使用光盘的正确性，如图 1-20 所示。

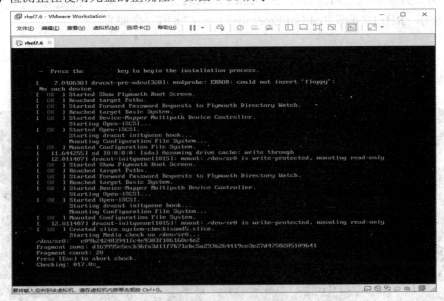

图 1-20　检测光盘

(4) 选择安装的语言，如图 1-21 所示。Linux 安装程序支持多国语言。在图 1-22 左侧列表中选择"中文"选项，在右侧列表中选择"简体中文(中国)"选项，然后单击"继续"按钮继续安装。

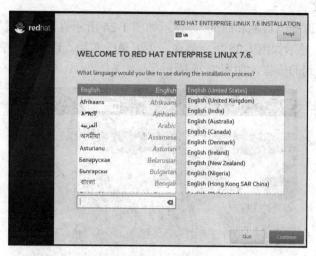

图 1-21　语言安装界面

图 1-22　选择使用的语言

(5) 进入安装信息摘要界面，如图 1-23 所示。

图 1-23　安装信息摘要界面

2. 本地化部分

在本地化中，选择"日期和时间"，显示如图 1-24 所示界面，可设置时区、日期和时间；选择"键盘"，显示如图 1-25 所示界面，可以更改布局。选择"语言支持"，可设置安装或使用过程中用到的语言，如图 1-26 所示。

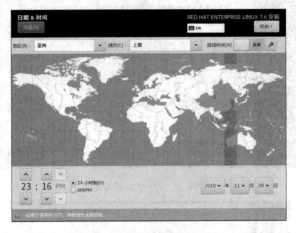

图 1-24　设置日期和时间

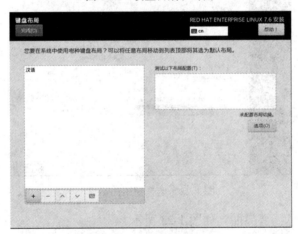

图 1-25　设置键盘布局

图 1-26　选择语言支持

3. 软件部分

(1) 选择"安装源",显示如图 1-27 所示界面。RHEL7.6 不仅支持本地光盘安装,还支持网络安装。

(2) 选择"软件选择",显示如图 1-28 所示界面。RHEL7.6 安装基本环境分为最小安装、基础设施服务器、文件及打印服务器、基本网页服务器、虚拟化主机和带 GUI 的服务器 6 种,每种都会有所选环境的附加选项,用于准确选择其功能。

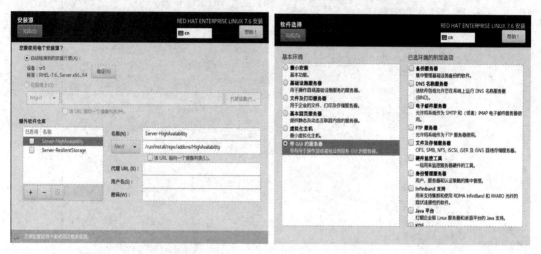

图 1-27　选择安装源　　　　　　　图 1-28　软件选择界面

4. 系统部分

(1) 选择"安装位置",显示如图 1-29 所示界面。选择"我要配置分区"选项,自定义分区。

图 1-29　选择安装位置

在手动分区界面中，在"新挂载点将使用以下分区方案"下选择"标准分区"，如图 1-30 所示。为了简化分区，单击"点这里自动创建他们"选项，打开系统设置的分区，如图 1-31 所示，并根据自己的需求修改分区。一般情况下，将交换分区的大小设置为物理内存的两倍。

图 1-30　设置分区

图 1-31　修改系统设置的分区

(2) 选择"KDUMP"，显示如图 1-32 所示界面。KDUMP 是在系统崩溃、死锁或者死机的时候用来转储内存运行参数的一个工具和服务，当系统内核崩溃时，它会捕获系统信息。在默认配置下该选项是启用的。KDUMP 会占用系统内存，为了提高系统运行速度，一般不启用此选项。

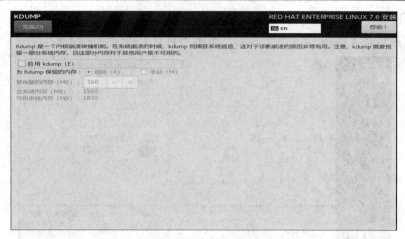

图 1-32　禁用 KDUMP

设置完成后选择"开始安装",显示如图 1-33 所示界面。单击"ROOT 密码"选项后,在图 1-34 所示的界面中设置 root 的密码。

图 1-33　配置界面

图 1-34　设置 root 密码

通常,在实际应用中,为了系统的安全,很少使用 root 登录系统,而是采用普通账户登录系统进行日常的维护。单击"创建用户"选项,设置一个普通用户 user,如图 1-35 所示。

图 1-35　创建 user 用户

5. 重启

安装完成后进入如图 1-36 所示界面，单击"重启"按钮完成安装。

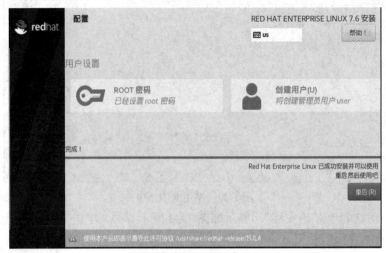

图 1-36　重启引导

1.2.3　Red Hat Enterprise Linux 7.6 的配置

1. 初始配置

安装系统并重启之后，Linux 还无法正常使用，需要进行初始配置。

Linux 重启之后进入初始设置界面，如图 1-37 所示。单击"LICENSE INFORMATION"打开许可协议窗口，勾选"我同意许可协议"选项，如图 1-38 所示，然后系统回到图 1-37 所示初始设置界面，单击"完成配置"按钮。

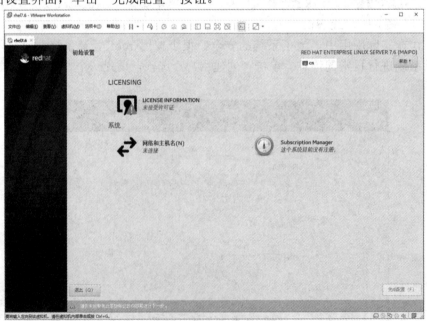

图 1-37　初始设置界面

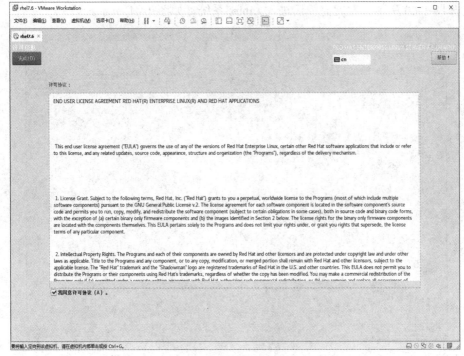

图 1-38　许可协议窗口

系统初始配置完成后，进入 Red Hat Enterprise Linux 7.6 系统，默认输入普通用户 user 的密码，也可以单击"未列出"选项，选择"root"用户登录，如图 1-39 所示。

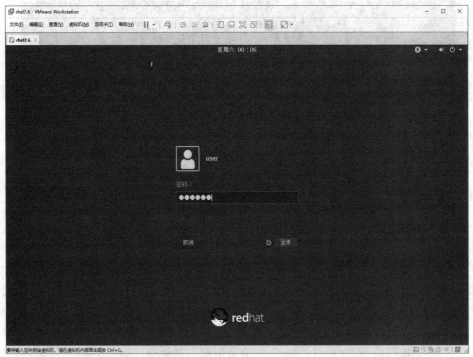

图 1-39　user 用户登录界面

在"密码"文本框中输入密码，单击"登录"按钮进入欢迎界面，设置"user"用户环境，如图 1-40 所示。设置完成后进入 Linux 系统，如图 1-41 所示。

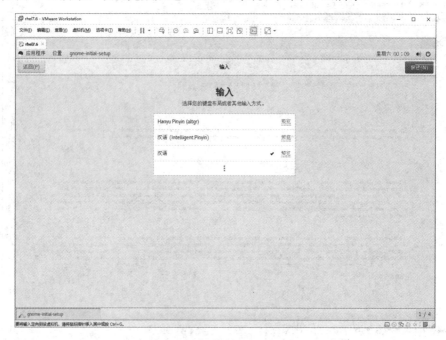

图 1-40　设置 user 用户环境

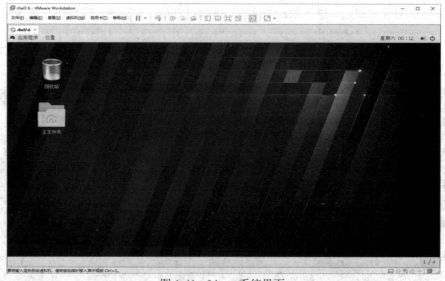

图 1-41　Linux 系统界面

2. 虚拟机快照

虚拟机快照是 VMware 虚拟机一个非常强大而神奇的功能，它可以记录当前的配置环境。当后续的操作过程中出现错误时，可方便、快捷地还原到出错误之前的状态。为了高效、快捷地学习 Linux 操作系统，建议大家创建快照。创建快照的方法是，选择"虚拟机"→"快照"→"拍摄快照"，打开"rhel7.6-拍摄快照"对话框，如图 1-42 所示，在"名称"框中输入名称，单击"拍摄快照"按钮即可。

图 1-42　拍摄快照

1.2.4　Linux 运行级别

Red Hat Enterprise Linux 7.6 中采用 target 来定义运行级别,通过 vim /etc/inittab 可看到定义,如图 1-43 所示。

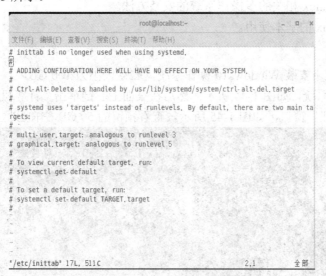

图 1-43　inittab 内容

(1) 查看当前系统的运行级别,命令如下:

[root@localhost ~]# runlevel

N 5

(2) 查看开机默认的运行级别,命令如下:

[root@localhost ~]# systemctl get-default

graphical.target

(3) 设置默认的运行级别为命令行模式,命令如下:

[root@localhost ~]# systemctl set-default multi-user.target

```
[root@localhost ~]# systemctl get-default
multi-user.target
```

(4) 切换当前运行级别到命令行模式，命令如下：

```
[root@localhost ~]# systemctl isolate multi-uscr.targct
```

或者

```
[root@localhost~]# systemctl isolate runlevel3.target
```

1.3　反思与进阶

1. 项目背景

在虚拟机上完成双系统安装测试。假如虚拟机中已经安装了 Windows 10，在 Windows 10 中预留一个空白分区来安装 Linux 系统，并保证原来的 Windows 系统能正常使用，实现 Windows 系统与 Linux 系统并存。

2. 实施目的

(1) 掌握 Red Hat Enterprise Linux 7.6 的安装方法。

(2) 掌握与 Linux 相关的多操作系统的安装方法。

(3) 掌握 Linux 的基本使用。

3. 实施步骤

安装双系统

(1) 在虚拟机中安装 Windows10 操作系统，磁盘大小为 100 GB，进入 Windows10 系统，如图 1-44 所示。然后在桌面上右键单击"计算机"，选择"管理"，打开"计算机管理"窗口，如图 1-45 所示，查看预留的 50 GB 空白分区。

图 1-44　安装好的 Windows 系统界面

图 1-45　Windows10 的磁盘空间设置

(2) 关闭 Windows10 虚拟机，在虚拟机标签处单击右键，再单击"电源"，选择"打开电源时进入固件"选项，进入虚拟机 BIOS 设置，选择"Boot"，设置第一启动顺序为"CD-ROM Drive"，按"F10"键保存并退出系统，如图 1-46 所示。

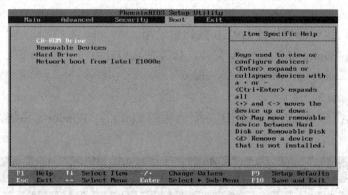

图 1-46　虚拟机 BIOS 设置

(3) 加载 Red Hat Enterprise Linux 7.6 镜像文件，选择"我要配置分区"，进行自定义分区，磁盘的分区情况如图 1-47 所示。

图 1-47　在 Windows 10 磁盘上进行 Linux 分区

(4) 等待 Linux 系统安装完成，显示如图 1-48 所示界面，单击"重启"按钮，进入初始配置界面，完成初始配置后，即可登录 Linux 系统。

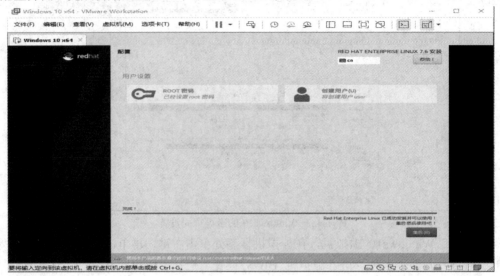

图 1-48 Linux 安装完成

(5) 安装完成 Linux 系统后，在 GRUB 界面看不到 Windows10 的启动项，默认进入 Linux 操作系统，这时需要修改 GRUB 默认启动项。

在终端编辑 /boot/grub2/grubenv 文件，修改默认启动系统。

[root@localhost ~]# vi /boot/grub2/grubenv

saved_entry=2

修改完成后重启系统，在 GRUB 界面会看到 Linux 与 Windows 系统共存的启动项，如图 1-49 所示。

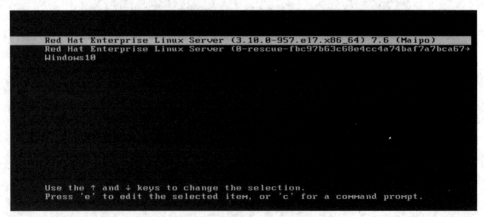

图 1-49 安装双系统后的引导界面

4. 项目总结

在 Windows10 系统安装过程中，一定要预留空白分区，才能在该空白分区中继续安装 Linux 系统，最终实现 Windows 与 Linux 双系统共存。

项 目 小 结

通过本项目的学习，IT 协会的学生为了安装 Linux 操作系统，系统地了解了 Linux 的起源、版本及特点，了解了市场上常见的 Red Hat Linux 的相关产品及应用场景；分析了 Linux 系统与我们熟悉的 Windows 系统的区别。借助神奇的虚拟机完成了 Linux 的搭建与配置，在掌握 Linux 安装要点的基础上，实现了 Linux 和 Windows 双系统的安装。

练 习 题

一、选择题

1. 安装 Linux 至少需要(　　)个分区。

A. 2　　　　　　　B. 3　　　　　　　C. 4　　　　　　　D. 5

2. Linux 的根分区系统类型是(　　)。

A. FAT16　　　　　B. FAT32　　　　　C. ext4　　　　　　D. NTFS

3. Linux 核心的许可证是(　　)。

A. NDA　　　　　　B. GDP　　　　　　C. GPL　　　　　　D. GNU

4. Linux 是操作系统，意味着开放性源码是自由可用的(　　)。

A. 封闭资源　　　　　　　　　　　　B. 开放资源

C. 用户注册文件　　　　　　　　　　D. 开放性二进制代码

二、填空题

1. Linux 默认的系统管理员账号是_____。

2. RHEL7 提供的 5 种基本的安装方式是_____、_____、_____、_____、_____。

三、面试题

1. Linux 系统与 Windows 系统有什么不同？

2. 管理员丢失了根密码如何解决？

3. 在安装 Windows 与 Linux 双系统时需如何进行分区？

项目 2　维护 Linux 系统

项目引入

在完成了网络中心服务器的升级后,IT 协会的学生了解到 Linux 与 Windows 最大的不同就是其命令功能十分强大,很多在图形界面下无法实现的功能都可以通过命令来完成。为了高效、快捷地掌握 Linux 系统的应用,使用 Linux 系统中的文件和目录,IT 协会的学生决定系统学习 Linux 基本命令的使用,掌握 shell 的编程技巧。

需求分析

为了提高 Linux 系统中文件和目录的维护效率,最好是通过命令来完成日常维护,即需要掌握维护 Linux 系统的基本命令及 Shell 的应用。

◇ 熟练使用 Linux 命令完成日常维护;

◇ 熟练使用 Linux 中的编辑器;

◇ 熟练应用 Shell 编程。

2.1　知　识　准　备

2.1.1　Linux 命令基础

Linux 命令是 Linux 系统的最大特色之一,Linux 提供的命令有着其他操作系统无可比拟的优势。比如说,Windows 提供的命令(实际上就是 DOS 操作系统),只能为用户解决部分问题和提供部分基本服务。而 Linux 的命令则不一样,使用 Linux 的命令可以为用户提供 Linux 拥有的一切服务。在终端中运行的命令是人机交互的界面,与图形界面相呼应。命令行由于具有占用系统资源少、性能稳定且非常安全等特点,在 Linux 服务器中一直有着广泛应用。

1. 终端

字符终端为用户提供了一个标准的命令行接口,用户在终端输入指令,操作系统执行并将结果回显在屏幕上。

通过“应用程序”→“系统工具”→“终端”打开终端窗口,或者在桌面通过右键菜单“打开终端”来打开终端窗口,显示如图 2-1 所示界面。

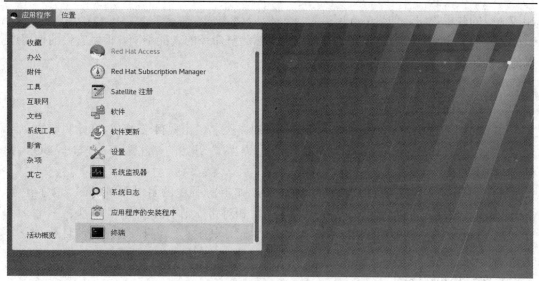

图 2-1 通过应用程序打开终端窗口

字符终端窗口中会显示一个 Shell 提示符，通常为#。Shell 提示符会因用户不同而不同，普通用户的命令提示符为"$"，超级管理员用户的命令提示符为"#"。例如：[root@localhost ~]# 中，root 表示登录的用户，localhost 表示登录的计算机名，~ 表示用户所在的文件位置。通过"文件"可以再次新建一个终端或者关闭当前终端。通过"编辑"→"首选项"，可以修改终端的文本、颜色及背景等，如图 2-2 所示。

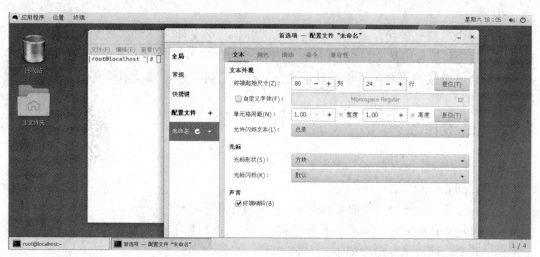

图 2-2 终端编辑窗口

2. Linux 命令特点

在 Linux 中，命令行是区分大小写的，如 ls 是一个合法的命令，而 LS 则不是。

在命令行中可以输入命令的前几个字母，然后按 Tab 键自动补齐该命令。若命令不止一个，则显示出所有和输入字符相匹配的命令。通过上下方向键查看输入过的命令。

在一个命令行上输入和执行多条命令，可以使用分号来分隔命令，如"cd /;ls"。

Linux 系统的联机帮助对每个命令的准确语法都做了说明，可以使用命令 man 来获取相应命令的联机说明，如"man ls"。

强大的 Linux 系统提供了上百条命令，虽然这些命令的功能不同，但是它们的使用遵循统一的格式：

命令名　[选项] [参数 1][参数 2]……

3. 绝对路径和相对路径

在 Linux 系统中每一个文件都有唯一的绝对路径名，由根目录"/"开始写起的文件名或目录名称，如 /home/a/a.txt。绝对路径总是以"/"开始的，注意"/"与于 DOS 下的"\"不同。

相对路径是立足当前目录指向目标文件，如当前所在的目录是 /home。为了浏览 /home/a/a.txt 文件，可以直接使用命令 ls a/a.txt。相对路径则不会以"/"开头。

在 Linux 中存在特殊目录名"."".~"和"..",其中"."目录表示当前目录，".."目录代表该目录的父目录，"~"表示该用户的家目录。

4. 硬链接和软链接

在 Linux 中可以为一个文件起多个名字，称为链接。链接分为硬链接和软链接两种形式。

1) 硬链接

硬链接是在另外的目录或当前目录中增加一个目录项，也就是说一个文件登记在多个目录中。但是，Linux 系统不能对目录文件做硬链接，也不能在不同的文件系统之间做硬链接。

2) 软链接

软链接也称符号链接，是将一个路径名链接到一个文件，类似创建文件或目录的快捷方式。当访问符号链接文件时，Linux 系统将沿着链接方向前进，找到实际的文件。符号链接没有硬链接的限制，可以对目录文件做符号链接，也可以在不同文件系统之间做符号链接。

2.1.2　目录操作命令

1. pwd

语法：pwd　[选项]

功能：查看当前所处目录的绝对路径。一般情况下不带任何

参数，如果目录有链接时，pwd -P 显示出实际路径，而非使用链接(link)路径。

目录操作命令

例　查看当前目录，命令如下：

[root@localhost ~]# pwd

/root

2. cd

语法：cd　[目录]

功能：用来在不同的目录中进行切换。

Linux 基本命令

在 Linux 系统中，用户登录后会处于自己的家目录中，该目录一般以 /home 开始，后跟用户名。root 用户的家目录是 /root。

例 1　将当前目录切换到 /var/local，命令如下：

　　[root@localhost ~]# cd /var/local

例 2　将当前目录切换到上一级目录(父目录)，命令如下：

　　[root@localhost local]# cd ..

例 3　将当前目录切换到当前用户的家目录，并查看结果，命令如下：

　　[root@localhost var]# cd ~

　　[root@localhost ~]# pwd

　　/root

3. ls

语法：ls　[选项]　文件或目录

功能：显示当前目录的内容和文件属性。

各选项的含义如下：

-a：显示包括以 "." 开头的隐藏文件及目录。

-A：显示指定目录下所有的子目录及文件，包括隐藏文件，但不包括 "." 和 ".."。

-l：显示权限、链接数目、所有者、组、大小和文件最近一次修改时间。

-d：仅列出目录本身而不显示其下的各个文件。

-n：列出 UID 与 GID 而非使用者与群组的名称。

-r：将排序结果反向输出，例如：原本档案名由小到大，反向输出则为由大到小。

-R：连同子目录内容一起列出来，等于该目录下的所有档案都会被显示出来。

例 1　显示当前目录的内容，命令如下：

　　[root@localhost ~]# ls

例 2　显示/home 目录的内容，命令如下：

　　[root@localhost ~]# ls /home

　　user

例 3　以长格式显示/root 目录内容，命令如下：

　　[root@localhost ~]# ls -l /root

　　总用量 8

　　-rw-------. 1 root root 2053 12 月　24 19:35 anaconda-ks.cfg

　　-rw-r--r--. 1 root root 2146 12 月　24 19:37 initial-setup-ks.cfg

　　drwxr-xr-x. 2 root root 　　6 12 月　24 19:38 公共

　　drwxr-xr-x. 2 root root 　　6 12 月　24 19:38 模板

　　drwxr-xr-x. 2 root root 　　6 12 月　24 19:38 视频

　　drwxr-xr-x. 2 root root　147 12 月　25 19:55 图片

　　drwxr-xr-x. 2 root root 　　6 12 月　24 19:38 文档

　　drwxr-xr-x. 2 root root 　　6 12 月　24 19:38 下载

　　drwxr-xr-x. 2 root root 　　6 12 月　24 19:38 音乐

　　drwxr-xr-x. 2 root root 　　6 12 月　24 19:38 桌面

长格式显示与文件权限方式显示的结果相同，命令 ls -l 可以简写为 ll。

4. mkdir

语法：mkdir　[选项] 目录名

功能：创建目录。

各选项的含义如下：

-m：设置新创建目录的权限。

-p：如果需要建立的目录的父目录尚未创建，则一起创建该目录及其父目录。

例 1　在当前工作目录下创建一个名为 test 的新目录，命令如下：

　　[root@localhost ~]#mkdir test

例 2　在/etc 下建立目录 test1，命令如下：

　　[root@localhost ~]# mkdir /etc/test1

例 3　创建目录/a/b，命令如下：

　　[root@localhost ~]# mkdir -p /a/b

　　[root@localhost ~]# ll /a

5. rmdir

语法：rmdir [选项]目录名

功能：从系统中删除指定的目录。在删除该目录前，它必须为空，并且必须有其父目录的写权限。

各选项的含义如下：

-p：在删除目录时一起删除父目录，但父目录中必须没有其他目录及文件。

例 1　删除目录 test，命令如下：

　　[root@localhost root]#rmdir test

例 2　删除 /a/b 目录，命令如下：

　　[root@localhost root]#rmdir -p /a/b

2.1.3　文件操作命令

文件操作命令

1. touch

语法：touch　[选项]　文件名或者目录名

功能：用于修改文件或者目录的时间属性，包括存取时间和更改时间。若文件不存在，系统会建立一个新的文件。

各选项的含义如下：

-a：将文件的存取时间改为当前时间。

-d yyyymmdd：把文件的存取或修改时间改为 yyyy 年 mm 月 dd 日。

-c：如果文件不存在，则不要进行创建。

-m：将文件的修改时间改为当前时间。

-r file：使用参照文件 file 的时间戳记数值修改指定文件的时间戳记。

例 1　在当前目录下建立一个名为 a 的空文件，命令如下：

　　[root@localhost ~]# touch a

　　[root@localhost ~]# ls

例 2　将文件 a 的存取和修改时间改为 2018 年 10 月 18 日，命令如下：

 [root@localhost ~]# touch -d 20181018 a

 [root@localhost ~]# ll

 -rw-r--r--. 1 root root 0 10 月 18 2018 a

例 3　将文件 a 的访问和修改时间更改为文件 b 的访问和修改时间，命令如下：

 [root@localhost ~]# touch b

 [root@localhost ~]# ll

 -rw-r--r--. 1 root root　　0 10 月 18 2018 a

 -rw-r--r--. 1 root root　　0 12 月 25 20:47 b

 [root@localhost ~]# touch -r b a

 [root@localhost ~]# ll

 -rw-r--r--. 1 root root　　0 12 月 25 20:47 a

 -rw-r--r--. 1 root root　　0 12 月 25 20:47 b

2. cat

语法：cat　[选项]　文件名

功能：用于显示或者把多个文本文件连接起来。

各选项的含义如下：

-b：对输出内容中的非空行标注行号。

-n：对输出内容中的所有行标注行号。

cat file1 file2：按顺序显示 file1、file2 的内容。

cat file1 file2>file3：把 file1、file2 的内容连接起来，保存到 file3 文件中。

cat >file1：新建文件 file1，并向其中输入内容，输入完毕后再按 Ctrl+c 或 Ctrl+d 结束编辑，file1 的内容就是刚输入的内容。

cat file1>>file2：将 file1 的文件内容追加到 file2 的文件后，而 file2 原有的内容依然存在。

例 1　查看文件 a 的内容，命令如下：

 [root@localhost ~]# cat a

例 2　将 stu1、stu2、stu3 三个文件合并为一个文件 stu4，命令如下：

 [root@localhost ~]#cat stu1 stu2 stu3 >stu4

例 3　将文件 stu4 追加到文件 stu1 末尾，命令如下：

 [root@localhost ~]#cat stu4 >> stu1

3. more

语法：more　[选项] 文件名

功能：用于逐页显示文件内容。执行 more 命令后，按"Enter"可以向下移动一行，按"Space"可以向下移动一页，按"q"可以退出 more 命令。

各选项的含义如下：

+/：在每个档案显示前搜寻该字串(pattern)，然后从该字串之后开始显示。

+num：从第 num 行开始显示。

-num：这里的 num 是一个数字，用来指定分页显示时每页的行数。

例　以分页的方式查看 file1 文件的内容，命令如下：

[root@localhost root]#more file1

或者

[root@localhost root]#cat file1|more

4. less

语法：less　[选项]　文件名

功能：逐页显示文件内容。less 是 more 的改进版。more 只能向下翻页，而 less 命令可以向下、向上翻页。

各选项的含义如下：

-m：显示读取文件的百分比。

-M：显示读取文件的百分比、行号及总行数。

-N：在每行前输入行号。

-p apple：在文件 /etc/user 中搜索单词 apple，"less -p apple /etc/user"。

在 less 命令执行的过程中，先按下 "/"，再输入要查找的单词或字符，继续查找下一个单词或字符，按 "Enter" 键。

例　分页显示 /etc/profile 文件内容，并查找关键字 then，命令如下：

[root@localhost root]#less　/etc/profile

在文件的执行过程，按下 "/"，输入单词 then。

5. head

语法：head　[选项]　文件名

功能：显示文件的开头部分，在默认情况下只显示文件的前 10 行内容。

各选项的含义如下：

-n num：显示指定文件的前 num 行。

-c num：显示指定文件的前 num 个字符。

例 1　显示/etc/passwd 的前面 20 行，命令如下：

[root@localhost root]#head -n 20 /etc/passwd

例 2　显示/etc/passwd 的前面 20 个字符，命令如下：

[root@localhost root]#head -c 20 /etc/passwd

6. tail

语法：tail　[选项]　文件名

功能：显示文件的末尾部分，在默认情况下只显示文件的末尾 10 行内容。

各选项的含义如下：

-n num：显示指定文件的末尾 num 行。

-c num：显示指定文件的末尾 num 个字符。

+num：从第 num 行开始显示指定文件的内容。

例 1　显示/etc/passwd 的末尾 20 行，命令如下：

[root@localhost root]#tail -n 20 /etc/passwd

例 2　显示/etc/passwd 的末尾 20 个字符，命令如下：

　　[root@localhost root]#tail -c 20 /etc/passwd

7. cp

语法：cp　[选项]　源文件 目标文件

功能：将目录或文件复制到另外一个目录。

各选项的含义如下：

-f：如果目标文件或目录存在，先将其删除后再进行复制(即覆盖)，并且不提示用户。

-i：如果目标文件或目录存在，提示是否覆盖已有的文件。

-R：递归复制目录，即包含目录下的各级子目录。

-b：删除，覆盖目标文件之前的备份，备份文件会在字尾加上一个备份字符串。默认的备份字尾符串是符号"~"。

-d：当复制符号链接时，把目标文件或目录也建立为符号链接，并指向与源文件或目录链接的原始文件或目录。

例 1　复制当前目录下的文件 aa 到 aa.bak，命令如下：

　　[root@localhost root]#cp aa aa.bak

例 2　复制一个目录下的所有文件到一个新目录，命令如下：

　　[root@localhost root]#cp /dev/cdrom* /mnt

例 3　采用交互方式将文件 file1 复制成文件 file2，命令如下：

　　[root@localhost root]#cp -i file1 file2

例 4　将文件 file1 强制复制成 file2，命令如下：

　　[root@localhost root]#cp -f file1 file2

例 5　将目录 dir1 复制成目录 dir2，命令如下：

　　[root@localhost root]#cp -R file1 file2

例 6　同时将文件 file1、file2、file3 与目录 dir1 复制到 dir2，命令如下：

　　[root@localhost root]#cp -R file1 file2 file3 dir1 dir2

8. mv

语法：mv　[选项]　源文件或目录　目标文件或目录

功能：用于文件或目录的移动或改名。

各选项的含义如下：

-i：如果目标文件或目录存在时，提示是否覆盖目标文件或目录。

-f：无论目标文件或目录是否存在，直接覆盖目标文件或目录，不提示。

例 1　将 /home/a.txt 文件移到根目录，命令如下：

　　[root@localhost ~]# mv /home/a.txt /

例 2　将文件 /a.txt 重命名为/b.txt，命令如下：

　　[root@localhost ~]# mv /a.txt /b.txt

　　[root@localhost ~]#ll

9. rm

语法：rm　[选项]　文件或目录

功能：用于文件或目录的删除。

各选项的含义如下：

-i：删除每个文件前提示。

-r, -R：递归删除目录，即包含目录下的文件和各级子目录。

-f：删除文件或目录时不提示用户。

注意：如果使用 rm 来删除文件，通常仍可以将该文件恢复原状。如果想保证该文件的内容无法还原，则使用 shred。

例 1　删除文件 test，命令如下：

[root@localhost root]#rm test

例 2　删除文件 test 前先给出提示，命令如下：

[root@localhost root]#rm -i test

例 3　删除文件 test 前不给出提示，命令如下：

[root@localhost root]#rm -f test

例 4　删除/etc/a，使用强制删除，命令如下：

[root@localhost /]# rm -rf /etc/a

[root@localhost /]# cd /etc

[root@localhost etc]# ls　　　//看不到 a 这个目录

10. whereis

语法：whereis [选项] 文件名

功能：只能用于程序名的搜索，而且仅为搜索二进制文件(选项 -b)、man 说明文件(选项 -m)和源代码文件(选项 -s)。如果省略选项，则返回所有信息。

各选项的含义如下：

-b：只查找二进制文件。

-m：只查找命令的联机帮助文件。

-s：只查找源代码文件。

例 1　查找 grub 文件信息，命令如下：

[root@localhost ~]# whereis grub

grub: /sbin/grub /etc/grub.conf /usr/share/grub /usr/share/man/man8/grub.8.gz

例 2　查找 grub 帮助文件所在目录，命令如下：

[root@localhost ~]# whereis -m grub

grub: /usr/share/man/man8/grub.8.gz

11. find

语法：find [选项]

功能：在指定目录下查找符合条件的文件和目录。

各选项的含义如下：

-name：按文件名查找文件。

-perm：按文件权限查找文件，必须是八进制形式的文件权限。

-user：按文件属主查找文件。

-group：按文件所属的组查找文件。

-type：找某一类型的文件，诸如：

◇ b——块设备文件。

◇ d——目录。

◇ c——字符设备文件。

◇ p——管道文件。

◇ l——符号链接文件。

◇ f——普通文件。

-ctime n：查找系统中最后 n×24 小时被改变文件状态的文件。

例 1 　将当前目录及其子目录下所有以 c 结尾的文件和目录列出来，命令如下：

　　　[root@localhost ~]#find 　-name "*.c"

例 2 　将当前目录及其子目录中所有一般文件列出来，命令如下：

　　　[root@localhost ~]#find 　-type f

例 3 　将当前目录及其子目录下所有最近 20 天内更新过的档案列出，命令如下：

　　　[root@localhost ~]#find 　-ctime -20

12. grep

语法：grep 　[选项] 　要查找的字符串 　文件名

功能：查找文件里包含指定字符串的行。grep 命令以指定模式搜索文件，通知用户在什么文件中搜索到与指定的模式匹配的字符串，并打印出所有包含该字符串的文本行。

各选项的含义如下：

-v：列出不匹配的行。

-c：对匹配的行计数。

-l：只显示包含匹配模式的文件名。

-h：抑制包含匹配模式的文件名的显示。

-n：每个匹配行只按相对的行号显示。

-i：对匹配模式不区分大小写。

-R, -r：递归匹配，即在目录及子目录下的所有文件进行匹配。

例 　在文件/etc/passwd 中查找包含字符串 user1 的行，并显示该行的前后两行，命令如下：

　　　[root@localhost ~]#grep 　-2 user1 /etc/passwd

13. wc

语法：wc 　[选项] 　文件

功能：统计指定文件中的字节数、字数及行数，并将统计结果显示输出。

各选项的含义如下：

-c：统计字节数。

-l：统计行数。

-m：统计字符数，这个标志不能与 -c 选项一起使用。

-w：统计字数，一个字被定义为由空白、跳格或换行字符分隔的字符串。

例 1　统计 test 文件的信息，命令如下：

[root@localhost ~]# wc test

例 2　统计 test 文件的字数，命令如下：

[root@localhost ~]# wc -w test

例 3　统计 test 文件的字符数，命令如下：

[root@localhost ~]# wc -c test

14. ln

功能：为文件建立链接文件。

1) 硬链接(Hard link)

源文件和建立的链接文件指向硬盘的同一个存储空间，对任意一个文件修改都会影响另一个文件。

语法：ln　源文件或目录　新建链接名

例　为文件 aa 创建硬链接文件 bb，命令如下：

[root@localhost ~]# ln aa bb

[root@localhost ~]# ll

2) 软链接(符号链接，Symbolic Link)

一个文件指向另一个文件的文件名，类似 Windows 的快捷方式。

语法：ln -s 源文件或目录　新建链接名

例　为文件 aa 创建符号链接文件 cc，并查看文件信息，命令如下：

[root@localhost ~]# ln -s aa cc

[root@localhost ~]#ll aa cc

2.1.4　压缩和归档命令

1. gzip

语法：gzip　[选项] 压缩的文件名

功能：生成以 .gz 结尾的压缩文件。

各选项的含义如下：

-r：递归式地查找指定目录并压缩其中的所有文件或者是解压缩。

-t：测试、检查压缩文件是否完整。

-v：压缩时显示文件名、压缩比等信息。

例　将当前目录下 aa 文件压缩为 aa.gz，并显示压缩信息，命令如下：

[root@localhost ~]#gzip -v aa

2. gunzip

语法：gunzip　[选项] 解压缩的文件名

功能：解压以 .gz 结尾的压缩文件。

各选项的含义如下：

-v：解压时显示文件名、压缩比等信息。

例　将当前目录下 aa.gz 解压，并显示详细信息，命令如下：

　　[root@localhost ~]#gunzip -v aa.gz

3. tar

语法：tar　[选项]　归档文件名　文件列表

功能：文件的打包和解包。

各选项的含义如下：

-c：创建新的归档文件。

-r：将需要存档的文件追加到归档文件的末尾。

-t：列出归档文件的内容。

-x：从归档文件中释放文件。

-f：指定归档文件的名称。

-v：列出归档解档的详细信息。

-z：支持 gzip 进行压缩/解压缩文件。

-j：支持 bzip2 压缩/解压缩文件。

例 1　将当前目录下所有.txt 文件打包并压缩归档到文件 a.tar.gz，命令如下：

　　[root@localhost ~]#tar -czvf a.tar.gz　*.txt

例 2　将当前目录下的 a.tar.gz 文件解压缩，命令如下：

　　[root@localhost ~]#tar -xzvf a.tar.gz

2.1.5　其他命令

其他命令还有：

(1) clear：用于清除字符终端屏幕内容。

(2) uname：用于显示系统信息。

(3) shutdown：用于在指定时间关闭系统。

语法：shutdown　[选项]　时间

各选项的含义如下：

-r：重新启动系统。

-h：关机。

其中，时间表示如下：：

now：表示立即。

hh:mm：表示 hh 小时 mm 分钟。

+m：表示 m 分钟以后。

例 1　现在关机并重启，命令如下：

　　[root@localhost ~]# shutdown -r now

例 2　在 11 点 30 分后关闭系统，并且不重新启动，命令如下：

　　[root@localhost ~]# shutdown -h 11:30

(4) reboot：重新启动系统，相当于"shutdown -r now"。

(5) poweroff：关机，相当于"shutdown -h now"。

(6) history：用于显示用户最近执行的命令。

2.1.6　重定向和管道

重定向和管道

在 Linux 系统中，重定向和管道是两个非常重要的概念。重定向能够为很多操作提供方便或为很多错误操作重新找到输出。管道是从一个程序进程向另一个程序进程单向传送信息的技术，在应用上是将一个程序或命令的输出作为另一个程序或命令的输入。借助重定向和管道概念，可以加强 Shell 命令的功能。

1. 重定向

在 Linux 系统中，Linux 具有标准的输入输出设备，标准输入(stdin)对应的是键盘；标准输出(stdout)和标准错误(stderr)对应的是显示器。执行命令时系统从标准输入中读取命令，然后显示到标准输出中。

Linux 系统中从文件中读取数据或者将命令的执行结果存放到文件中，这种不再使用系统的键盘或者显示器而进行的重新指定，称为重定向。重定向又分为输出重定向、输入重定向和错误重定向。

1) 输入重定向

输入重定向是指把命令(或可执行程序)的标准输入重定向到指定的文件中。也就是说，输入不再是来自键盘，而是来自一个指定的文件，即输入源改变了。编写一段程序可以用两种方法：通过键盘输入(标准输入)，或打开已有的程序(输入重定向)。只要把标准输入改为文件而非原来的键盘就可以。

2) 输出重定向

输出重定向是指把命令(或可执行程序)的标准输出或标准错误输出重新定向到指定文件中，而不是输出在显示器上，这就是输出重定向。例如：某个命令的输出很多，在屏幕上一闪而过，用户可以把它重定向到一个文件中，再用文本编辑器来打开这个文件仔细研究；在编译的时候，用户也可以把编译时产生的错误信息重定向在一个 errorfile 文件里。常用的输入输出重定向符如表 2-1 所示。

表 2-1　常用输入输出重定向符

重定向符	功　能　描　述
<	输入重定向
>	覆盖式的输出重定向
>>	追加式的输出重定向
2>	覆盖式的错误输出重定向
2>>	追加式的错误输出重定向
&>	同时实现输出重定向和错误重定向(覆盖式)

例 1　统计/etc/passwd 文件的信息，命令如下：

[root@localhost ~]# wc</etc/passwd

例 2　查看/tmp 目录中的内容，并将其保存到文件 a 中，命令如下：

　　　[root@localhost ~]# ls -l /tmp >a

例 3　查看/tmp 目录中的内容，并追加到文件 mydir 中，命令如下：

　　　[root@localhost ~]# ls -l /tmp >>mydir

例 4　将命令 myprogram 的错误信息保存到文件 err_file 中，命令如下：

　　　[root@localhost ~]# myprogram 2> err_file

例 5　将命令 myprogram 的输出信息和错误信息保存到文件 err_file 中，命令如下：

　　　[root@localhost ~]# myprogram &> output_and_err_file

例 6　查找以 mp3 结尾的文件，并保存到 cd.play.list 文件中，命令如下：

　　　[root@localhost ~]# find　-name *.mp3 > cd.play.list

2. 管道

Linux 中有一种理念——一连串的小命令能够解决大问题，其中每个小命令都能够很好地完成一项单一的工作。这就需要有一些东西能够将这些简单的命令连接起来，这样管道就应运而生。

管道就是一系列命令连接起来，这意味着第一个命令的输出会作为第二个命令的输入，通过管道传给第二个命令，第二个命令的输出又会作为第三个命令的输入，以此类推。显示在屏幕上的是管道行中最后一个命令的输出(如果命令行中未使用输出重定向)。因此，如果采用多条管道，就能把一系列的命令连接起来，如 ls | more。这条命令用管道把 ls 和 more 两个命令连接起来，作用是一屏一屏地把当前目录下的文件与目录打印出来。执行的经过是：ls 把文件与目录列表的输出全部通过管道流到 more 命令的输入端，作为 more 命令的输入，而 more 命令再把这些输入的内容分屏打印出来。

管道中使用符号"|"表示连接命令：命令 1|命令 2|命令 3|……管道中的每一条命令都作为一个单独的进程运行，每一条命令的输出作为下一条命令的输入。由于管道线中的命令总是从左到右顺序执行的，因此管道线是单向的。

例　统计登录系统的人数，命令如下：

　　　[root@localhost ~]# who|wc -l

左边的 who 查看登录系统的用户，其输出结果作为 wc 的输入。

2.1.7　Vim 编辑器的使用

在 Linux 中常用的文本编辑器有图形模式下的 gedit、kwrite、Emacs 和 OpenOffice，文本模式下的 vi 和 vim(vi 的增强版本)，其中 vim 可以主动以字体颜色辨别语法的正确性，其代码补完、编译及错误跳转等方便编程的功能特别丰富，极大地方便了程序设计。

Vim 编辑器的使用

vim 编辑器的 3 种模式包括一般模式、编辑模式和命令模式。

通过 vim 打开一个文件就直接进入一般模式了(即默认的模式)。在这个模式中可以使用上、左、右按键来移动光标，可以进行删除、复制和粘贴，但是无法编辑文件内容。

在一般模式下按下【i、I、o、O、a、A、s、S】键就会进入编辑模式，如表 2-2 所示。按下【Esc】键又可以回到一般模式。

表 2-2　Vim 模式切换

命　　令	功　能　描　述
i	在光标之前插入
a	在光标之后插入
I	在光标所在行的行首插入
A	在光标所在行的行末插入
o	在光标所在的行的下面插入一行
O	在光标所在的行的上面插入一行
s	用输入的文本替换光标所在字符
S	用输入的文本替换光标所在行

在编辑模式下，可以用【Backspace】键删除当前光标前面的字符，用【Delete】键删除当前光标处的字符。如果要删除一行，只靠上面的两个键操作比较繁琐。可以按【Esc】键返回到一般模式下，vim 的一般模式提供了很多快速编辑命令。常用的删除命令如表 2-3 所示。

表 2-3　常用的删除命令

命　　令	功　能　描　述
x	删除当前光标所在的字符
dw	删除当前光标所在的单词字符至下一个单词开始的几个字符
d$(或者 shift+d)	删除从当前光标至行尾的所有字符
dd	删除整行

vim 的一般模式还提供了替换一个字符、一个单词或是进行整行替换的命令。常用的替换命令如表 2-4 所示。

表 2-4　常用的替换命令

命　　令	功　能　描　述
r	替换光标所在的字符
R	替换字符序列
cw	替换一个单词
cb	替换光标所在的前一个字符
c$	替换自光标位置至行尾的所有字符
cc	替换当前行

vim 提供的字符查找功能可使用户向前或者向后查找。当 vim 向后查找，找到文本的最后时，它就从文本开头的地方继续查找；同样，如果向前查找，找到了文本开头，它就到文本的末尾继续查找。常用的查找命令如表 2-5 所示。

在 vim 中移动大块的文字，就不得不借助于复制、粘贴或者剪切功能了。在 Windows 环境下，Windows 为所有的程序均提供了一个剪贴板。复制的动作就是将选定的内容送到剪贴板，粘贴就是将剪贴板里的内容送到编辑器，剪切就是不仅将选项的内容送到剪贴板，而且将选定的文本在编辑器里删除。vim 编辑器里的这些操作与 Windows 中是相同的,不同的是,Windows 中的剪贴板是由系统提供,剪贴板里的内容可以被其他的程序利用。而在 vim 编辑器中,是用 vim 自己划出来的块内存,其内容不能被其他的程序所利用。

表 2-5   常用的查找命令

命　令	功　能　描　述
? 字符串	向后查找字符串
/ 字符串	向前查找字符串
n	继续上一次查找
N	以上一次相反的方向查找

在 vim 编辑器中复制的方式有两种:鼠标方式和命令方式,其常用的复制命令如表 2-6 所示。

表 2-6   常用的复制命令

命　令	功　能　描　述
yw	复制当前光标至下一个单词开始的内容
y$	复制当前光标至行尾的内容
yy 或 Y	复制整行

不同的复制方法对应不同的粘贴方法。如果用户是用鼠标复制的,那么在粘贴时用鼠标进行粘贴。用命令方式复制的就应该用 vim 提供的粘贴命令组合键来粘贴。

vim 的粘贴命令很简单,只有以下两个:

p:在当前光标后面粘贴。

Shift + h:在当前光标前面粘贴。

使用命令方式粘贴时,先将光标移至粘贴目标的位置,然后再按下相应的命令键就可以完成。

在一般模式中输入":""/""?"中任意一个进入到命令模式。在这个模式中可以完成读取、保存、替换、离开 vim、显示行号等功能。需要注意的是,编辑模式与命令模式之间是不能互相切换的。命令模式中所有的命令都必须按【Enter】后执行,命令执行完后 vim 自动回到一般模式。若在命令模式下输入命令过程中改变了主意,可按【Esc】键或用退格键将输入的命令全部删除之后,再按一下退格键,即可使 vim 回到一般模式下。命令模式下一般使用快捷方式完成数据的操作,如表 2-7 所示。

表 2-7   vim 常用的命令

命　令	功　能　描　述
:J	清除光标所处的行与下一行之间的换行,行尾没有空格的话会自动添加一个空格
:n1,n2 co n3	将从 n1 开始到 n2 位置的所有内容复制到 n3 后面
:n1,n2 m n3	将从 n1 开始到 n2 位置的所有内容移动到 n3 后面
：w[文件路径]	保存当前文档

续表

命　令	功 能 描 述
:wq	保存并退出
:q!	不保存退出
:x	保存并退出，功能和:wq 相同
:set nu 或:set nonu	显示行号/不显示行号
:number	将光标定位到 number 行
:set autoindent	缩进，常用于程序的编写

2.1.8　Shell 编程

Shell 是用户和 Linux 内核之间的接口程序。当从 Shell 或其他程序向 Linux 内核传递命令时，内核会做出相应的反应。也就是说有了 Shell，用户就能通过键盘输入指令来操作计算机了。Shell 会执行用户输入的命令，并且在显示器上显示执行结果。这种交互的全过程都是基于文本的。

shell 编程

Shell 编程是 Linux 系统核心的一部分，它调用了系统核心的大部分功能来建立文件和执行程序，并以并行的方式协调各个程序的运行。因此，对于高级用户来说，Shell 编程是重要的应用程序，通过 Shell 可以启动、挂起、停止和编写程序。

UNIX/Linux 中主要有两大类 Shell，即 Bourne Shell(包括 sh、ksh、bash 等)和 C Shell(包括 csh、tcsh 等)。大多数的 Linux(Red Hat、Slackware、Caldera)都以 bash 作为缺省的 Shell，并且运行 sh 时其实调用的是 bash。

例　编写一个 Shell 程序 a，此程序的功能是：显示 root 下的文件信息，然后建立一个 kk 的文件夹，并在此文件夹下新建一个文件 aa，返回 root 目录，命令如下：

```
[root@localhost root]#vim a
cd /root
ls -l
mkdir kk
cd kk
vi aa
cd /root
ls -l
```

其实，简单的 Shell 编程就是 Linux 命令的顺序集合。通过将多条命令顺序集合到一个文件中，可以一次执行多条命令，方便快捷。

1. Shell 变量

Shell 本身是一个用 C 语言编写的程序，也是用户使用 Linux 系统的桥梁。Shell 既是一种命令语言，又是一种程序设计语言。作为命令语言，它交互式地解释和执行用户输入的命令；作为程序设计语言，它定义了各种变量和参数，并提供了许多在高级语言中才具有的控制结构，如循环和分支结构。

在 Shell 中有三种变量：系统变量、环境变量和用户变量。系统变量用于对参数判断和命令返回值判断，环境变量主要是在程序运行时需要设置，用户变量在编程过程中使用最多。

这几种变量的赋值方法各不相同，主要有直接设置变量值、变量之间的置换、从命令行参数获取、从环境变量获取和用户输入等方式。Shell 与其他的编程语言一样，变量在使用前要进行定义。在默认情况下所有变量都被看做字符串类型，并以字符串来存储，即使它们被赋值为数字时也是如此。引用变量就是通过在变量名前加一个"$"符号来读取变量的值。

1) 系统变量

Shell 常用系统变量提供系统信息。系统变量一般采用命令行参数获取，如$$表示获取当前进程的进程号 PID。

2) 环境变量

Shell 在开始执行前就已经定义了一些与系统工作环境有关的变量。Shell 中设置环境变量用 set 命令。用 unset 命令可将环境变量重新设置为系统默认值，如 HOME 获取当前用户的主目录，PATH 表示命令搜索路径等。

对于环境变量，用户不需要每次登录后都对其进行手工设置。通过环境设置文件，用户工作环境的设置可以在登录的时候由系统自动完成。环境设置文件有两种：系统环境设置文件和用户环境设置文件。环境变量的命名规则与普通变量相同，但为了区分两种变量，一般约定环境变量用全部大写字母命名，普通变量用小写字母命名。

3) 用户变量

不管系统变量和环境变量有多少，对于需求来说总是不够的。用户常常需要自定义一些变量，这些变量就称为用户变量。

定义用户变量的语法为：name=string。

下面通过例题来理解 Shell 编程的方法。

例　为变量 S1 赋值为 zjyvsl，S2 赋值为"zjyvs2"，S3 赋值为 4+5，并输出 S1，S2，S3 的值，命令如下：

```
[root@localhost ~]#vim var
#!/bin/sh
s1=zjyvs1
echo  $s1
s2="zjyvs2"
echo  $s2
s3=4+5
echo  $s3
```

运行：[root@localhost ~]#bash var

2. 编写第一个 Shell 程序

在 Linux 系统中用 Shell 编写的批处理文件称为 Shell 脚本，包含若干条命令和语句，可以解释执行。

Linux 中 Shell 编程的步骤如下：

1) 编写 Shell 脚本的内容

注释部分：以#开头的行，用于对脚本的解释，在程序的运行过程中并不执行。

命令：在 Shell 脚本中可以出现任何在交互方式下使用的命令。

变量：在 Shell 脚本中既可以使用用户自定义的变量，也可以使用系统环境变量。

流程控制：程序设计语言中学过的流程控制语句在 Shell 中都可以应用，如 for 语句、do......while 语句等。

用 vim 等编写程序就可以创建 Shell 脚本，其文件扩展名一般为 ".sh"。

例　编写第一个 Shell 程序，命令如下：

[root@localhost ~]#vim hellworld.sh

#!/bin/sh

#This is first program

echo "Hello world"

在该程序中 bin/bash 宣告使用的 Shell 版本，表示不管是哪种类型的 Shell 都是可执行程序。若是 tcsh，则是"#!/bin/tcsh"。当这个程序被运行时，就能够加载 bash 的相关环境配置文件，并且运行 bash 来使下面的命令能够运行。第二行是程序的注释。第三行是显示双引号中的字符串。

2) 执行 Shell 脚本

通过执行第一个 Shell 程序来总结脚本的三种执行方式。

方式 1：bash 脚本文件名或者 sh 脚本文件名。

[root@localhost ~]#bash hellworld.sh

方式 2：source 脚本文件名。

[root@localhost ~]# source hellworld.sh

方式 3：chmod a+x 脚本文件，然后通过 ./ 脚本文件名来运行程序。

[root@localhost ~]#chmod a+x   hellworld.sh；./ hellworld.sh

其中用第一种和第二种方式，用户即使没有可执行权限，也可执行脚本文件。

3. GCC 的使用

GCC 原名为 GNU C 语言编译器(GNU Compiler Collection，GNU 编译器集合)，是一套由 GNU 开发的编程语言编译器。GCC 原本作为 GNU 操作系统的官方编译器，只是用来处理 C 语言的编译，但 GCC 后来得到扩展，变得既可以处理 C++，又可以处理 Fortran、Pascal、Objective-C、Java，以及 Ada 与其他语言。

GCC 根据源程序的后缀名来决定使用哪一种语言的编译器进行编译工作，如后缀名为 ".c"(小写)的文件被 GCC 认为是 C 语言的源程序文件。当使用 GCC 时，GCC 会完成预处理、编译、汇编和连接。前三步分别生成目标文件，连接时把生成的目标文件链接成可执行文件。

语法：gcc [选项] 文件名

各选项的含义如下：

-c：只编译生成目标文件，不链接成为可执行文件。编译器只是由输入的 .c 等源文件

生成 .o 为后缀的目标文件。

　　-S：汇编。

　　-E：预处理。

　　-o file：生成指定的文件(指定一个名字作为生成的二进制可执行程序的名字)。

　　-w：不生成所有警告信息。

　　-Wall：生成所有警告信息。

　　-O：对程序进行优化编译、链接，采用这个选项，整个源代码会在编译、链接过程中进行优化处理，这样产生的可执行文件的执行效率可以提高，但是编译、链接的速度就相应地要慢一些。

　　-O2：比 -O 更好的优化编译、链接，当然整个编译、链接过程会更慢。

　　假设现有 C 语言编写的源程序文件 test.c，通过执行该文件来熟悉 Linux 中 C 语言的编译与链接。

　　将 C 语言文件编译成为目标文件，命令如下：

　　　　[root@localhost ~]#gcc　　-c test.c

　　将目标文件链接为可执行文件，并生成文件 test，命令如下：

　　　　[root@localhost ~]#gcc -o　　test test.o

　　执行 test 文件，命令如下：

　　　　[root@www ~]# ./test

　　如果不使用选项，直接使用 gcc test.c，经过 GCC 编译出来的可执行程序默认是 a.out。运行编译出来的程序：./a.out

2.2　项　目　实　施

　　在使用计算机的过程中，可能会因为多种原因造成计算机的中断，为了防止硬盘上的数据丢失，IT 协会的学生决定在上次系统备份的基础上手动备份几个重要的文件到 /tmp。

　　(1) 备份 /etc 到 /tmp，并查看，命令如下：

　　　　[root@localhost ~]#cp –r /etc/*　　/tmp

　　　　[root@localhost ~]#ls /tmp

　　(2) 备份/root 到/tmp，并查看，命令如下：

　　　　[root@localhost ~]#cp –r /root　　/tmp

　　　　[root@localhost ~]#cd /tmp

　　　　[root@localhost tmp]#ll

备份系统中的文件

2.3　反　思　与　进　阶

1. 项目背景

　　作为学生，在课余还需完成课程任务。IT 协会的学生需要完成 C 语言作业，可是目前使用的都是 Linux 系统，怎么运行 C 语言编写的程序呢？

2. 实施目的

(1) 掌握 vim 编辑器的启动与退出。

(2) 掌握 vim 编辑器的三种模式及使用方法。

(3) 熟悉 C/C++ 编译器 GCC 的使用。

Linux 中 C 语言的
编译和运行

3. 实施步骤

(1) 编写 C 语言程序 test.c。

编写程序：由 1、2、3、4 四个数字，能组成多少个互不相同且无重复数字的三位数？都是多少？

程序代码如下：

```
[root@localhost ~]#vim test.c
#include "stdio.h"
main()
{
    int i, j, k;
    printf("\n");
    for(i=1; i<5; i++)                    /*以下为三重循环*/
    for(j=1; j<5; j++)
    for (k=1; k<5; k++){
        if (i!=k&&i!=j&&j!=k)             /*确保 i、j、k 三位互不相同*/
        printf("%d, %d, %d\n", i, j, k);
    }
    system("stty -echo");
    getchar();
    system("stty echo");
}
```

(2) 编译为目标程序，代码如下：

```
[root@localhost ~]#gcc   -c test.c
```

(3) 链接为可执行程序 test，代码如下：

```
[root@localhost ~]#gcc -o   test test.o
```

(4) 查看当前目录文件，执行程序 test，代码如下：

```
[root@www ~]#ll
[root@www ~]# ./test
```

4. 项目总结

(1) 在 Linux 系统中完成 C 语言程序的编译和链接。

(2) 在 Linux 系统中实现 conio.h 中的 getch()功能。

在 Windows 下写 C 程序时有时会用到 conio.h 头文件中的 getch()功能，即读取键盘字符但是不显示出来(without echo)。含有 conio.h 的程序在 Linux 中无法编译通过，因为 Linux 中没有这个头文件，但是可以用如下方法代替：

stty -echo：设置命令不被显示。

stty echo：取消不显设置。

(3) 编写 C 语言程序解决"鸡兔同笼"问题，参考程序代码如下：

```c
#include <stdio.h>
int main()
{   int r, c, h, f;
    printf("请输入总头数：\n");
    scanf("%d", &h);
    printf("请输入总脚数：\n");
    scanf("%d", &f);
    r=(f-2*h)/2;
    c=h-r;
    printf("兔子的数量是%d\n", r);
    printf("鸡的数量是%d\n", c);
    system("stty -echo");
    getchar();
    system("stty echo");
}
```

项 目 小 结

为了方便快捷地使用 Linux 操作系统，本项目介绍了强大的 Linux 命令体系及应用；为了能提高命令的使用效率，在编程或命令的使用中学习了重定向和管道；为了自动使用多条命令，学习了 Linux 系统中文本编辑器 vim 的使用；为了在 Linux 系统学习程序设计语言，了解了 Shell 的强大功能及 GCC 的基本编译过程和编译模式。通过本项目的学习，从宏观的角度上对 Linux 系统有了粗略了解，为后续的学习打下基础。

练 习 题

一、选择题

1. (   )命令用来显示/home 及其子目录下的文件名。

A. ls -a /home   B. ls -R /home   C. ls -l /home   D. ls -d /home

2. 如果忘记了 ls 命令的用法，可以采用(   )命令获得帮助。

A. ? ls   B. help ls   C. man ls   D. get ls

3. Linux 中有多个查看文件的命令，如果希望在查看文件内容过程中用光标上下移动来查看文件内容，则符合要求的命令是 (   )。

A. cat   B. more   C. less   D. head

4. 下列命令中的(   )可以删除一个非空子目录/tmp。

A. del /tmp/*　　　B. rm -rf /tmp　　　　C. rm -Ra /tmp　　　　D. rm -rf /tmp/*

5. ls -l 命令不能列出文件的(　　)信息。

A. 链接数　　　　　　　　　　　B. 文件名

C. 存取权限　　　　　　　　　　D. 文件内容在磁盘的位置

二、操作题

1. 切换到 /home 目录。

2. 以长整型格式显示/home 的内容。

3. 在/home 目录下创建文件 cjh.txt。

4. 将文件 cjh.txt 的内容复制到新文件"newdoc.txt"中。

5. 将文件 cjh.txt 重命名为 wjz.txt。

6. 删除 wjz.txt 文件。

7. 创建"aaa"目录，返回相应信息。

8. 删除"xiao"目录。

9. 将 /home 目录下的文件 newdoc.txt 分别打包成以(.tar)、(.tar.gz)为后缀的格式，然后依次解压。

10. 在根目录下创建 test 目录，然后在 test 目录下创建 test1 和 test2 目录。

11. 删除 test1 目录。

12. 显示历史命令表的所有内容。

13. 使用 cat 创建一个文件 aaa，文件内容为 linux 系统的重启与关机命令。

14. 将/etc/passwd 的内容追加到文件 aaa 中。

15. 分别使用 cat、more、less 等查看 aaa 文件的内容。

16. 用 head、tail 命令查看/etc/passwd 文件的第 10 行到第 15 行。

三、面试题

分析下面程序代码，写出程序的运行结果。

```
#!/bin/sh
num=4*6
echo $num
```

运行结果：＿＿＿＿＿＿＿

项目 3　部署用户和组群

项目引入

在完成 Linux 操作系统的基础上，IT 协会的学生担任网络管理员完成日常维护，基于全院师生权限的不同，需要为其分发不同的用户账号。Linux 作为一个多用户、多任务的操作系统，用户和组群管理是非常重要的问题，直接关系到系统的安全与稳定，那么作为网络管理员，必须了解和掌握如何管理 Linux 系统中各类用户和组。

需求分析

为了区分不同的用户，必须掌握如何创建用户，如何创建组群及将同类用户划分到同一个组群中。

　◇　Linux 下用户管理；

　◇　Linux 下组群管理；

　◇　批量创建用户。

3.1　知　识　准　备

3.1.1　Linux 用户和组

Linux 是一个多用户、多任务操作系统，允许多个用户在同一时间内登录同一个系统，执行各自不同的任务而互不影响。为了使所有用户的工作都能顺利进行，保护每个用户文件和进程，同时确保 Linux 系统自身的安全和稳定，必须建立一种秩序，使每个用户的权限都能得到规范。为了区分不同的用户，就必须建立用户账户。对不同用户账户设置不同的权限，实现了多用户、多任务的运行机制。

用户账户是用户的身份标识，用户通过用户账户登录系统，并且访问已经被授权的资源。系统依据账户来区分属于每个用户的文件、进程及任务，并给每个用户提供特定的工作环境，使每个用户的工作都能各自独立而不受干扰。每个用户都用一个唯一的用户名和用户口令，在登录系统时只有正确输入了用户名和密码，才能进入系统和自己的主目录。

在 Linux 下用户分为 3 种：

◇ 超级用户：拥有对系统的最高管理权限，默认是 root 用户。为了防止 root 用户因操作不当而对系统造成损坏，建议再建立一个普通账户来完成日常操作。

◇ 普通用户：具有登录系统的权限，只能对自己目录下的文件进行访问和修改已拥有或者有权限执行的文件。

◇ 虚拟用户：也称"伪"用户，其最大特点是不能登录系统，它们的存在主要是方便系统管理，满足相应的系统进程对文件属主的要求。例如系统默认的 bin、adm、nobody 用户等，一般运行的 web 服务，默认就是使用的 nobody 用户，但是 nobody 用户是不能登录系统的。

在 Linux 系统中，为了方便对大量用户进行统一管理，产生了组群的概念。用户组是具有相同特征用户的逻辑集合。有时需要让多个用户具有相同的权限，可以将该权限赋予某个组群，组群中的成员就可以自动获取这些权限。通过建立用户组，在很大程度上简化了管理工作，提高了工作效率。创建一个用户账户时，会自动创建一个与用户名同名的组群，该组群为该用户的主组群(即私有组群)，该用户还可能是其他组群的成员，其他组群就是该用户的附属组群(即标准组群)。

3.1.2　用户配置文件

在 Linux 中与用户账户相关的文件有 /etc/passwd、/etc/shadow 和/etc/login.def。

1. /etc/passwd 文件

作为 Linux 系统用户配置文件，该文件记录了 Linux 系统中每个用户的一些基本属性，并且对所有用户可读。需要特别注意的是，/etc/passwd 文件中的很多用户本来就是系统中已存在的，称为系统用户。例如 bin、deamon、adm 和 nobody，这些用户都是系统必要的用户，不要随意删除。

用 vim 编辑器打开 passwd 文件，其内容格式如下：

```
[root@localhost ~]# vim /etc/passwd
root:x:0:0:root:/root:/bin/bash
bin:x:1:1:bin:/bin:/sbin/nologin
daemon:x:2:2:daemon:/sbin:/sbin/nologin
adm:x:3:4:adm:/var/adm:/sbin/nologin
lp:x:4:7:lp:/var/spool/lpd:/sbin/nologin
sync:x:5:0:sync:/sbin:/bin/sync
```

/etc/passwd 中每一行的记录对应一个用户，每行记录又被 ":" 分割为 7 个域，各域的内容如下：

用户名:密码:用户标识号:组标识号:注释性描述:主目录:默认 Shell

其中各项含义解释如下：

用户名：为用户登录时所使用的用户名，如 root 就是系统默认的管理员的用户名称。

密码：存放着加密后的用户密码。虽然这个字段存放的只是用户口令的加密串，但是由于 /etc/passwd 文件对所有用户都可读，基于安全考虑，一般用 "x" 或者 "*" 来填充该字段，把真正加密后的用户口令存放到 /etc/shadow 文件中。

用户标识号：即 UID，每个用户都有一个 UID，并且是唯一的。通常 UID 号的取值范围是 0~65 535，0 是超级用户 root 的标识号，普通用户的 UID 默认从 1000 开始，也可以在创建时由管理员指定。

组标识号：即 GID，为用户所属的私有组群号，对应着 /etc/group 文件中的一条记录。

注释性描述：为可选的字段，是对用户的描述信息，比如用户的住址、电话、姓名等。

主目录：用户登录到系统之后默认所处的目录，也可以叫做用户的主目录、家目录、根目录等。创建普通用户时，默认会创建 /home/用户名的家目录，root 用户的家目录是 /root。

默认 Shell：就是用户登录系统后默认使用的命令解释器，Shell 是用户和 Linux 内核之间的接口，用户所作的任何操作都会通过 Shell 传递给系统内核。Linux 下常用的 Shell 有 sh、bash、csh 等，管理员可以根据用户的习惯，为每个用户设置不同的 Shell。其中，/sbin/nologin 表示用户无本地登录的权限。

2. /etc/shadow 文件

由于/etc/passwd 文件是所有用户都可读的，这样就会导致用户的密码容易泄露。为了增强系统的安全性，经过加密之后的密码信息都存放在/etc/shadow 中。该文件只有 root 用户拥有读权限，从而保证了用户密码的安全性。

```
[root@localhost ~]# vim /etc/shadow
root:$6$PIpcdfWqVlNYQRiX$1/Sh7wekGHtCsO1sf7u99JgEK45ZApq3VudNeJcCxpf/p6QPgOdjpf
qnzcAhBPvIm6HhDH6XNbu3y7Fua0Pc01::0:99999:7:::
bin:*:17703:0:99999:7:::
daemon:*:17703:0:99999:7:::
adm:*:17703:0:99999:7:::
lp:*:17703:0:99999:7:::
sync:*:17703:0:99999:7:::
```

在 /etc/shadow 文件中，每个用户的信息占用一行，用"："分隔为 9 个域，各域的内容如下：

用户名: 加密口令: 最后一次修改时间: 最小时间间隔: 最大时间间隔: 警告时间: 不活动时间: 失效时间: 保留字段

其中各项含义解释如下：

用户名：为用户登录名，必须要与/etc/passwd 相同。

加密口令：这才是真正的密码，而且是经过编码后的密码。用户只会看到一些特殊符号的字母。如果密码栏的第一个字符为"*"或者是"!"，标识这个用户不能登录。如果某一用户不规范操作，就可以在这个文件中将该用户的密码字段前加"*"或者是"!"，该用户将无法登录系统。

最后一次修改时间：从 1970 年 1 月 1 日作为 1 开始，到用户最近一次修改口令的间隔天数。

最小时间间隔：表示两次修改密码之间的最小时间间隔。如果是 0，表示密码随时都可以更改；如果是 15，表示在 15 天之内用户不能修改密码。

最大时间间隔：表示两次修改密码之间的最大时间间隔。如果这个期限不修改，那么这个用户将暂时失效。上面显示的是 99999，表示密码不需要重新输入。

警告时间：当用户的密码失效期限快到时，即将到达上述的"最大时间间隔"的时间，系统会依据这个字段的设置，给这个用户发出警告，提醒该用户 n 天之后密码会失效，请尽快修改密码，上面显示的是 7 天。

不活动时间：如果用户过了警告期限没有修改密码而导致密码失效，还可以用这个密码在 n 天内进行登录；如果在这个期限内还没有修改密码，那么该用户将永久的失效。

失效时间：表示该用户的账号生存期，超过这个设定时间则账号失效，用户就无法登录系统了。如果这个字段的值为空，账号永久可用。

保留字段：Linux 的保留字段。

3. /etc/login.defs 文件

配置用户账户时某些选项的配置模板，命令如下：

```
MAIL_DIR            /var/spool/mail
#当创建用户时，同时在目录/var/spool/mail 中创建一个用户 mail 文件
PASS_MAX_DAYS    99999
#密码最长的有效天数
PASS_MIN_DAYS    0
#密码最短的有效天数
PASS_MIN_LEN     5
#密码的最小长度
PASS_WARN_AGE    7
#密码过期前警告的天数
UID_MIN            1000
#使用 useradd 创建用户时，自动产生 UID 的最小值，即 UID 从 1000 开始
UID_MAX                60000
#使用 useradd 创建用户时，自动产生 UID 的最大值
GID_MIN            1000
#使用 groupass 创建组群时，指定最小 GID 为 1000
GID_MAX                60000
#使用 groupass 创建组群时，指定最大 GID
CREATE_HOME                yes
#是否创建用户主目录，yes 为创建，no 为不创建。
```

3.1.3　用户管理

用户管理

在 Linux 中，用户管理包括新建用户、设置用户密码及用户账户的维护。

1. useradd (adduser)

语法：useradd(adduser)　[选项] 用户名

功能：创建新用户，该命令只能由 root 用户使用。useradd 命令选项如表 3-1 所示。

表 3-1　useradd 命令选项

选　　项	功　能　描　述
-c 注释	用户的注释信息，被加入到/etc/passwd 文件的备注栏
-d 主目录	指定用户的家目录，系统默认的用户主目录为"/home/用户名"
-e 有效期限	指定用户账户过期日期，日期格式为 MM/DD/YY
-f 缓冲天数	设置账户过期多少天后用户账户被禁用。如果为-1，该用户账户永不过期
-g 组 ID 或组名	指定用户所属的主组群
-G 组 ID 或组名	指定用户所属的附属组群列表，多个附属组之间用逗号隔开
-s 登录 Shell	指定用户登录后所使用的 Shell，系统默认为/bin/bash
-u 用户 ID	指定用户的 UID
-m 主目录	建立用户的主目录，若用户主目录不存在，则创建它
-M 不创建主目录	不建立用户的主目录

例 1　以系统默认值创建用户 user1，命令如下：

[root@localhost ~]# useradd user1

当不选用任何选项时，Linux 将按照系统默认值创建新用户。系统将在/home 目录中新建与用户同名的子目录作为该用户的主目录，并且还将新建一个与用户同名的私有用户组作为该用户的主组群。该用户的登录 Shell 为/bin/bash，用户的 ID 由系统从 1000 开始依次指定。Red Hat 7 以前的版本是从 500 开始。

例 2　新建用户 user2，UID 为 1003，指定其所属的私有组为 user1(user1 组的标识符为 1001)，用户的主目录为/home/user2，用户的 Shell 为/bin/bash，用户的密码为 123456，账户永不过期，命令如下：

[root@localhost ~]# useradd -u 1003 -g 1001 -d /home/user2 -s /bin/bash -p 123456 -f -1 user2

使用 useradd 命令增加新用户时，将在/etc/passwd 和/etc/shadow 文件中添加新记录。

[root@localhost ~]# tail -1 /etc/passwd

user2:x:1003:1001::/home/user2:/bin/bash

[root@localhost ~]# tail -1 /etc/shadow

user2:123456:18260:0:99999:7:::

注意：Linux 中新建用户还可以使用 adduser 命令。adduser 命令是 useradd 命令的一个链接，二者的功能完全相同。

2. passwd

语法：passwd　[选项] 用户名

功能：设置或修改用户账户密码。超级用户可以修改自己和普通用户的密码，而普通用户只能修改自己的密码。

在 Linux 中，新创建的用户在没有设置密码的情况下，用户是处于锁定状态的，此时用户将无法登录系统。用户密码管理包括用户密码的设置、修改、删除、锁定、解锁等操作，都可以使用 passwd 命令来实现。passwd 命令选项如表 3-2 所示。

表 3-2 passwd 命令选项

选 项	功 能 描 述
缺省	设置指定用户的口令
-l	用户锁定
-u	用户解锁
-S	显示账户口令的简短状态信息
-n	指定命令最短修改时间
-x	指定密码最长使用时间
-w	口令要到期前提前警告的天数
-f	强迫用户下次登录时必须修改口令
-d	将用户口令设置为空，这与未设置口令的账户不同。未设置口令的账户无法登录系统，而口令为空的账户则可以
--stdin	从标准输入读取口令

例 1 root 用户修改自己的密码，命令如下：

[root@localhost ~]# passwd

Changing password for user root.

New UNIX password:

BAD PASSWORD: it is based on a dictionary word

Retype new UNIX password:

passwd: all authentication tokens updated successfully.

Linux 对用户口令的安全性要求很高。如果口令长度小于 6 位、字符过于规则、字符重复性太高或者是字典单词，系统都会出现提示信息，提醒用户此口令不安全。

例 2 root 用户修改 user3 用户的密码，命令如下：

[root@localhost ~]# passwd user3

Changing password for user user3.

New UNIX password:

BAD PASSWORD: it is based on a dictionary word

Retype new UNIX password:

passwd: all authentication tokens updated successfully.

普通用户修改口令时，passwd 命令会首先询问原来的密码，只有验证通过才可以修改。

例 3 禁用 user1 账户，命令如下：

[root@localhost ~]# passwd -l user1

Locking password for user user1.

passwd: Success

[root@localhost ~]# tail -1 /etc/shadow

查看被锁定的用户密码栏前面会加上 "!"。

例 4 恢复 user1 账户(解除锁定),命令如下:

[root@localhost ~]# passwd -u user1

Unlocking password for user user1.

passwd: Success.

例 5 删除用户 user1 的密码,命令如下:

[root@localhost ~]# passwd -d user1

Removing password for user user1.

passwd: Success

[root@localhost ~]# tail -1 /etc/shadow

user1::17826:0:99999:7:::

注意:如果用户密码被删除,那么登录系统时将不需要输入密码,此时查看 /etc/shadow 文件,用户所在行的密码字段为空白。

3. chage

语法:chage [选项] 用户名

功能:修改用户账户密码。chage 命令选项如表 3-3 所示。

表 3-3 chage 命令选项

选 项	功 能 描 述
-l	列出账户口令属性的各个数值
-m	指定口令最短存活期
-M	指定口令最长存活期
-W	口令要到期前提前警告的天数
-I	口令过期后多少天停用账户
-E	用户账户到期作废的日期
-d	设置口令上一次修改的日期

例 设置 user1 用户的最短口令存活期为 6 天,最长口令存活期为 60 天,口令到期前 5 天提醒用户修改口令。设置完成后查看各属性值,命令如下:

[root@localhost ~]# chage -m 6   -M 60 -W 5 user1

[root@localhost ~]# chage -l user1

4. usermod

语法:usermod [选项] 用户名

功能:设置用户账户属性。

对于已创建好的用户,可以使用命令 usermod 来设置和修改账户的各项属性,包括登录名、主目录、用户组、登录 Shell 等信息。该命令只能由 root 用户使用,命令的选项及功能大部分与 useradd 所使用的选项相同。usermod 命令选项如表 3-4 所示。

表 3-4　usermod 命令选项

选　项	功　能　描　述
-c 注释	更改用户的注释信息
-d 主目录	更改用户的家目录
-e 有效期限	更改用户账户过期日期
-f 缓冲天数	设置账户过期多少天后，用户账户被禁用
-g 组 ID 或组名	指定用户所属的主组群
-G 组 ID 或组名	指定用户所属的附属组群列表，多个附属组之间用逗号隔开
-s 登录 Shell	更改用户登录后所使用的 Shell，系统默认为/bin/bash
-u 用户 ID	更改用户的 UID
-l	指定用户的新名称
-L	锁定用户
-U	解除用户账户锁定

例1　修改用户 user1 的主目录为/var/user1，把启动 Shell 修改为/bin/tcsh，命令如下：

[root@localhost ~]#usermod -d / var/user1 -s /bin/tcsh user1

例2　将 user1 更名为 user，命令如下：

[root@localhost ~]# usermod -l user user1

例3　将 user 用户锁定，命令如下：

[root@localhost ~]# usermod -L user

例4　解除 user 用户的锁定，命令如下：

[root@localhost ~]# usermod -U user

5. userdel

语法：userdel　[-r] 用户名

功能：删除用户账户。

该命令只能针对 root 账户使用。如使用选项 -r，需一并删除该账户对应的主目录，否则只是删除此用户账户。如果在新建该用户时创建了私有组群，而该私有组群当前没有其他用户，那么删除用户的同时也将删除这一私有组群。正在使用系统的用户不能被删除，必须首先终止该用户所有进程才能删除该用户。

例　删除 user 用户账户及其主目录，命令如下：

[root@localhost ~]# userdel -r user

6. su

语法：su　[-]　用户名

功能：切换用户。

如果缺省用户名，则切换为 root，否则切换到指定的用户(必须存在的用户)。root 用户切换为普通用户时不需要输入口令，普通用户之间切换时需要输入被转换用户的口令，切换之后就拥有该用户的权限。使用 exit 命令可返回原来的用户身份。

如果使用"-"选项，则用户切换为新用户的同时使用新用户的环境变量。一个主要的变化在于命令提示符中当前工作目录被切换为新用户的主目录，这是由新用户的环境变量文件所决定的。

例 1　root 用户登录，切换到用户 user1，命令如下：

```
[root@localhost ~]#su user1
[user1@localhost ~]$ pwd
/root
```

例 2　root 用户登录，切换到用户 user1，并使用 user1 的环境变量，命令如下：

```
[root@localhost ~]#su - user1
[user1@localhost ~]$ pwd
/home/user1
```

在本例中使用"-"选项，因此从 Shell 命令提示符及 pwd 命令可知，当前的用户工作目录已切换为 user1 用户的主目录/home/user1。

7. sudo

语法：sudo[-u <用户>][命令]

功能：一种权限管理机制。管理员可以授权普通用户执行 root 需要执行的操作，而不需要知道 root 的密码。

通过 su 切换用户时，需要知道预切换用户的密码才可以成功执行 su 命令，这就为系统带来了极大的安全隐患，如果普通用户想使用管理员才可以使用的命令，管理员必须将密码告诉此用户，这样显然是非常不安全的。

sudo 命令默认只有 root 用户可以使用。sudo 的权限管理是通过安全策略来指定的，默认的安全策略记录在/etc/sudoers 文件中。而安全策略可能需要用户通过密码来验证它们自己。在/etc/sudoers 中设置了可执行 sudo 指令的用户。若未经授权的用户企图使用 sudo，则会发出警告邮件给管理员。

如果希望其他用户可以使用 sudo 命令，可以通过 visudo 来修改/etc/sudoers 配置文件，visudo 等价于 vim /etc/sudoers。

```
[root@localhost ~]# visudo
## Allow root to run any commands anywhere
root    ALL=(ALL)    ALL
```

这条语句表示 root 用户可以在任何机器上以任何身份执行任何命令，其中：

root：表示 root 用户。

ALL：表示在任何主机上都可以使用。

(ALL)：表示以任何用户的身份使用。

ALL：表示可以执行任何命令。

例　授予用户 user 可以执行 root 的所有命令，命令如下：

(1) 修改/etc/sudoers 配置文件，授予 user 相应的权限。

```
[root@localhost ~]#vim /etc/sudoers
## Allow root to run any commands anywhere
root    ALL=(ALL)    ALL
user    ALL=(ALL)    ALL
```

保存后退出。

　　(2) 切换到 user 用户，并通过它创建新用户 student。

　　　　[root@localhost ~]# su user

　　　　[user@localhost root]$ sudo -u root /usr/sbin/useradd student

　　　　[sudo] password for user:

　　用户使用 sudo 时，必须先输入密码，之后有 5 分钟的有效期限，超过期限则必须重新输入密码。

　　该命令可以简写为

　　　　[user@localhost root]$ sudo useradd student

　　(3) 查看用户 student 的详细信息。

　　　　[user@localhost root]$ tail -1 /etc/passwd

　　　　student:x:526:526::/home/student:/bin/bash

8. id 和 finger

语法：id　[用户名]，finger　[用户名]

功能：查看用户的信息。

例　查看用户 user1 的信息，命令如下：

　　　　[root@localhost ~]# id user1

　　　　uid=521(user1) gid=521(user1) 组=521(user1)

　　　　[root@localhost ~]# finger user1

　　其中，id 命令将显示指定用户的 UID、GID 和用户所属组的信息，finger 命令则显示指定用户的主目录、登录终端、登录 Shell、邮件、计划任务等信息。

3.1.4　批量用户管理工具

1. newusers

语法：newusers<用户信息文件>

功能：成批添加/更新一组账户。

其中，用户文件存放的是用户信息，其格式与/etc/passwd 一致。

如何批量创建用户

2. chpasswd

语法：chpasswd <<密码文件>

功能：批量更新用户密码的工具，把一个文件内容定向添加到 passwd 文件。

密码文件每一行的格式如下：

　　　username:password

其中，username 必须是系统中已存在的用户。

3. pwunconv

功能：执行该命令关闭用户的投影密码，会把密码从 shadow 文件内回存到 passwd 文件内。

4. pwconv

功能：开启用户投影密码的功能。

例 批量创建用户实例。

(1) 创建用户信息文件，命令如下：

```
[root@localhost ~]# vim userlist
[root@localhost ~]# cat userlist
auser1:x:1001:1001::/home/user1:/bin/bash
auser2:x:1002:1002::/home/user2:/bin/bash
auser3:x:1003:1003::/home/user3:/bin/bash
auser4:x:1004:1004::/home/user4:/bin/bash
```

(2) 创建用户密码文件，命令如下：

```
[root@localhost ~]# vim passwdlist
[root@localhost ~]# cat passwdlist
auser1:123456
auser2:123456
auser3:123456
auser4:123456
```

(3) 用 newusers 批量添加无密码用户，命令如下：

```
[root@localhost ~]# newusers userlist
```

(4) 关闭用户投影密码，命令如下：

```
[root@localhost ~]# pwunconv
```

该命令将/etc/shadow 产生的 shadow 密码解码，然后回写到/etc/passwd 中，并将/etc/shadow 的 shadow 密码栏删掉。这是为了方便下一步的密码转换工作，即先取消 shadow password 功能，关闭 shadow 文件。

(5) 批量修改密码，命令如下：

```
[root@localhost ~]# chpasswd <passwdlist
```

(6) 开启用户投影密码，将密码映射到 /etc/shadow 文件中，命令如下：

```
[root@localhost ~]# pwconv
```

(7) 查看用户信息文件/etc/passwd，命令如下：

```
[root@localhost ~]# tail -4   /etc/passwd
auser1:x:1001:1001::/home/user1:/bin/bash
auser2:x:1002:1002::/home/user2:/bin/bash
auser3:x:1003:1003::/home/user3:/bin/bash
auser4:x:1004:1004::/home/user4:/bin/bash
```

(8) 查看用户密码信息文件/etc/shadow，命令如下：

```
[root@localhost ~]# tail -4   /etc/shadow
auser1:$6$leq0r/fnP$7L7Rfo15uM2xZBBEaPm3E.mhUhYobPwYC3BqE/OANQJyew/6OE8znZzB
G9EdvOoRaLtMs6DdZGFmG/FDUrEV41:17877:0:99999:7:::
    auser2:$6$C1dhx2LQFAhgQOZ/$S2i890izIWVfCfQYD.lVvIY82egD84VEVEwt1YzrcDuNJV8jM
MjeLsTrALr3mslz3h.1hN3xPcBVtCaR1rG0p/:17877:0:99999:7:::
    auser3:$6$YflOo/.PJ$bVe6nOfblyyFjX/cbEIq2kXz7DOjTdiZm1OshbpJd5kBUVCU34KZdisI7x1Bx
```

LyJWwhFenXRN7bO6npoPfUQx0:17877:0:99999:7:::

auser4:6KUx9C/kwp$0bilgAB1FZfhnrXTXEuU6XAWfhhamKu0dbJi/KMw7wY4m0HlBP98Alg
D4ByolDoH/6tMwPejsEI9hs1b/BTYE.:17877:0:99999:7:::

3.1.5 用户组配置文件

用户组是用户的集合，通常将用户进行分类归组，以便于进行访问控制。用户与用户组属于多对多的关系，一个用户可以同时属于多个用户组，一个用户组也可以包含多个不同的用户。在 /etc/passwd 中记录的是用户所属的主组群，就是登录时所属的组群，其他组为附属组群。组的属性都存放在 /etc/group 文件中，它对任何用户都是可读的。

1. /etc/group 文件

作为用户组的配置文件，/etc/group 文件内容为：

```
[root@localhost ~]# vim /etc/group
root:x:0:root
bin:x:1:root,bin,daemon
daemon:x:2:root,bin,daemon
sys:x:3:root,bin,adm
adm:x:4:root,adm,daemon
```

每一行代表一个用户组的信息，采用 "：" 分隔为 4 个域，各域的内容如下：

组名：口令：组标识号：组内用户列表

组名：是用户组的名称，由字母或数字构成。与/etc/passwd 中的用户名一样，组名不能重复。

口令：存放的是用户组加密后的口令字串，密码默认设置在/etc/gshadow 文件中，而在这里用 "x" 代替。Linux 系统下默认的用户组都没有口令，可以通过 gpasswd 给用户组添加密码。

组标识号：即 GID，与 /etc/passwd 中的用户的组标识号对应。

组内用户列表：显示属于这个组的所有用户，多个用户之间用逗号分隔。

2. /etc/gshadow 文件

用户组密码管理文件，该文件只有 root 用户可以读取。/etc/gshadow 文件内容为：

```
[root@localhost ~]# vim /etc/gshadow
root:::root
bin:::root,bin,daemon
daemon:::root,bin,daemon
sys:::root,bin,adm
adm:::root,adm,daemon
```

与 /etc/group 文件类似，每一行代表一个用户组的信息，采用 "：" 分隔为 4 个域，各域的内容如下：

组名：密码：管理员：组内用户列表

组名：是用户组的名称。

密码：开头为!，表示无合法密码，所以无组群管理员。

管理员：为组群管理员的账号。

组内用户列表：显示属于这个组的所有用户，多个用户之间用逗号分隔。

3.1.6　组群管理

组群管理

1. groupadd

语法：groupadd　[选项]　用户组

功能：创建用户组，该命令只能由 root 用户创建。

各选项的含义如下：

-g：用于指定创建组的 GID。

例　创建一个名为 group 用户组，其中组的 ID 为 1003，并查看，命令如下：

　　[root@localhost ~]# groupadd -g 1003 group

　　[root@localhost ~]#tail -1 /etc/group

利用 groupadd 命令新建用户组时，如果不指定 GID，则 GID 由系统指定，默认从 1000 开始。groupadd 命令的执行结果是在/etc/group 文件和/etc/gshadow 文件中增加一行该用户组的记录。

2. groupmod

语法：groupmod　[选项]　用户组名

功能：修改用户组的属性，该命令只能由 root 用户创建。

用户组创建后，根据需要可以对用户组的相关属性进行修改，主要包括对用户组的名称和 GID 修改。

各选项的含义如下：

-g 组 ID：用于修改组的 ID。

-n 组名：修改组名。

-o：强制接受更改的组的 GID 为重复的号码。

例　将用户组 group 改名为 group1，GID 改为 1002，命令如下：

　　[root@localhost ~]# groupmod -n group1 -g 1002 group

用户组的名称及其 GID 在修改时不能与已有的用户组名称或 GID 重复。对 GID 修改，不会改变用户组的名称，同时对用户组的名称修改也不会修改用户组的 GID。

3. groupdel

语法：groupdel 用户组名

功能：删除用户组。

该命令只能由 root 用户使用，在删除指定用户组之前必须保证该用户组不是任何用户的主组群，否则，首先删除那些以此用户组为主组群的用户，然后才能删除这个用户组。

例　删除用户组 group1，命令如下：

　　[root@localhost ~]# groupdel group1

4. gpasswd

语法：gpasswd　[选项]　用户名 用户组名

　　功能：将用户添加到指定组，使其成为该用户组的成员或从用户组中移除某用户，设置用户组管理员。该命令只有 root 用户和组管理员才能够使用。

　　各选项的含义如下：

　　-a：添加用户到用户组。

　　-d：从用户组中移除用户。

　　-r：取消组的密码。

　　-A：给组指派管理员。

　　例　创建一个名为 group 的用户组，将 dxx 用户添加到 group 用户组中去，并设置用户 user 为组群管理员，命令如下：

```
[root@localhost ~]#groupadd group
[root@localhost ~]# gpasswd -a dxx group
[root@localhost ~]# gpasswd–A user group
```

5. newgrp

　　语法：newgrp　[用户组名]

　　功能：用于转换用户的当前组到指定的主组群。

　　对于没有设置组群密码的组群账户，只有组群的成员才可以使用 newgrp 命令改变主组群身份到该组群。如果组群设置了密码，其他组群的用户只要拥有组群密码也可以改变主组群身份到该组群。

　　例 1　显示当前用户的 GID，命令如下：

```
[root@localhost ~]# id
uid=0(root) gid=0(root)  组=0(root)
```

　　例 2　查看系统存在的组群，命令如下：

```
[root@localhost ~]# tail -3 /etc/group
user:x:525:
student:x:526:
cc:x:527:
```

　　例 3　更改 root 用户的主组群并查看，命令如下：

```
[root@localhost ~]# newgrp student
[root@localhost ~]# id
uid=0(root) gid=526(student)  组=0(root),526(student)
```

　　例 4　恢复用户 root 的主组群为/root，命令如下：

```
[root@localhost ~]# newgrp
[root@localhost ~]# id
uid=0(root) gid=0(root)  组=0(root),526(student)
```

3.1.7　桌面环境下管理用户和组群

1. 用户管理

　　在桌面环境中单击左上角的主选按钮"应用程序"→"杂项"→"用户和组群"，打开"用户管理者"窗口，如图 3-1 和图 3-2 所示。如果"杂项"中没有"用户和组群"选项，需要安装 system-config-users 相关配置软件包。

图 3-1　打开用户和组群图形窗口

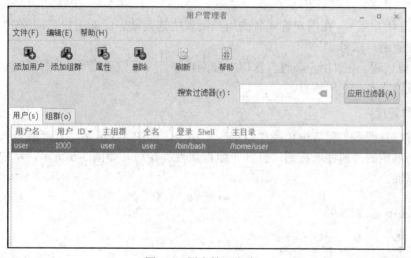

图 3-2　用户管理者窗口

在用户管理者窗口中可以进行创建用户账号、修改用户账号和密码、删除账号、加入指定的组群等操作。

(1) 添加用户。在图 3-2 所示用户管理者窗口，单击工具栏的"添加用户"按钮，打开"添加新用户"窗口，如图 3-3 所示。在窗口中相应位置输入用户名、全称、密码、确认密码、主目录等，最后单击"确定"按钮，即可添加新用户。

(2) 更新用户信息。在用户管理者的用户列表中选定要修改的用户账号，单击"属性"按钮，打开"用户属性"窗口，如图 3-4 所示。选择"用户数据"选项卡，修改该用户的账号(用户名)和密码，单击"确定"按钮即可。

(3) 将用户账号加入组群。在"用户属性"窗口中单击"组群"选项卡，在组群列表中选定该账号要加入的组群，单击"确定"按钮。

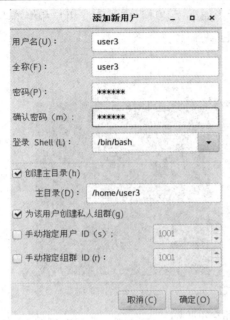

图 3-3　创建新用户　　　　　　　　　　　　图 3-4　用户属性

(4) 删除用户账号。在用户管理者的用户列表中选定欲删除的用户名，单击"删除"按钮，即可删除用户账号。

(5) 其他设置。在"用户属性"窗口中分别单击"账号信息"和"密码信息"选项卡，可查看和设置账号与密码信息。

2. 组群管理

在"用户管理者"窗口中选择"组群"选项卡，如图 3-5 所示。选择要修改的组群，然后单击工具栏的"属性"按钮，打开"组群属性"窗口，如图 3-6 所示，从中可以修改该组群的属性。

图 3-5　组群选项卡

单击"用户管理者"窗口中工具栏上的"添加组群"按钮，可以打开"添加新组群"窗口，在该窗口中输入组群名和 GID，然后单击"确定"按钮即可创建新组群，如图 3-7 所示，组群的 GID 也可以采用系统的默认值。

要删除现有组群，只需在图 3-5 组群列表中选择要删除的组群，单击工具栏上"删除"按钮即可。

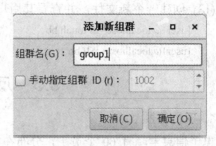

图 3-6　组群属性　　　　　　　　　　　　图 3-7　添加新组群

3.2　项 目 实 施

用户和组群管理

(1) 创建一个新用户 user1。

[root@localhost ~]# useradd user1

(2) 创建一个新组 staff。

[root@localhost ~]#groupadd staff

(3) 创建一个新用户 tom，同时加入 staff 附加组中。

[root@localhost ~]# useradd -G staff tom

(4) 创建一个新用户 user2，指定登录主目录/www，不创建用户主目录。

[root@localhost ~]# mkdir /www; useradd -d /www -M user2

(5) 将 user1 用户修改为 user3，主目录改为/home/user。

[root@localhost ~]#usermod -l user3 -d /home/user user1

(6) 删除用户 user3，同时删除其家目录。

[root@localhost ~]# userdel -r user3

注意：如果/home/user 还属于其他用户的主目录，就不会被删除。

(7) 显示用户当前的 UID、GID 和用户所属的组列表。

[root@localhost ~]#id

(8) 切换当前用户到 tom。

[root@localhost ~]#su tom

(9) 显示用户当前的 UID、GID 和用户所属的组列表。

[user1@localhost ~]$id

注意：此时普通用户所在的绝对路径一定要是自己的家目录。

(10) 创建一个新文件，并查看其用户和组。

[user1@localhost ~]$ touch aa

[user1@localhost ~]$ll aa

(11) 切换用户的当前组到指定的附加组 staff。

[user1@localhost ~]$newgrp staff

(12) 显示用户当前的 UID、GID 和用户所属的组列表。

[user1@localhost ~]$id

(13) 创建一个新文件，并查看其用户和组。

[user1@localhost ~]$ touch bb

[user1@localhost ~]$ll bb

3.3　反思与进阶

1. 项目背景

电子信息学院有 60 个员工，分布在 5 类工作岗位，每个人工作内容不同。目前需要为每人创建不同的账号，把相同岗位的用户放在一个组中，每个用户都有自己的工作目录。

2. 实施目的

(1) 为每个用户创建一个账号，并设置口令。

(2) 批量创建用户账号。

(3) 能将用户添加到不同的组群。

(4) 能进行用户账户和组群的管理与维护。

学院用户和组群

3. 实施步骤

(1) 在/root 下创建用户名列表文件 user.txt，如图 3-8 所示。

[root@localhost ~]#vim user.txt

dzxx001

dzxx002

dzxx003

…

dzxx060

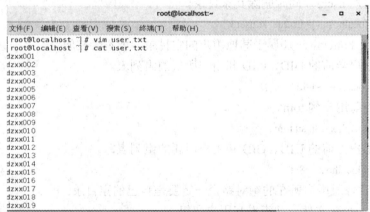

图 3-8　批量创建用户

(2) 编写 Shell 脚本程序，批量添加用户，设置密码为"123456"，并查看/etc/passwd，如图 3-9 所示。

[root@localhost ~]#vim useradd.sh

```
#!/bin/bash
#chmod 700 useradd.sh
#./useradd.sh
for user in `cat /root/user.txt`;
do
useradd $user
echo "123456" | passwd --stdin $user
echo "密码写入成功"
done
#以 root 的身份执行/usr/sbin/chpassw，将编译过的密码写入/etc/passwd 的密码栏
chpasswd < /etc/passwd
#执行/usr/sbin/pwconv 命令将密码编译为 shadow password，并将结果写入#/etc/shadow
pwconv
cat /etc/passwd
```

图 3-9　批量添加用户脚本

(3) 运行脚本，如图 3-10 所示。

[root@localhost ~]#chmod a+x　useradd.sh；./useradd.sh

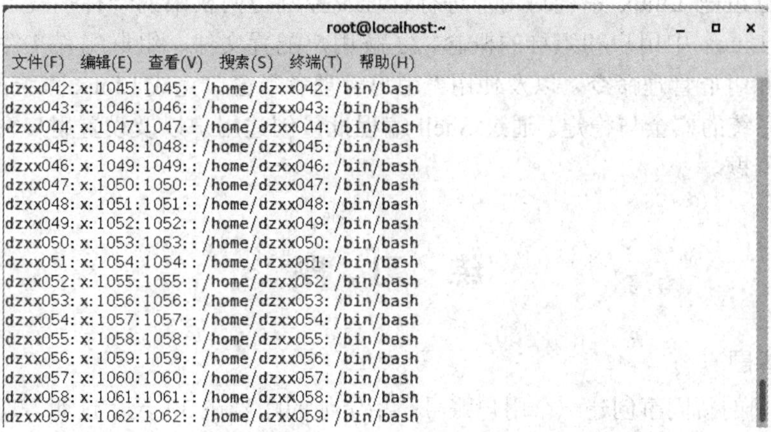

图 3-10　批量添加用户成功

(4) 创建组群。

　　[root@localhost ~]#groupadd group1

　　[root@localhost ~]#groupadd group2

　　…

　　[root@localhost ~]#groupadd group5

(5) 通过"用户管理者"窗口添加不同的用户到相应的组群，如图 3-11 所示。

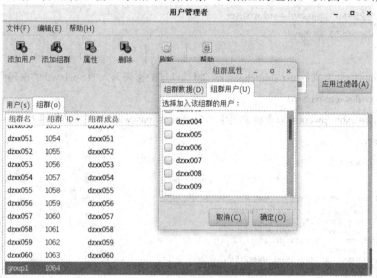

图 3-11　添加用户到不同的组

4. 项目总结

(1) 掌握通过编写 Shell 脚本批量创建用户的方法。

(2) 掌握批量用户管理命令 newusers 和 chpassw 的使用。

项 目 小 结

　　将用户分组是 Linux 系统对用户进行管理及控制访问权限的一种手段。通过本项目学习，掌握 Linux 中用户和组群的概念，了解用户配置文件、组群配置文件的内容，熟练使用用户和组群管理命令，以及使用"用户管理者"窗口完成 Linux 系统的日常维护，保证 Linux 系统的安全与稳定。通过 Shell 编程批量创建用户以及设置用户密码，解决实际用户管理问题。

练 习 题

一、选择题

　　1. 给公司的新同事创建一个用户账号，指定他的账号在 30 天后过期，现在想改变这个过期时间，应该用(　　)命令。

A. usermod -a　　　　B. usermod -d　　　　C. usermod -x　　　　　　D. usermod -e

2. 创建一个用户账号需要在 /etc/passwd 中定义(　　)信息。

A. login name　　　B. password age　　　C. default group　　　D. userid

3. (　　)命令可以将普通用户转换成超级用户。

A. super　　　　　B. passwd　　　　　　C. tar　　　　　　　　D. su

4. 以下文件中,只有 root 用户才有权存取的是(　　)。

A. passwd　　　　　B. shadow　　　　　　C. group　　　　　　D. password

5. usermod 命令无法实现的操作是(　　)。

A. 账户重命名　　　　　　　　　　　　　B. 删除指定的账户和对应的主目录

C. 加锁与解锁用户账户　　　　　　　　　D. 对用户密码进行加锁或解锁

6. 存放用户帐号的文件是(　　)。

A. shadow　　　　　B. group　　　　　　C. passwd　　　　　　D. gshadow

二、面试题

设计一个 Shell 程序,添加一个新组 class1,然后添加属于这个组的 30 个用户,用户名的形式为 stdxx,其中 xx 从 01 到 30。

三、操作题

1. 创建一个新用户 user01,设置其主目录为/home/user01。

2. 查看 /etc/passwd 文件的最后一行,看看是如何记录的。

3. 查看文件 /etc/shadow 文件的最后一行,看看是如何记录的。

4. 给用户 user01 设置密码。

5. 再次查看文件/etc/shadow 文件的最后一行,看看有什么变化。

6. 使用 user01 用户登录系统,看能否登录成功。

7. 锁定用户 user01。

8. 查看文件 /etc/shadow 文件的最后一行,看看有什么变化。

9. 再次使用 user01 用户登录系统,看是否登录成功。

10. 解除对用户 user01 的锁定。

11. 更改用户 user01 的账户名为 user02。

12. 删除用户 user02。

13. 创建一个新组 stuff。

14. 查看 /etc/group 文件的最后一行,看看是如何设置的。

15. 创建一个新账户 user02,并把它的起始组和附属组都设为 stuff。

16. 给组 stuff 设置组密码。

17. 在组 stuff 中删除用户 user02。

18. 再次查看 /etc/group 文件中的最后一行,看看有什么变化。

19. 删除组 stuff。

项目 4　安装服务软件

安装 Linux 操作系统的主要目的就是为客户提供网络服务。为了提升服务器的实用性，IT 协会的学生还需要在服务器上安装应用软件，如即时通讯工具、办公软件及系统常用的服务类软件。

了解 Linux 下安装软件的方法，Linux 与 Windows 中安装软件的区别。

4.1　知 识 准 备

4.1.1　Linux 中软件常用的安装方式

Linux 安装服务软件

软件包在 Linux 系统中占据重要的地位，可谓是系统管理的基础。由于 Linux 系统是开源的，其安装软件的方式与 Windows 系统有极大的不同，一般有三种方式：通过 RPM、源码包和 YUM 来安装。只有掌握了软件的安装，才能更好地搭建网络服务。

4.1.2　RPM 包管理

1. RPM 概述

RPM 是 RPM Package Manager 的缩写，即 RPM 软件包管理器。RPM 是一个开放的软件包管理系统。通过 RPM 软件包，用户可以安装新软件或者卸装已有软件，甚至还可以制作自己的 RPM 软件包。随着版本的升级，又融入了许多其他的优秀特性，RPM 成为了 Linux 中公认的软件包管理标准。

RPM 软件包命名遵循以下格式：

　　　name-version.type.rpm

例如：

　　　vsftpd-2.0.5-10.el5.i386.rpm, system-config-httpd-1.3.3.3-1.el5.noarch.rpm

其中：

name：软件的名称，如 vsftpd。

version：软件的版本号，如 2.0.5，版本号的格式通常为"主版本号·次版本号·修正号"。

type：包的类型，如 i[3]86：表示包适用的硬件平台，目前 RPM 支持的平台有：i386、i586、i686、sparc 和 alpha。

noarch：表示已编译的代码与平台无关。

.rpm 或 .src.rpm：文件扩展名。.rpm 是编译好的二进制包，可用 rpm 命令直接安装；.src.rpm 表示是源代码包，需要安装源码包生成源码，并对源码编译生成 .rpm 格式的 RPM 包，就可以对这个 RPM 包进行安装了。

2. RPM 命令

语法：rpm [选项] RPM 包名

功能：RPM 软件包的安装、卸载、升级、查询、验证等。

各选项的含义如下：

-i：安装 RPM 包。

-q：查询软件包。

-e：卸载软件。

-U：升级软件包。如果软件包不存在则安装软件包。

-F：刷新 RPM 包。

-V：校验 RPM 包。

-h：以#的方式来显示安装进度。

-v：显示命令执行过程及详细的安装信息。

-l：查询软件包安装完成后的所有文件。

-d：用于显示软件包生成了哪些文档。

-a：列出软件包内的所有文件。

--nodeps：在安装或升级软件包之前不做依赖检查。

--test：不安装软件包，只是简单地检查并报告可能的冲突。

例 1 查询程序是否安装 Samba，命令如下：

[root@localhost~]#rpm -q samba

例 2 安装并显示 Samba 软件包，并以"#"显示安装进度和详细信息，命令如下：

[root@localhost ~]# mount /dev/cdrom   /mnt

[root@localhost ~]# cd /mnt/Packages/

[root@localhost Packages]# rpm -ivh samba-4.8.3-4.el7.x86_64.rpm

安装并显示 Samba 软件包如图 4-1 所示。

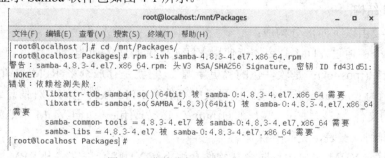

图 4-1 安装并显示 Samba 软件包

　　从图 4-1 可以看出，这个软件安装失败了。因为这个软件安装时需要解决依赖性，而 RPM 安装软件时不会自动安装所依赖的其他软件包，此时可以忽略软件依赖性安装，如图 4-2 所示。

　　[root@localhost Packages]# rpm -ivh samba-4.8.3-4.el7.x86_64.rpm --nodeps

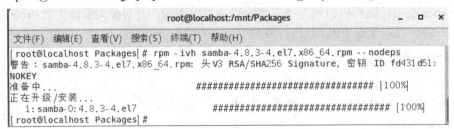

图 4-2　忽略软件依赖性安装 Samba

　　例 3　查询系统安装 httpd 的相关软件，命令如下：

　　[root@localhost~]#rpm -qa | grep httpd

　　例 4　查询已安装的 httpd 软件包所含文件列表信息，命令如下：

　　[root@localhost~]#rpm -ql httpd

　　例 5　升级软件包，命令如下：

　　[root@localhost Packages]# rpm -Uvh samba-4.8.3-4.el7.x86_64.rpm

　　例 6　卸载 httpd 软件，命令如下：

　　[root@localhost~]#rpm –e httpd

4.1.3　通过 YUM 安装软件

1. YUM 概述

　　在 Linux 系统中安装软件包的最大难点就是解决软件包之间的依赖关系。当安装软件时，RPM 会先根据软件中数据库的记录查询 Linux 系统中依赖的其他软件是否满足，如果满足则安装，否则不予安装。

　　YUM 是 Yellow dog Updater,Modified 的简称，其优点是能自动解决软件包的依赖性问题，便于添加、删除、更新 RPM 软件包。YUM 可以同时配置多个资源库(Repository)和简洁的配置文件(/etc/yum.conf)，能自动解决增加或删除 RPM 包时遇到的依赖性问题，保持与 RPM 数据库的一致性。通过详细的日志可以查看何时升级和安装何种软件等信息。

2. YUM 结构

　　YUM 主要由以下四部分构成：

　　YUM 命令：通过 YUM 命令才能使用 YUM 提供的众多功能。

　　YUM 仓库(rpositor)：是软件包的"更新源"。它就是存放众多 RPM 文件的目录，在仓库中包含名为 repodata 的子目录。该目录中存放有 RPM 软件包的各种信息，包括描述、功能、提供的文件、依赖性等。客户通过 http://、ftp://或 file://访问 YUM 本地或远程仓库，完成软件的查询、安装、更新等操作。

　　YUM 缓存：YUM 客户运行时会从软件仓库下载 YUM 仓库文件和 RPM 软件包文件，并存放在 var/cache/yum 中。

YUM 插件：用于进行 YUM 功能扩展。

3. 使用 YUM 命令

语法：yum [选项] [命令] [软件或程序名]

通过 YUM 命令可以快速安装软件及其依赖包，选项及功能描述如表 4-1 所示。

表 4-1 YUM 命令选项及功能描述

选 项	功 能 描 述
check-update	显示所有可更新的软件清单
clean	删除缓存中 RPM 头文件和包文件，与 clean all 相同
clean packages	删除缓存中的软件包
info	显示可用软件包信息
info 软件包名	显示指定软件包信息
install 软件包名	安装指定软件包
list	显示可用软件包列表
list installed	显示已安装的软件包列表
list updates	显示可升级的软件包列表
provides 软件包名	显示软件包所包含的文件
remove 软件包名	删除指定的软件包，确认判定指定软件包的依存关系
search 关键字	利用关键字搜索软件包，搜索对象是 RPM 文件名、Packager (包)、Dummary、Description 的各型
update	升级所有可升级的软件包
update 软件包名	升级指定的软件包

4. YUM 配置文件

YUM 的配置文件分为两部分：main 和 repository。main 部分定义了全局配置选项，整个 YUM 的配置文件应该只有一个 main，如图 4-3 所示，常位于/etc/yum.conf 中。repository 部分定义了每个源/服务器的具体配置，可以有一到多个，常位于/etc/yum.repos.d 目录下的各文件中。

图 4-3 /etc/yum.conf

1) 主配置 /etc/yum.conf

```
[main]
cachedir=/var/cache/yum          # 指定 YUM 缓存目录
keepcache=0                      # 是否保持缓存(包括仓库数据和 RPM)，1 保存，0 不保存
debuglevel=2                     # 设置日志记录等级(0-10)，数值越高记录的信息越多
logfile=/var/log/yum.log         # 设置日志文件路径
exactarch=1                      # 更新时不允许更新不同版本的 RPM 包
obsoletes=1                      # 相当于 upgrade，允许更新陈旧的 RPM 包
gpgcheck=1                       # 校验软件包的 GPG 签名，0 为不校验，1 校验
plugins=1                        # 默认开启 YUM 的插件使用
installonly_limit = 5            # 允许保留多少个内核包
```

2) 仓库配置文件 /etc/yum.repos.d/*.repo

由于 RHEL 需要注册，故 YUM 是不可用的，如图 4-4 所示的默认仓库配置文件。在实际使用中需要配置本地或者在线的 YUM 源，编写本地仓库文件，如图 4-5 所示。

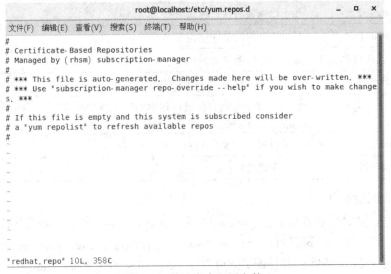

图 4-4　默认仓库配置文件

图 4-5　编写本地仓库

编写本地仓库包括以下内容：

rhel7：YUM 软件仓库唯一标识符，为避免与其他仓库冲突，必须保证此值的唯一性。

name：YUM 软件仓库的名称描述，易于识别仓库用途。

baseurl：用于指定本仓库的 url，包括以下 3 种类型：

◇ http：用于指定远程 http 协议的源。

◇ ftp：用于指定远程 ftp 协议的源。

◇ file：用于本地镜像或 nfs 挂装文件系统。

gpgcheck：是否检查软件包的 gpg 签名，0 为不检验，1 检验。

enabled：是否启用本仓库，默认为 1，即启用，0 为禁用。

4.1.4　源码包安装

源码包就是源代码的可见软件包，需要用户自己编译生成可执行的二进制文件后进行安装。其优点在于：根据用户需求来定制软件；以软件许可证书的约定为准，进行二次开发，适于多种硬件、操作系统平台及编译环境。

在实际使用中，很多软件的源码包都采用 tar 形式，即源码使用 tar 命令打包过。一般通过源码安装软件分为以下几步：

1. 解压缩源码包

一般的 tar 包都会被再次压缩，为的是更小和更容易下载，常见的是通过 gzip 和 bzip2 格式进行压缩，并通过以下命令完成解压或解包文件。

　　　　[root@localhost~]#tar –zxvf　　* .tar.gz 或者[root@localhost~]#tar　–jxvf　　* .tar.bz2(或 bz)

2. 阅读帮助文件

通常 tar 包会包含名为 install 和 readme 的文件，提示用户如何安装及编译的过程。通常产生的可执行文件会被安装到 /usr/local/bin 目录下。

3. 执行 "./configure"，为编译做准备

　　　　[root@localhost~]# ./configure

这一步通常是用来设置编译器及确定其他相关的系统参数，通过 ./configure --help 来查看配置软件的功能。用 --prefix 参数可以指定软件安装目录，当不需要这个软件时直接删除软件的目录即可。大多软件提供 ./configure 配置软件的功能，少数则没有。如果没有的就不用 ./configure，直接进行下一步。

4. 运行 make

　　　　[root@localhost~]#make

经过 ./configure 后会产生用于编译的 makefile 文件，这时运行 make 命令，真正开始编译。

5. make install

　　　　[root@localhost~]#make install

这一步会把编译产生的可执行文件复制到正确的位置。

6. make clean

清除系统的临时文件。

如需要卸载可使用命令：[root@localhost~]#make uninstall

通过源码包安装软件，用户可以自己编译安装源程序。虽然配置灵活，但会出现很多问题，它适合具有一定 Linux 经验的用户，不推荐初学者使用。

例　Apache HTTP Server(httpd)，简称 Apache，它是 Apache 软件基金会的一个开放源代码的 Web 服务器。下面通过源码包的方式安装 Apache 服务。

(1) 安装依赖软件。

Apache 的安装依赖于 apr、apr-util、pcre 等软件，因此需要首先安装相关的依赖软件，命令如下：

[root@localhost~]# yum install -y aprapr-utilapr-develapr-util-develpcrepcre-devel

(2) 安装编译环境，命令如下：

[root@localhost~]# yum install -y gccgcc-cc c++

(3) 解压 Apache 源码包至/root 目录，命令如下：

[root@localhost~]# tar -zxvf httpd-2.4.46.tar.gz

(4) 编译安装 Apache 源码包，命令如下：

[root@localhost~]# cd httpd-2.4.46/

[root@localhost httpd-2.4.46]# ./configure

[root@localhost httpd-2.4.46]# make

[root@localhost httpd-2.4.46]# make install

(5) 进入 Apache 安装目录/usr/local/apache2，查看 Apache 版本，命令如下：

[root@localhost httpd-2.4.46]# cd /usr/local/apache2/bin/

[root@localhostbin]# ./httpd -v

Server version: Apache/2.4.46 (Unix)

Server built:　　Oct　8 2021 09:16:52

(6) 启动 Apache 服务，命令如下：

[root@localhostbin]# ./apachectl start

(7) 通过浏览器访问 http://192.168.200.130 页面信息，如图所示：

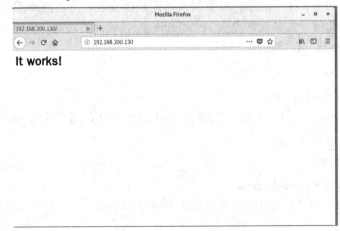

4.2　项 目 实 施

4.2.1　使用 RPM 安装 OpenOffice 办公软件

Apache OpenOffice 是一款先进的开源办公软件套件，包含文本文档、电子表格、演示文稿、绘图、数据库等。它将所有的数据以国际开放标准格式存储下来，并能够读写来自其他常用办公软件包的文件。Apache OpenOffice 可以被完全自由下载和使用而无需任何许可证费用。该软件可以在 http://www.openoffice.org/ 中下载。

RPM 安装 Office

将下载好的 Apache OpenOffice 放入 /home 下，具体的安装步骤如下：

(1) 解压 OpenOffice，解压缩之后出现 /zh-CN/，如图 4-6 所示：

[root@localhost ~]# cd /home/

[root@localhost home]# ls

Apache_OpenOffice_4.1.5_Linux_x86-64_install-rpm_zh-CN.tar.gz　user

[root@localhost home]# tar -zxvf　Apache_OpenOffice_4.1.5_Linux_x86-64_install-rpm_zh-CN.tar.gz

[root@localhost home]# ls

Apache_OpenOffice_4.1.5_Linux_x86-64_install-rpm_zh-CN.tar.gz　user　zh-CN

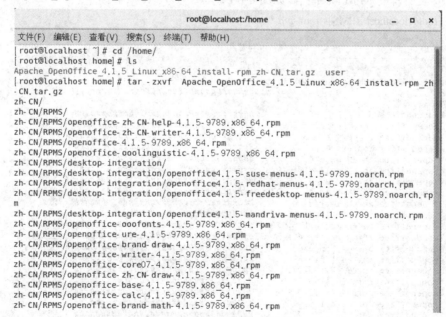

图 4-6　解压缩 OpenOffice 软件

(2) 进入 RPMS 目录查看 RPM 软件包，如图 4-7 所示。

[root@localhost home# cd zh-CN/

[root@localhost zh-CN]# ls

licenses　readmes　RPMS

[root@localhost zh-CN]# cd RPMS/

[root@localhost RPMS]# ls

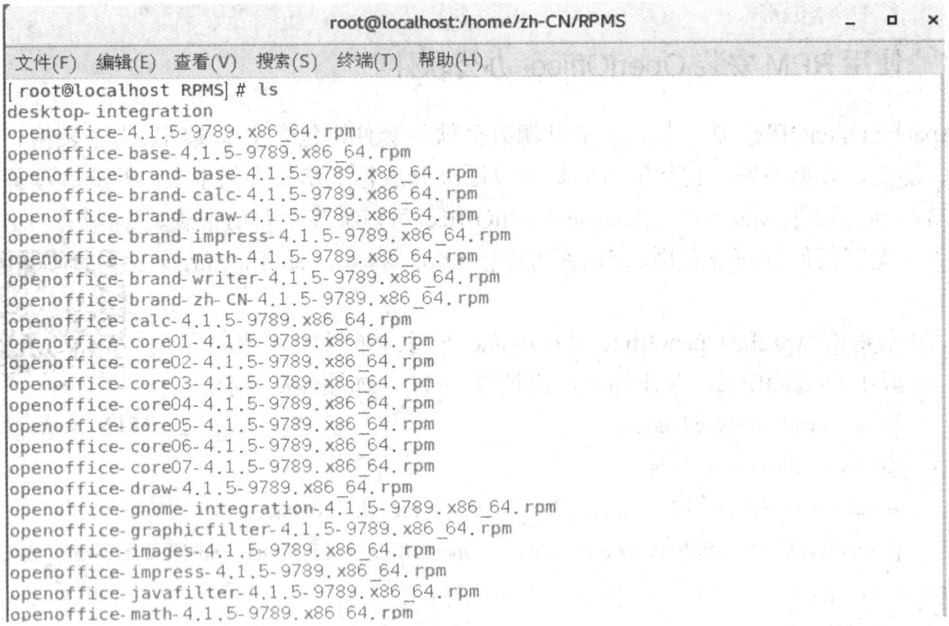

```
root@localhost:/home/zh-CN/RPMS
文件(F)  编辑(E)  查看(V)  搜索(S)  终端(T)  帮助(H)
[root@localhost RPMS]# ls
desktop-integration
openoffice-4.1.5-9789.x86_64.rpm
openoffice-base-4.1.5-9789.x86_64.rpm
openoffice-brand-base-4.1.5-9789.x86_64.rpm
openoffice-brand-calc-4.1.5-9789.x86_64.rpm
openoffice-brand-draw-4.1.5-9789.x86_64.rpm
openoffice-brand-impress-4.1.5-9789.x86_64.rpm
openoffice-brand-math-4.1.5-9789.x86_64.rpm
openoffice-brand-writer-4.1.5-9789.x86_64.rpm
openoffice-brand-zh-CN-4.1.5-9789.x86_64.rpm
openoffice-calc-4.1.5-9789.x86_64.rpm
openoffice-core01-4.1.5-9789.x86_64.rpm
openoffice-core02-4.1.5-9789.x86_64.rpm
openoffice-core03-4.1.5-9789.x86_64.rpm
openoffice-core04-4.1.5-9789.x86_64.rpm
openoffice-core05-4.1.5-9789.x86_64.rpm
openoffice-core06-4.1.5-9789.x86_64.rpm
openoffice-core07-4.1.5-9789.x86_64.rpm
openoffice-draw-4.1.5-9789.x86_64.rpm
openoffice-gnome-integration-4.1.5-9789.x86_64.rpm
openoffice-graphicfilter-4.1.5-9789.x86_64.rpm
openoffice-images-4.1.5-9789.x86_64.rpm
openoffice-impress-4.1.5-9789.x86_64.rpm
openoffice-javafilter-4.1.5-9789.x86_64.rpm
openoffice-math-4.1.5-9789.x86_64.rpm
```

图 4-7　OpenOffice 中的 RPM 软件包

(3) 安装所有的 RPM 软件包，如图 4-8 所示。

[root@localhost RPMS]# rpm -ivh *.rpm

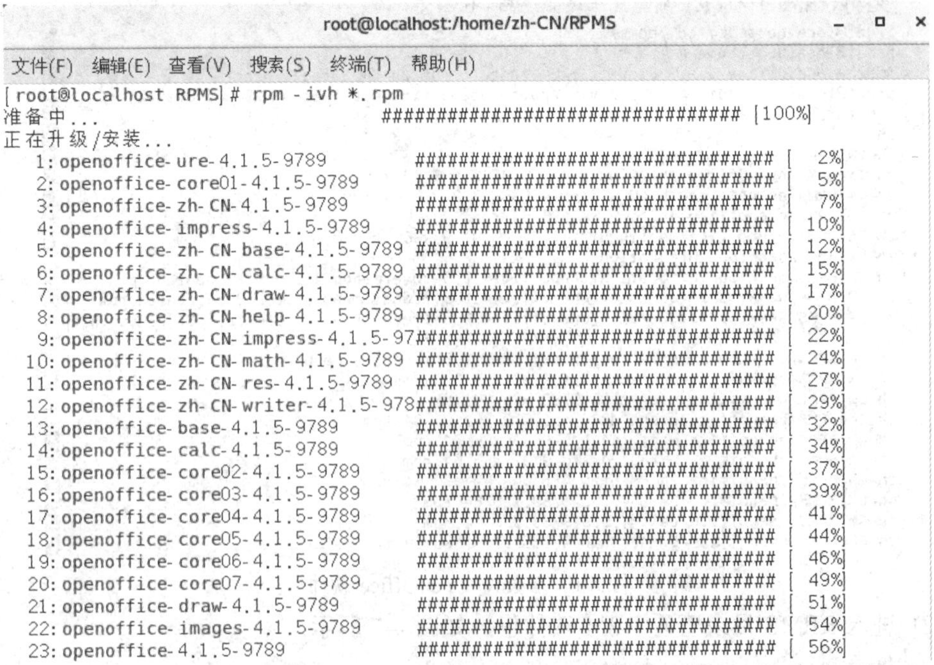

```
root@localhost:/home/zh-CN/RPMS
文件(F)  编辑(E)  查看(V)  搜索(S)  终端(T)  帮助(H)
[root@localhost RPMS]# rpm -ivh *.rpm
准备中...                          ################################# [100%]
正在升级/安装...
   1:openoffice-ure-4.1.5-9789        ################################# [  2%]
   2:openoffice-core01-4.1.5-9789     ################################# [  5%]
   3:openoffice-zh-CN-4.1.5-9789      ################################# [  7%]
   4:openoffice-impress-4.1.5-9789    ################################# [ 10%]
   5:openoffice-zh-CN-base-4.1.5-9789 ################################# [ 12%]
   6:openoffice-zh-CN-calc-4.1.5-9789 ################################# [ 15%]
   7:openoffice-zh-CN-draw-4.1.5-9789 ################################# [ 17%]
   8:openoffice-zh-CN-help-4.1.5-9789 ################################# [ 20%]
   9:openoffice-zh-CN-impress-4.1.5-97################################# [ 22%]
  10:openoffice-zh-CN-math-4.1.5-9789 ################################# [ 24%]
  11:openoffice-zh-CN-res-4.1.5-9789  ################################# [ 27%]
  12:openoffice-zh-CN-writer-4.1.5-978################################# [ 29%]
  13:openoffice-base-4.1.5-9789       ################################# [ 32%]
  14:openoffice-calc-4.1.5-9789       ################################# [ 34%]
  15:openoffice-core02-4.1.5-9789     ################################# [ 37%]
  16:openoffice-core03-4.1.5-9789     ################################# [ 39%]
  17:openoffice-core04-4.1.5-9789     ################################# [ 41%]
  18:openoffice-core05-4.1.5-9789     ################################# [ 44%]
  19:openoffice-core06-4.1.5-9789     ################################# [ 46%]
  20:openoffice-core07-4.1.5-9789     ################################# [ 49%]
  21:openoffice-draw-4.1.5-9789       ################################# [ 51%]
  22:openoffice-images-4.1.5-9789     ################################# [ 54%]
  23:openoffice-4.1.5-9789            ################################# [ 56%]
```

图 4-8　安装 OpenOffice 所有的软件

安装完以上 RPM 软件包之后软件还不能使用，还需要安装启动一个 OpenOffice 桌面文件包，这样就能在桌面打开 OpenOffice 了。

(4) 进入 /RPMS/desktop-integration/，安装与操作系统匹配的桌面菜单文件包。

```
[root@localhost RPMS]# cd desktop-integration/
[root@localhost desktop-integration]# ls
openoffice4.1.5-freedesktop-menus-4.1.5-9789.noarch.rpm
openoffice4.1.5-mandriva-menus-4.1.5-9789.noarch.rpm
openoffice4.1.5-redhat-menus-4.1.5-9789.noarch.rpm
openoffice4.1.5-suse-menus-4.1.5-9789.noarch.rpm
[root@localhost desktop-integration]# rpm -ivh openoffice4.1.5-redhat-menus-4.1.5-9789.noarch.rpm
准备中...                          ################################# [100%]
正在升级/安装...
    1:openoffice4.1.5-redhat-menus-4.1.################################# [100%]
/bin/gtk-update-icon-cache
gtk-update-icon-cache: Cache file created successfully.
/bin/gtk-update-icon-cache
gtk-update-icon-cache: Cache file created successfully.
```

(5) OpenOffice 安装完成后，可以在菜单中找到对应的项目，如图 4-9 所示。

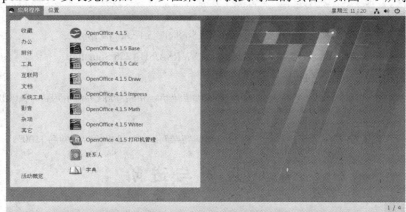

图 4-9　安装完成的 OpenOffice

4.2.2　使用 RPM 安装 DHCP 服务

一般情况下，搭建网络服务需要的软件包都可以在 RHEL7.6 光盘中找到。

(1) 查看系统是否安装了 DHCP 服务。

```
[root@localhost ~]# rpm -q dhcp
未安装软件包 dhcp
```

(2) 挂载 Linux 系统光盘。

```
[root@localhost ~]# mkdir /mnt/cdrom
[root@localhost ~]# mount /dev/cdrom   /mnt/cdrom/
```

RPM 安装 DHCP

mount: /dev/sr0 写保护，将以只读方式挂载。

(3) 查看光盘中提供的 RPM 软件包，如图 4-10 所示。

[root@localhost ~]# cd /mnt/cdrom/

[root@localhost cdrom]# ls

[root@localhost cdrom]# cd Packages/

[root@localhost Packages]# ls

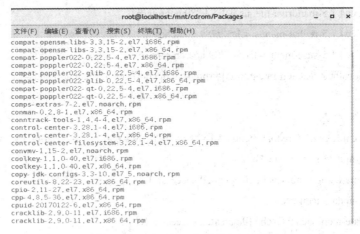

图 4-10　RHEL7.6 自带的 RPM 包

(4) 安装 DHCP 服务。

[root@localhost Packages]# rpm -ivh dhcp-4.2.5-68.el7_5.1.x86_64.rpm

警告：dhcp-4.2.5-68.el7_5.1.x86_64.rpm: 头 V3 RSA/SHA256 Signature,

密钥 ID fd431d51: NOKEY

准备中...　　　　　　　　　　　　　############################### [100%]

正在升级/安装...

1:dhcp-12:4.2.5-68.el7_5.1　　　　　############################### [100%]

4.3　反 思 与 进 阶

1. 项目背景

通过学习，IT 协会的学生可以在 Linux 系统中安装常用的办公软件、通信工具等。学院网络中心的计算机上拥有非常珍贵的学习资料，他们希望能通过 FTP 与全院师生共享，因此需要在服务器上安装 FTP 服务。

2. 实施目的

(1) 掌握 YUM 仓库的配置。

(2) 能通过 YUM 安装网络服务软件。

YUM 安装 FTP

3. 实施步骤

(1) 新建目录，并挂载 rhel-server-7.6-x86_64-dvd.iso 文件。

[root@localhost ~]# mkdir /mnt/cdrom

[root@localhost ~]# mount /dev/cdrom　/mnt/cdrom/

(2) 查看系统是否安装了 vsftpd 软件包。

[root@localhost ~]# rpm -q vsftpd

未安装软件包 vsftpd

(3) 配置 YUM 本地仓库。

[root@localhost ~]# cd /etc/yum.repos.d/

[root@localhost yum.repos.d] # ls

redhat.repo

[root@localhost yum.repos.d] # rm -fr redhat.repo

[root@localhost yum.repos.d] # vi local.repo

[root@localhost yum.repos.d] # cat local.repo

[rhel7]

name=rhel7

baseurl=file:///mnt/cdrom

enabled=1

gpgcheck=0

(4) 清除缓存。

[root@localhost yum.repos.d] # yum clean all

(5) 查看 vsftpd 软件包的信息，如图 4-11 所示。

```
                        root@localhost:/etc/yum.repos.d                    _  □  ✕

文件(F)  编辑(E)  查看(V)  搜索(S)  终端(T)  帮助(H)
[root@localhost yum.repos.d] # yum info vsftpd
已加载插件 : langpacks, product- id, search- disabled- repos, subscription- manager
This system is not registered with an entitlement server. You can use subscripti
on- manager to register.
rhel7                                              | 4.3 kB      00:00
(1/2): rhel7/group_gz                              | 146 kB      00:00
(2/2): rhel7/primary_db                            | 4.2 MB      00:00
可安装的软件包
名称      : vsftpd
架构      : x86_64
版本      : 3.0.2
发布      : 25.el7
大小      : 171 k
源        : rhel7
简介      : Very Secure Ftp Daemon
网址      : https://security.appspot.com/vsftpd.html
协议      : GPLv2 with exceptions
描述      : vsftpd is a Very Secure FTP daemon. It was written completely from
          : scratch.

[root@localhost yum.repos.d] #
```

图 4-11　vsftp 软件包的信息

(6) 查看 YUM 源列表。

[root@localhost yum.repos.d] # yum list

(7) 安装 vsftpd 软件包，如图 4-12 所示。

[root@localhost yum.repos.d] # yum -y install vsftpd

图 4-12　安装 FTP 服务

(8) 查看已经安装的 vsftpd 软件包。

[root@localhost yum.repos.d]#　rpm -qa | grep vsftpd

vsftpd-3.0.2-25.el7.x86_64

4. 项目总结

在 Linux 中安装软件一般会使用三种方法，通过对比发现采用 YUM 安装软件可以不用考虑软件包之间的依赖关系，操作简单便捷。

项 目 小 结

在 Linux 系统中安装软件一般有三种方式：通过 RPM、源码和 YUM 安装。其中 RPM 安装需要手动解决软件之间的依赖关系，有时候安装过程比较繁琐；源码安装比较容易出问题，需要有一定的 Linux 基础；YUM 安装不需要考虑软件之间的依赖关系，配置好 YUM 仓库就可以自动安装所需的软件，比较简单、便捷。

练 习 题

在一台安装了 RHEL 7.6 的计算机上完成以下任务：

1. 用 rpm 命令安装 telnet-server 软件包。

2. 将 RHEL 7.6 的光盘配置成一个本地的 YUM 仓库。

3. 下载并安装 Linux QQ 的 RPM 软件包，并升级到最新版本。

项目 5　维护文件系统的安全

项目引入

IT 协会的学生最近发现服务器上的很多重要文件被其他同学删除或者修改,造成了很大的损失。为了维护系统文件的安全,IT 协会准备将文件进行分类,并设置不同的权限,那具体怎么来进行文件和目录的权限设置呢?

需求分析

需要了解文件、目录权限的分类:

◇　如何为文件、目录设置权限?

◇　掌握特殊权限的设置方法。

◇　为不同的用户或组群定制不同的权限。

5.1　知　识　准　备

5.1.1　Linux 文件系统

在 Linux 系统中所有的硬件资源和软件资源都是通过文件系统来进行组织和管理的。不同的操作系统所使用的文件系统是不同的,如 Windows 下常见的文件系统是 NTFS 和 FAT,而 Linux 能够支持多种文件系统,包括 MINIX、MS-DOS 和 ext2 等老式文件系统,ext3、JFS 和 ReiserFS 等新的日志型文件系统,还支持加密文件系统(如 CFS)和虚拟文件系统(如/proc)等。

1. Linux 常用的文件系统

Linux 最早引入的文件系统类型是 MINIX。MINIX 文件系统由 MINIX 操作系统定义,有一定的局限性,如文件名最长为 14 个字符,文件最长不超过 64 M 字节。第一个专门为 Linux 设计的文件系统是 Ext(Extended File System),但目前流行最广的是 Ext4。

1) Ext2 文件系统

Ext2 文件系统高效稳定,它在速度和 CPU 利用率上都有突出优势,是 CNU/Linux 系统中标准的文件系统,支持 256 个字节的长文件名,文件存取性能很好。但是,随着 Linux 系统在关键业务中的应用,Linux 文件系统的弱点也渐渐显露出来,系统缺省使用的 Ext2 文件系统是非日志文件系统。这在关键行业的应用是一个致命的弱点。

2) Ext3 文件系统

Ext3 文件系统是直接从 Ext2 文件系统发展而来，目前 Ext3 文件系统已经非常稳定可靠，完全兼容 Ext2 文件系统。Ext3 在 Ext2 的基础上增加了日志记录功能，用户可以平滑地过渡到一个日志功能健全的文件系统中。这实际上也是 Ext3 日志文件系统初始设计的初衷。

该文件系统在系统因出现异常断电等事件而停机重启后，操作系统会根据文件系统的日志快速检测文件系统并恢复到正常的状态，可以减少系统的恢复时间和提高数据的安全性。通过 Ext3 文件系统提供的小工具 tune2fs，可以轻松地将 Ext2 文件系统转换为 Ext3 日志文件系统。Ext3 有多种日志模式。一种工作模式是对所有的文件数据及 metadata(定义文件系统中数据的数据，即数据的数据)进行日志记录(data=journal 模式)；另一种工作模式则是只对 metadata 记录日志，而不对数据进行日志记录，也即所谓 data=ordered 或者 data=writeback 模式。系统管理人员可以根据系统的实际工作要求，在系统的工作速度与文件数据的一致性之间作出选择。

Ext3 目前支持最大为 16 TB 文件系统和最大 2 TB 文件。

3) Ext4 文件系统

Linux kernel 自 2.6.28 开始正式支持新的文件系统 Ext4。Ext4 是 Ext3 的改进版，修改了 Ext3 中部分重要的数据结构，而不仅仅像 Ext3 对 Ext2 那样，只是增加了一个日志功能而已。Ext4 在性能、伸缩性和可靠性方面进行了大量改进，改变可以说是翻天覆地的。例如：向下兼容 Ext3；最大支持 1 EB 文件系统和 16 TB 文件；无限数量子目录，Ext3 目前只支持 32 000 个子目录，而 Ext4 支持无限数量的子目录。

Extents 连续数据块概念包括多块分配、延迟分配、持久预分配；快速 FSCK、日志校验、无日志模式、在线碎片整理、inode 增强、默认启用 barrier 等。

4) XFS

RHEL7 中默认文件系统已由以前的 Ext4 改为 Xfs 文件系统。Xfs 是一种高性能的日志文件系统，最早于 1993 年由 Silicon Graphics 为他们的 IRIX 操作系统而开发，是 IRIX 5.3 版的默认文件系统。2000 年 5 月，Silicon Graphics 以 GNU 通用公共许可证发布这套系统的源代码，之后被移植到 Linux 内核上。Xfs 特别擅长处理大文件，同时提供平滑的数据传输。

Xfs 是一个 64 位文件系统，最大支持 8 EB 减 1 字节的单个文件系统，实际部署时取决于宿主操作系统的最大块限制。对于一个 32 位 Linux 系统，文件和文件系统的大小会被限制在 16 TB。Xfs 具有以下特性：

(1) 传输特性：Xfs 文件系统采用优化算法，日志记录对整体文件操作影响非常小。Xfs 查询与分配存储空间非常快。Xfs 文件系统能连续提供快速的反应时间。

(2) 可扩展性：Xfs 是一个全 64-bit 的文件系统，可以支持上百万 T 字节的存储空间。对特大文件及小尺寸文件的支持都表现出众，支持特大数量的目录。Xfs 使用高的表结构(B+ 树)，保证了文件系统可以快速搜索与快速空间分配。Xfs 能够持续提供高速操作，文件系统的性能不受目录中目录及文件数量的限制。

(3) 传输带宽：Xfs 能以接近裸设备 I/O 的性能存储数据。在单个文件系统的测试中，其吞吐量最高可达 7 GB/s；对单个文件的读写操作，其吞吐量可达 4 GB/s。

2. 文件和目录

Linux 发行版本之间的区别主要表现在系统管理的特色工具及软件包管理方式上，但目录结构基本上都是一样的。在 Windows 中文件结构是多个并列的树状结构，最顶部的是不同的磁盘(分区)，如 C、D、E、F 等；而在 Linux 中文件结构是单个的树状结构，最上层是根目录 "/"，Linux 文件系统结构可以用 tree 进行展示，如图 5-1 所示。这种结构的文件系统效率比较高。

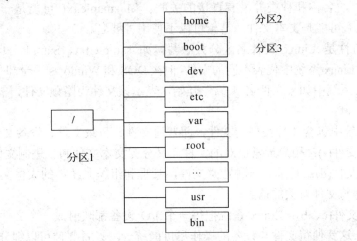

图 5-1　Linux 文件系统结构

Linux 整个文件系统是以根目录 "/" 为起点，所有其他的目录都由根目录派生而来，用户可以浏览整个系统，可以进入任何一个已授权进入的目录，访问其中的文件。Linux 是一个多用户系统，操作系统本身的驻留程序存放在以根目录开始的专用目录中。

1) 分区与目录的关系

在安装 Linux 系统时，最大的难点就是分区问题。Linux 下磁盘分区和目录的关系如下：

◇　任何一个分区都必须挂载到某个目录上才能进行读写操作。

◇　目录是逻辑上的区分，分区是物理上的区分。

◇　根目录是所有 Linux 的文件和目录所在的地方，需要挂载到一个磁盘分区。

在 Linux 系统安装时，系统会建立具有特殊功能的目录，各目录具体用途如下：

/boot：在这个目录下存放的都是系统启动时要用到的程序。

/dev：包含了 linux 系统中使用的所有外部设备，但是这里并没有存放外部设备的驱动程序。

/etc：这个目录是 linux 系统中最重要的目录之一。在这个目录下存放了系统管理时要用到的各种配置文件和子目录。要用到的网络服务配置文件、设备配置信息及设置用户信息等都在这个目录下。

/mnt：这个目录在一般情况下也是空的，可临时将别的文件系统挂在这个目录下。

/root：如果用户是以超级用户的身份登录的，这个就是超级用户的主目录。

/tmp：用来存放程序在运行时产生的信息和数据。

2) 文件概述

Linux 文件系统中的文件是数据的集合。文件系统不仅包含着文件中的数据，还有文件系统的结构，所有 Linux 用户和程序看到的文件、目录、软链接及文件保护信息等都存储在其中。

文件是操作系统用来存储信息的基本单位。文件通过文件名作为唯一的标识，由字母或下划线开头的字母、数字及下划线组成。文件名的最大长度是 255 个字符。用户应该选择有意义的文件名。与其他操作系统相比，Linux 最大的不同点是没有"扩展名"的概念，也就是说文件的名称和种类并没有直接的关联。如 smaple.txt 可能是一个运行文件，而 sample.exe 也有可能是文本文件，甚至可以不使用扩展名。

另一个特性是 Linux 文件名区分大小写。如 sample.txt、Sample.txt、SAMPLE.txt、samplE.txt 在 Linux 系统中代表不同的文件，但在 DOS 和 Windows 平台却是指同一个文件。

在 Linux 系统中如果文件名以"."开始，表示该文件为隐藏文件，需要使用"ls -a"命令才能显示。

Linux 系统中包含 4 种类型的文件，即普通文件、目录文件、设备文件和链接文件。

◇ 普通文件(-)：用户最常面对的文件，又分为文本文件和二进制文件。

◇ 目录文件(d)：目录是一种特殊文件，管理和组织系统中的大量文件，可存储一组位置、大小等与文件有关的信息。

◇ 设备文件(c、b)：Linux 系统把每一个 I/O 设备都映射成一个文件，可以像普通文件一样处理，这就使得文件与设备的操作尽可能统一。设备文件可以细分为：

① c：为字符串设备，如路由器等设备。

② b：块设备，如硬盘、光驱等。

◇ 链接文件(l)：链接文件也是一种特殊文件，它们提供对其他文件的参照。链接文件存放的数据是文件系统中通向文件的路径。链接又分为硬链接和软链接。

5.1.2　文件权限的概念

1. 用户类型

Linux 是多用户的操作系统，允许多个用户同时在系统上　　　文件系统文件权限的概念 登录和工作。为了确保系统和用户的安全，Linux 限制不同用户对文件有不同的访问权限。Linux 将使用系统资源的人员分为 4 类，即超级用户、文件或目录的属主、与属主在同组的用户及除此之外的其他用户。超级用户具有操作 Linux 系统的一切权限，所以不用指定超级用户对文件或目录的权限。对于其他类用户需要指定对文件或目录的访问权限。

(1) 属主(user)：简称"u"，为文件的所有者，能够授予所在用户组的其他成员及系统中除所属组之外的其他用户的文件访问权限。

(2) 属组(group)：简称"g"，与文件的所有者同属于一个组。

(3) 其他用户(others)：简称"o"，Linux 系统中除属主与属组之外的其他用户。

(4) all：简称"a"，为 Linux 系统中所有的用户。

2. 文件权限的类型

文件权限就是对文件的访问权限，具体包括对文件的读、写、删除和执行等。在 Linux

中每个用户有不同的权限，普通用户在自己的家目录里对于自己创建的文件享有所有的权限，在家目录之外则可能仅有读的权限。

1) 一般权限

Linux 的访问权限分为读、写、执行三种，如表 5-1 所示。

表 5-1 文件或目录的访问权限

代表字符	权限	对文件的含义	对目录的含义
r	读	读文件的内容	浏览目录中的文件列表
w	写	新增、修改该文件	在该目录中移动、删除文件
x	执行	执行该文件	使用 cd 命令进入该目录

使用"ls -1"或者"ll"命令显示文件或目录的详细信息时，最左边的一列为文件类型和文件的访问权限，其中各位的含义如图 5-2 所示。

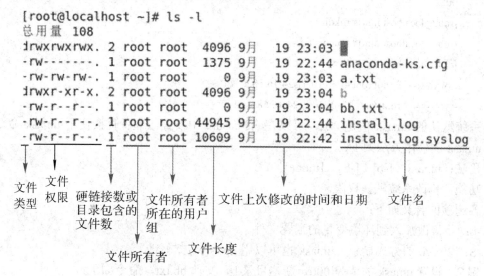

图 5-2 以文件权限的方式显示文件及目录

在图 5-2 显示的结果中，第一个字段的第 2～10 个字符用来表示权限，这 9 个字符每3 个为一组，组成 3 组访问控制权限。

第一组表示文件所有者的访问权限，即 u 用户的权限。

第二组表示所有者所在用户组的其他成员的访问权限，即 g 用户的权限。

第三组表示系统其他用户的访问权限，即 o 用户的权限。

每个用户都拥有自己的专属目录(主目录)，通常放置在/home 目录下，这些专属目录的默认权限通常为 drwx------。

2) 默认权限

正常情况下，创建的目录拥有所有的权限 rwxrwxrwx。为了安全 Linux 不允许新建的文件有可执行的权限，所以创建的文件权限为 rw- rw- rw-，但是事实上新建目录的权限是rwxr-xr-x，新建文件的权限是 rw-r--r--，这是由 umask 造成的。umask 是系统默认的掩码值，umask 告诉系统创建一个文件或者目录时不应该赋予其哪些权限，也就是说需要屏蔽一些权限。默认情况下，root 用户的 umask 是 022，普通用户的 umask 是 002。

常见 umask 值与新建目录/文件的权限对应表，如表 5-2 所示。

表 5-2　umask 值与新建目录/文件的权限对应关系

umask 值	新建目录的访问权限	新建文件的访问权限
022	777 − 022 = 755	666 − 022 = 644
027	777 − 027 = 750	666 − 027 = 640
002	777 − 002 = 775	666 − 002 = 664
006	777 − 006 = 771	666 − 006 = 660
007	777 − 007 = 770	666 − 007 = 660

例 1　创建目录、文件并查看其权限，命令如下：

```
[root@localhost mnt]# umask
0022
[root@localhost mnt]# mkdir a
[root@localhost mnt]# touch a.txt
[root@localhost mnt]# ll
drwxr-xr-x. 2 root root 4096 10 月 24 16:58 a
-rw-r--r--. 1 root root    0 10 月 24 16:58 a.txt
```

系统默认的 umask 值是 022，可以在/etc/bashrc 中设置，或者直接使用 umask 命令修改。umask 的使用方法如下：

语法：umask　[-p]　[-S]　[mode]

功能：修改系统默认权限。

各选项的含义如下：

-p：将修改加入到环境变量的配置文件。

-S：以 ugo 的方式显示，umask 也可以用 ugo 的方式修改。

例 2　设置 umask 的值为 000，新建目录 b，文件 bb.txt，命令如下：

```
[root@localhost mnt]# umask 000
[root@localhost mnt]# umask
0000
[root@localhost mnt]# mkdir b
[root@localhost mnt]# touch bb.txt
[root@localhost mnt]# ll
drwxrwxrwx. 2 root root 4096 10 月 24 17:09 b
-rw-rw-rw-. 1 root root    0 10 月 24 17:09 bb.txt
```

例 3　将 umask 的值写进配置文件，通过 ugo 的形式显示 umask 值，命令如下：

```
[root@localhost mnt]# umask -p >/etc/bash
[root@localhost mnt]# tail -1 /etc/bash
umask 0000
[root@localhost mnt]# umask -S
u=rwx,g=rwx,o=rwx
```

有关权限的数字表示法，后面还会详细讲解。

3) 特殊权限

Linux 的文件系统还提供了一些特殊的权限，如 SUID、SGID 和 Sticky 权限。如果用户没有特殊需求，应避免使用这些权限，以免造成系统漏洞而威胁网络安全。

(1) SUID(s 或 S，set UID)

SUID 只能运用在可执行文件上，当用户执行该文件时会临时拥有该执行文件所有者的权限。如果所有者是 root，那么执行人就有超级用户的特权了。如果可执行文件所有者权限的第三位是小写的"s"，就代表此文件拥有了 SUID 属性。

> [root@localhost home]# ll /usr/bin/passwd
>
> -rwsr-xr-x. 1 root root 30768 2 月 17 2012 /usr/bin/passwd

由于 passwd 命令启用了 SUID 特权，普通用户也就拥有了 root 的权限，可用 passwd 修改自己的密码。

(2) SGID(s 或 S，set GID)

SGID 可以应用在目录或可执行文件上。当一个可执行文件设置了 SGID，该文件将具有所属组的特权，任意存取整个组所能使用的系统资源；若一个目录设置了 SGID，则所有被复制到这个目录下的文件，其所属的组都会被重设为和这个目录一样，除非在复制文件时加上 -p(preserve，保留文件属性)的参数，才能保留原来所属的群组设置。如果可执行文件或目录的所属组权限的第三位是小写的"s"，就表明该文件或目录拥有 SGID 属性。

(3) Sticky(t 或 T，sticky)

Sticky 属性只能运用在目录上。当目录拥有 Sticky 属性时，所有在该目录中的文件或子目录无论是什么权限只有文件或子目录所有者和 root 用户才能删除。如果目录的其他用户权限的第三位是一个小写的"t"，就表明该目录拥有 Sticky 属性。

5.1.3 一般权限的设置

1. chmod 命令

功能：修改文件或目录的权限。只有文件所有者或超级用户 root 才有权使用 chmod 改变文件或目录的访问权限。通过 chmod 修改文件或目录权限的方法有两种。

一般权限的设置

1) 文字设定法

语法：chmod [who] [操作符号] [权限] 文件或目录名

使用字母和操作符表达式来修改或设定文件的访问权限，具体描述如表 5-3 所示。

表 5-3 文字设定法中的对应关系描述

who		操作符号		访问权限	
u	属主(user)	+	添加某权限	r	读
g	同组(group)	-	删除某权限	w	写
o	其他(others)	=	直接赋予某权限并取消其他所有权限	x	执行
a	所有(all)			-	无权限

例1　取消 /mnt/bb.txt 所有者用户写和执行的权限，同组用户执行的权限，命令如下：

[root@local host mnt]#chmod u-wx，g-x bb.txt

[root@localhost mnt]# ll

drwxrwxrwx. 2 root root 4096 10 月 24 17:09 b

-r-rw-rw-. 1 root root 　　0 10 月 24 17:09 bb.txt

例2　将 /root/b 目录中的所有文件权限设置为所有人都可读取及写入，命令如下：

[root@localhost ~]# chmod a=rw b

[root@localhost ~]# ll

drw-rw-rw-. 2 root root　4096 9 月　19 23:04 b

2) 数字设定法

语法：chmod　[-R]　<八进制模式>　<文件或目录名>

数字设定法是指将读取(r)、写入(w)和执行权限(x)分别使用 "0" 或 "1" 的二进制数来表示，有权限的表示为 1，没有的权限表示为 0，然后转化为八进制数，如表 5-4 所示。

表 5-4　数字设定法中的对应关系描述

原始权限	转换为二进制	转化为八进制	数字表示法
rw-r--r--	110 100 100	420 400 400	644
rwx------	111 000 000	421 000 000	700
rwxr-xr-x	111 101 101	421 401 401	755
rwx--x--x	111 001 001	421 001 001	711
rw-rw-rw-	110 110 110	420 420 420	666

例　为文件/root/bb.txt 设置以下权限：赋予所有者和同组成员读取和写入的权限，而其他人只有读取权限，即将权限设为 "rw-rw-r--"，而该权限的数字表示法为 664，命令如下：

[root@localhost ~]# chmod 664 bb.txt

[root@localhost ~]# ll

-rw-rw-r--. 1 root root 　　0 9 月　19 23:04 bb.txt

2. chown 命令

语法：chown　[选项]　属主：属组　文件或目录列表

或 chown　[选项]　属主.属组　文件或目录列表

功能：修改文件的所有者或者所属组群。只有 root 用户才能改变文件的所有者，而只有 root 用户或所有者才能改变文件所属的组。属主和属组可以是名称，也可以是 UID 或 GID。多个文件之间用空格分隔。

例1　修改 /root/b 目录的所有者为 u1 用户，命令如下：

[root@localhost ~]# ll

drw-rw-rw-. 2 root root　4096 9 月　19 23:04 b

[root@localhost ~]# chown u1 b

[root@localhost ~]# ll

drw-rw-rw-. 2 u1　　root　4096 9 月　19 23:04 b

例2　同时修改 /root/bb.txt 文件的所有者为 u1 和所属组为 g1，命令如下：

[root@localhost ~]# chown u1:g1 bb.txt

[root@localhost ~]# ll

-rw-rw-r--. 1 u1　　g1　　　　0 9 月　19 23:04 bb.txt

例 3　只修改 /root/b 目录的所属组为 g1，命令如下：

[root@localhost ~]# chown .g1 b

[root@localhost ~]# ll

drw-rw-rw-. 2 u1　　g1　　4096 9 月　19 23:04 b

3. chgrp 命令

语法：chgrp　[选项]　属组　　文件或目录列表

功能：用来改变所属组。

例　修改 /root/b 目录的所属组为 root，命令如下：

[root@localhost ~]# chgrp root b

[root@localhost ~]# ll

drw-rw-rw-. 2 u1　　root　4096 9 月　19 23:04 b

特殊权限的设置

5.1.4　特殊权限的设置

例　为文件/root/a.txt、/root/bb.txt 设置 SUID 的权限，命令如下：

[root@localhost ~]# ll

-rwxrwxrwx. 1 root root　　　　0 9 月　19 23:03 a.txt

-rw-rw-r--. 1 u1　　g1　　　　0 9 月　19 23:04 bb.txt

[root@localhost ~]# chmod u+s a.txt

[root@localhost ~]# chmod u+s bb.txt

[root@localhost ~]# ll

-rwsrwxrwx. 1 root root　　　　0 9 月　19 23:03 a.txt

-rwSrw-r--. 1 u1　　g1　　　　0 9 月　19 23:04 bb.txt

通过例题发现 S 权限有大小写之分，那是因为 SUID、SGID、Sticky 占用了 x 的位置。如果同时开启特殊权限和执行权限，则权限的表示是小写的，如 a.txt 文件；如果关闭执行权限，则权限的表示是大写的，如 bb.txt 文件。

在 Linux 中通过 umask 查看默认权限时，umask 的值为 0022，其中第 2～4 位表示一般权限，第 1 位表示特殊权限。用数字法表示特殊权限如图 5-3 所示，0 表示没有该权限，1 表示拥有该权限。

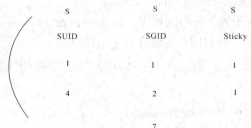

图 5-3　特殊权限的数字表示法

例 2　文件 /root/a.txt 现有权限为 777、文件 /root/bb.txt 现有权限为 664，采用数字法给文件 /root/a.txt 设置 SUID 的权限，给文件 /root/bb.txt 设置 SGID 的权限，命令如下：

[root@localhost ~]# chmod 4777 a.txt

[root@localhost ~]# chmod 2664 bb.txt

5.1.5　ACL

传统的设置权限的方法是通过用户与权限的不同组合来实现的。　　ACL 的设置
随着应用的发展，这些权限组合已经无法适应现在复杂的权限控制要求。

FACL 是访问控制列表(File Access Control Lists)的缩写，简称 ACL，可以针对任意指定的用户/组分配 rwx 权限。

Linux 中 ACL 有两种类型：① 存取 ACL(access ACLs)，是对指定文件或目录的存取控制列表。② 默认 ACL(default ACLs)，只能和目录相关。若目录中的文件没有存取 ACL，就会使用该目录默认的 ACL，但是存取 ACL 的优先级更高，默认 ACL 是可选的。

1.　setfacl

语法：setfacl　[-bkdR]　[{-m|-x} rules]　[files or directory]

用途：可以给文件或目录设置 ACL 功能。

各选项的含义如下：

-m：更改文件或目录的 ACL 规则。

-x：删除文件或目录的 ACL 规则。

-b：删除文件或目录的所有 ACL 规则。

-k：删除文件或目录默认的 ACL 规则。

-d：指定文件或目录默认的 ACL 规则。

-test：测试模式，不会改变任何文件和目录的 ACL 规则，操作后的 ACL 规则将被显示。

-R：对目录进行递归操作。

ACL 规则(rules)的指定模式：

[d:]u:uid:perms——为指定的用户(使用 UID 或用户名)设置 ACL 权限。

[d:]g:gid:perms——为指定的组(使用 GID 或组名)设置 ACL 权限。

[d:]o:[:]perms——为其他用户设置 ACL 权限。

[d:]m:[:]perms——设置有效的访问掩码。

其中，[d:]表示配置用户对文件或目录的默认的 ACL，perms 为权限 r、w、x、-的组合。

授予用户 lisa 读的权限：setfacl -m u:lisa:r file。

取消所有用户和所有组对 file 写的权限：setfacl -m m::rx file。

删除 staff 组对 file 操作的权限：setfacl -x g:staff file。

复制一个文件 file1 的 ACL 到另一个文件 file2 上：getfacl file1 | setfacl --set-file=- file2。

2.　getfacl

语法：getfacl　[选项]　[files or directory]

功能：查看文件或目录的 ACL。

各选项的含义如下：

-d：显示默认的 ACL。

-R：显示目录及其子目录和文件的 ACL。

例　IT 协会的学生需要创建 /dzx/test 目录，该目录需要满足下列要求：

(1) g1 组的用户对此目录有完全权限。

(2) u1 对此目录有 r-x 权限。

(3) u2 对此目录有 r-- 权限。

具体操作如下：

① 创建目录/dzx/test。

　　[root@localhost ~]# mkdir -p /dzx/test

② 设置用户 u1 用户 r-x 权限。

　　[root@localhost ~]# setfacl -m u:u1:rx /dzx/test/

③ 设置 u2 用户 r-- 权限。

　　[root@localhost ~]# setfacl -m u:u2:r　/dzx/test/

④ 设置 g1 组所有权限。

　　[root@localhost ~]# setfacl -m g:g1:rwx　/dzx/test/

⑤ 查看 ACL 信息。

　　[root@localhost ~]# getfacl /dzx/test/

　　getfacl: Removing leading '/' from absolute path names

　　# file: dzx/test/

　　# owner: root

　　# group: root

　　user::rwx

　　user:u1:r-x

　　user:u2:r--

　　group::r-x

　　group:g1:rwx

　　mask::rwx

　　other::r-x

5.2　项目实施

在 /home/user1/test 目录下有一个文件 file1，按要求更改文件权限。

(1) 在用户 user1 主目录下创建目录 test，进入 test 目录创建空文件 file1。并以长格形式显示文件信息，注意文件的权限及所属用户和组。

　　[root@localhost ~]# useradd user1

　　[root@localhost ~]# cd /home/user1

　　[root@localhost user1]# mkdir test;cd test

文件权限配置实例

[root@localhost test]# touch file1

[root@localhost test]# ls -l

-rw-r--r--. 1 root root 0 1 月　　1 13:01 file1

(2) 对文件 file1 设置权限，使其他用户可对此文件进行写操作。

[root@localhost test]# chmod o+w file1

[root@localhost test]# ll

-rw-r--rw-. 1 root root 0 1 月　　1 13:01 file1

(3) 取消同组用户对此文件的读取权限。

[root@localhost test]# chmod g-r file1

[root@localhost test]# ll

-rw----rw-. 1 root root 0 1 月　　1 13:01 file1

(4) 用数字形式为文件 file1 设置权限，所有者可读、可写、可执行，其他用户和所属组用户只有读和执行的权限。

[root@localhost test]# chmod　755 file1

[root@localhost test]# ll

-rwxr-xr-x. 1 root root 0 1 月　　1 13:01 file1

(5) 用数字形式更改文件 file1 的权限，所有者只能读取此文件，其他任何用户都没有权限。

[root@localhost test]# chmod 400 file1

[root@localhost test]# ll

-r--------. 1 root root 0 1 月　　1 13:01 file1

(6) 为其他用户添加写权限。

[root@localhost test]# chmod o+w file1

[root@localhost test]# ll

-r------w-. 1 root root 0 1 月　　1 13:01 file1

(7) 回到上层目录，查看 test 的权限。

[root@localhost test]# cd ..

[root@localhost user1]# ll

drwxr-xr-x. 2 root root 19 1 月　　1 13:01 test

(8) 为其他用户添加对此目录的写权限。

[root@localhost user1]# chmod o+w test

[root@localhost user1]# ll

drwxr-xrwx. 2 root root 19 1 月　　1 13:01 test

(9) 改变此目录的所有者为 user1，查看目录 test 及其中文件的所属用户和组。

[root@localhost user1]# chown -hR user1 test/

[root@localhost user1]# ll

drwxr-xrwx. 2 user1 root 19 1 月　　1 13:01 test

[root@localhost user1]# ll -r test/

-r------w-. 1 user1 root 0 1 月　　1 13:01 file1

(10) 更改 file1 文件的属主为 root，属组为 root。

```
[root@localhost user1]# cd test/
[root@localhost test]# ll
-r------w-. 1 user1 root 0 1 月    1 13:01 file1
[root@localhost test]# chown root:root file1
[root@localhost test]# ll
-r------w-. 1 root root 0 1 月    1 13:01 file1
```

(11) 更改 file1 文件的属主为 user1，属组为 user1。

```
[root@localhost test]# chown user1.user1    file1
[root@localhost test]# ll
-r------w-. 1 user1 user1 0 1 月    1 13:01 file1
```

(12) 把目录 test 及其下的所有文件的所有者改成 bin，所属组改成 daemon，并查看设置结果。

```
[root@localhost test]# cd ..
[root@localhost user1]# chown -hR bin.daemon test
[root@localhost user1]# ll -r test/
-r------w-. 1 bin daemon 0 1 月    1 13:01 file1
```

(13) 删除目录 test 及其下的文件。

```
[root@localhost user1]# rm -rf test
```

5.3　反思与进阶

1. 项目背景

IT 协会接到一项任务，要求创建 /dzx/test 目录，其需求为：
(1) 在此目录中创建的文件只有本人和 root 可以删除。
(2) 在此目录中创建的文件所属组都是 dzxgroup 组。
(3) 用户 tom 对此目录有 rwx 权限。
(4) 更改此目录的用户组为 jgxgroup。

定制文件及目录的
安全设置

2. 实施目的

(1) 掌握文件及目录权限的设置方法。
(2) 掌握特殊权限的设置方法。
(3) 能给某一个用户或某一个组设置权限。

3. 实施步骤

经过分析知道，第一个需求是给此目录设置 Sticky 权限，第二个需求是给目录设置 SGID 权限，第三个需求是给此目录设置 ACL 权限，第四个需求是修改此目录所属的用户组。

(1) 创建用户 tom，组群 dzxgroup、jgxgroup。

```
[root@localhost ~]# useradd tom
[root@localhost ~]# groupadd dzxgroup
[root@localhost ~]# groupadd jgxgroup
```

(2) 新建目录/dzx/test。

[root@localhost ~]# mkdir -p /dzx/test

(3) 设置 Sticky 权限。

[root@localhost ~]# chmod o+t /dzx/test/

[root@localhost ~]# ll -d /dzx/test

drwxrwxr-t+ 2 root root 4096 10 月 25 11:40 /dzx/test

(4) 修改/dzx/test 所属用户组为 dzxgroup。

[root@localhost ~]# chgrp dzxgroup /dzx/test/

[root@localhost ~]# ll -d /dzx/test

drwxrwxr-t+ 2 root dzxgroup 4096 10 月 25 11:40 /dzx/test

(5) 设置 SGID 权限。

[root@localhost ~]# chmod g+s /dzx/test

[root@localhost ~]# ll -d /dzx/test

drwxrwsr-t+ 2 root dzxgroup 4096 10 月 25 11:40 /dzx/test

(6) 设置 ACL，用户 tom 对此目录有 rwx 权限。

[root@localhost ~]# setfacl -m u:tom:rwx /dzx/test/

(7) 查看 ACL。

[root@localhost ~]# getfacl /dzx/test/

getfacl: Removing leading '/' from absolute path names

file: dzx/test/

owner: root

group: dzxgroup

flags: -st

user::rwx

user:u1:r-x

user:u2:r--

user:tom:rwx

group::r-x

group:g1:rwx

mask::rwx

other::r-x

(8) 修改/dzx/test/所属用户组为 jgxgroup。

[root@localhost ~]# chown :jgxgroup /dzx/test/

[root@localhost ~]# ll -d /dzx/test

drwxrwsr-t+ 2 root jgxgroup 4096 10 月 25 11:40 /dzx/test

4. 项目总结

根据实际需求完成权限设置，尤其是在生产实际中特殊权限的应用，定制个性化权限，维护系统的安全。

项 目 小 结

本项目介绍了 Linux 系统中常用的文件系统、文件及目录的命名方式，了解了 Linux 系统的用户类型及权限类型，为了确保系统和用户的安全性，Linux 通过对不同的用户设置不同的权限来实现。

本项目重点介绍了文件权限的设置方法，能根据实际需求针对不同的用户设置不同的权限，掌握特殊权限、ACL 控制等有特殊需求的权限的设置方法。

练 习 题

一、选择题

1. Linux 文件权限一共 10 位长度，分成四段，第三段表示的内容是(   )。

A. 文件类型   B. 文件所有者的权限

C. 文件所有者所在组的权限   D. 其他用户的权限

2. 某文件的组外成员的权限为只读，所有者有全部权限，组内的权限为读与写，则该文件的权限为(   )。

A. 467   B. 674   C. 476   D. 764

3. 以长格式列目录时，若文件 test 的权限描述为 drwxrw-r--，则文件 test 的类型及文件属主的权限是(   )。

A. 目录文件、读写执行   B. 目录文件、读写

C. 普通文件、读写   D. 普通文件、读

4. 如果执行命令 #chmod 746 file.txt，那么该文件的权限是(   )。

A. rwxr--rw-   B. rw-r--r--   C. --xr--rwx   D. rwxr--r--

5. 文件 exer1 的访问权限为 rw-r--r--，现要增加所有用户的执行权限和同组用户的写权限，下列命令正确的是(   )。

A. chmod a+x, g+w exer1   B. chmod 765 exer1

C. chmod o+x exer1   D. chmod g+w exer1

6. 档案权限为 755，对档案拥有者而言，有(   )权限。

A. 可读，可执行，可写入   B. 可读

C. 可读，可执行   D. 可写入

7. 用于文件系统，直接修改文件权限的管理命令为(   )。

A. chown   B. chgrp   C. chmod   D. umask

二、填空题

1. 使得名为 fido 的文件具有权限 -r-xr-x--x 的命令是_____。

2. 某文件的权限为 drw-r--r--，用数值形式表示该权限为_____，该文件的属性是_____。

三、面试题

1. 执行命令 ls -l 时，某行显示如下：

　　-rw-r--r--　1　chris　chris　207　jul 20　11:58　mydata

(1) 用户 chris 对该文件具有什么权限？

(2) 执行命令 useradd Tom 后，用户 Tom 对该文件具有什么权限？

(3) 如何使任何用户都可以读写执行该文件？

2. 按要求完成以下操作：

首先，创建一个新用户 zhang,将其口令设为 zh1234；再创建一个新组 hr，将用户 zhang 添加到组 hr 中，并将其登录 Shell 改为 ksh。

然后，在/home/zhang 目录下创建一个文件 zh1.sh，将其属主改为 zhang，并为该文件添加用户 zhang 的执行权限，同组用户和其他用户都只有读权限。

项目6 磁盘管理

随着服务器的投入使用，数据存储容量在不断增加，原有磁盘已经无法满足需要，急需扩充磁盘容量。对于部分重要数据需要及时备份，实现磁盘的容错能力；对于部分用户过多地使用磁盘空间而造成其他用户无法正常使用存储服务的情况，需要对这些用户的存储目录进行配额管理。

Linux 系统中访问外设的方法与 Windows 系统有很大区别。一块新磁盘的加入，要经过分区，格式化，最后挂载到某一目录下才能正常使用。

◇　了解 Linux 中识别外设的方法。
◇　掌握磁盘分区工具的使用。
◇　设置磁盘的容错能力。
◇　采用磁盘配额，控制用户使用磁盘容量，提高磁盘使用效率。

6.1 知 识 准 备

6.1.1 Linux 环境下的设备

磁盘管理之计算机外设

设备是指计算机中的外围硬件装置，即除 CPU 和内存以外的所有设备。通常，设备中含有数据寄存器或数据缓存器、设备控制器，用于完成设备同 CPU 或内存的数据交换。

Linux 中的设备有字符设备、块设备和网络设备几种类型。字符设备可以发送或接收字符流，通常无法编址，也不存在任何寻址操作。块设备把信息存储在可寻址的固定大小的数据块中，数据块均可以被独立地读写，建立块缓冲，能随机访问数据块。网络设备在Linux 中是一种独立的设备类型，具有一些特殊的处理方法。还有一些设备无法利用上述方法分类，如时钟，它们也需要特殊的处理。每个字符设备和块设备都必须有主、次设备号，其中主设备号相同的设备属于同类设备(使用同一个驱动程序)。

在 Linux 环境下，设备名以文件系统中的设备文件的形式存在，因此用户可以采用使用文件的方法来使用设备。Linux 中常用的设备文件如表 6-1 所示。

表 6-1　Linux 中常用的设备文件

设 备 文 件	功 能 描 述
/dev/hd*	IDE 硬盘设备，如 hda1 表示第 1 块 IDE 硬盘的第 1 个分区，hdb2 表示第 2 块 IDE 硬盘的第 2 个分区
/dev/sd*	SCSI 硬盘设备，如 sda1 表示第 1 块 SCSI 硬盘的第 1 个分区，sdb2 表示第 2 块 SCSI 硬盘的第 2 个分区
/dev/ub*	uba 表示第 1 个 USB 块设备，ubb 表示第 2 个 USB 块设备，ubc 表示第 3 个 USB 块设备
/dev/tty*	终端设备
/dev/console	系统控制台
/dev/cdrom	当前 CD-ROM
/dev/mouse	当前鼠标
/dev/root	当前根文件系统所在设备
/dev/swap	当前 swap 所在设备
/dev/printer	lpd 本地套接字
/dev/stdin	标准输入文件描述符
/dev/stdout	标准输出文件描述符
/dev/stderr	标准错误文件描述符

　　在 Linux 中硬盘的种类主要是 SCSI、IDE 及现在流行的 SATA 等。任何一种硬盘的生产都要遵循一定的标准，IDE 遵循的是 ATA 标准，而目前流行的 SATA 是 ATA 标准的升级版本。IDE 是并口设备，而 SATA 是串口，SATA 的发展目的是替换 IDE。

　　硬盘的分区由主分区、扩展分区和逻辑分区组成，其中主分区(包括扩展分区)的最大个数是 4 个。主分区(包含扩展分区)的个数由硬盘的主引导记录 MBR 决定，MBR 存放启动管理程序(GRUB)和分区表记录。扩展分区也算一个主分区，但扩展分区可以包含更多的逻辑分区，也就是说主分区(包括扩展分区)的范围是 1~4，逻辑分区则是从 5 开始的。

　　IDE 硬盘在 Linux 系统下一般表示为 hd*，如 hda、hdb。SCSI 和 SATA 硬盘在 Linux 系统下通常表示为 sd*，如 sda、sdb 等。

6.1.2　设备的使用

1. 磁盘分区

1) fdisk

磁盘管理分区

fdisk 是传统的 Linux 硬盘分区工具，也是 Linux 最常使用的分区工具之一。fdisk 常见的使用方法如下：

fdisk [options] \<disk\>　　　修改分区表。

fdisk [options] -l \<disk\>　　显示指定磁盘设备的分区表信息。

fdisk -s \<partition\>　　　　　显示分区的大小。

使用命令"fdisk<disk>"，就可以进入 fdisk 程序的交互模式，在交互模式中可以通过输入 fdisk 程序所提供的指令(如表 6-2 所示)完成相应的操作。

表 6-2 fdisk 指令说明

指 令	功 能 描 述	指 令	功 能 描 述
a	调整硬盘的启动分区	p	列出硬盘分区表
d	删除一个硬盘分区	q	退出 fdisk，不保存更改
l	列出所有支持的分区类型	t	更改分区类型
m	列出所有命令	u	切换所显示的分区大小的单位
n	创建一个新的分区	w	把设置写入硬盘分区表之后退出

disk 是整个磁盘设备的名称。对于 IDE 磁盘设备，设备名为/dev/hd[a-d]，因为 IDE 硬盘最多为 4 个；对于 SCSI 磁盘设备，设备名为/dev/sd[a-z]。

例 1 使用 fdisk 交互的方式对/dev/sdb 进行分区。

(1) 输入 p 指令，查看当前磁盘的分区表。

> [root@localhost ~]# fdisk /dev/sdb
>
> 欢迎使用 fdisk (util-linux 2.23.2)。
>
> 更改将停留在内存中，直到决定将更改写入磁盘。
>
> 使用写入命令前请三思。
>
> Device does not contain a recognized partition table
>
> 使用磁盘标识符 0xf88c6135 创建新的 DOS 磁盘标签。
>
> 命令(输入 m 获取帮助)：p
>
> 磁盘/dev/sdb：107.4 GB,107374182400 字节，209715200 个扇区
>
> Units = 扇区 of 1 * 512 = 512 bytes
>
> 扇区大小(逻辑/物理)：512 字节 / 512 字节
>
> I/O 大小(最小/最佳)：512 字节 / 512 字节
>
> 磁盘标签类型：dos
>
> 磁盘标识符：0xf88c6135
>
> 设备 Boot   Start   End   Blocks   Id System
>
> 命令(输入 m 获取帮助)：

(2) 输入 n 指令，新建一个逻辑分区。

> 命令(输入 m 获取帮助)：n
>
> Partition type:
>
> p   primary (0 primary, 0 extended, 4 free)
>
> e   extended
>
> Select (default p)：p   #创建主分区
>
> 分区号(1-4，默认 1)： #分区号为 1
>
> 起始扇区(2048-209715199，默认为 2048)：   #起始扇区为 2048
>
> 将使用默认值 2048
>
> Last 扇区，+扇区 or +size{K,M,G} (2048-209715199，默认为 209715199)：+20G #分区大小

为 20 GB

分区 1 已设置为 Linux 类型，大小设为 20 GB

命令(输入 m 获取帮助)：p

磁盘 /dev/sdb：107.4 GB，107374182400 字节，209715200 个扇区

Units = 扇区 of 1 * 512 = 512 bytes

扇区大小(逻辑/物理)：512 字节 / 512 字节

I/O 大小(最小/最佳)：512 字节 / 512 字节

磁盘标签类型：dos

磁盘标识符：0xf88c6135

设备 Boot	Start	End	Blocks	Id	System
/dev/sdb1	2048	41945087	20971520	83	Linux

命令(输入 m 获取帮助)：

(3) 修改分区类型。

　　对于新添加的分区/dev/sdb1，系统默认的分区类型为 83，即 Linux 分区。如果希望将其更改为其他类型，可以通过 t 指令来完成。

命令(输入 m 获取帮助)：t

已选择分区 1　#目前只有一个分区，系统默认选择这个分区

Hex 代码(输入 L 列出所有代码)：82

已将分区"Linux"的类型更改为"Linux swap / Solaris"

命令(输入 m 获取帮助)：p

磁盘 /dev/sdb：107.4 GB，107374182400 字节，209715200 个扇区

Units = 扇区 of 1 * 512 = 512 bytes

扇区大小(逻辑/物理)：512 字节 /512 字节

I/O 大小(最小/最佳)：512 字节 /512 字节

磁盘标签类型：dos

磁盘标识符：0xf88c6135

设备 Boot	Start	End	Blocks	Id	System
/dev/sdb1	2048	41945087	20971520	82	Linux swap / Solaris

命令(输入 m 获取帮助)：

(4) 删除分区。

　　使用 d 命令删除刚建立的分区/dev/sdb1，使用 p 命令选项来查看。如果选择删除的是扩展分区，则扩展分区下的所有逻辑分区都会被自动删除。

命令(输入 m 获取帮助)：d

已选择分区 1

分区 1 已删除

命令(输入 m 获取帮助)：p

磁盘 /dev/sdb：107.4 GB，107374182400 字节，209715200 个扇区

Units = 扇区 of 1 * 512 = 512 bytes

扇区大小(逻辑/物理)：512 字节 / 512 字节

I/O 大小(最小/最佳)：512 字节 / 512 字节

磁盘标签类型：dos

磁盘标识符：0xf88c6135

设备 Boot　　Start　　　　End　　　Blocks　Id System

命令(输入 m 获取帮助)：

(5) 保存修改结果。

使用 w 指令保存后，则在 fdisk 中所做的所有操作都会生效。如果分区表正忙，则需要重启机器后才能使新的分区表生效。

命令(输入 m 获取帮助)：w

The partition table has been altered!

Calling ioctl() to re-read partition table.

正在同步磁盘。

(6) 不保存修改结果。

如果因为误操作，对磁盘分区进行了修改或删除操作，只需要输入 q 指令退出 fdisk，则本次所做的所有操作均不会生效。

如果不想重启就生效以上的磁盘分区，需执行命令：

[root@localhost ~]# partprobe /dev/sdb

2) parted

Linux 中经常使用的分区工具是 fdisk，但是目前在实际生产环境中使用的磁盘空间越来越大，呈 TB 级增长，而 fdisk 只能划分小于 2 TB 的磁盘。现在的磁盘空间已经远远大于 2 TB，就需要通过 parted 工具对 GPT 磁盘进行分区操作。其命令格式如下：

parted　[选项]... [设备 [命令 [参数]...]...]

将带有"参数"的命令应用于"设备"。如果没有给出"命令"，则以交互模式运行。各选项的含义如下：

-h, --help：显示此求助信息。

-l, --list：列出所有设备的分区信息。

-i, --interactive：在必要时提示用户。

-s, --script：从不提示用户。

-v, --version：显示版本。

交互模式下使用的操作命令的格式如下：

mkpart 分区类型 [文件系统类型] 起始点 终止点　　#创建一个分区

mkpartfs 分区类型 文件系统类型 起始点 终止点　　#创建一个带有文件系统的分区

print [MINOR]　　　　　　　　　　　　　　#打印分区表，或者分区

quit　　　　　　　　　　　　　　　　　#退出程序

例 1　使用 parted 交互方式进行分区。

① 选择要分区的硬盘/dev/sdb。

② 创建一个分区表。

因为 parted 命令只能针对 gpt 格式的磁盘进行操作，所以这里必须将新建的磁盘标签

格式设为 gpt。

```
[root@localhost ~]# parted /dev/sdb
GNU Parted 3.1
使用 /dev/sdb
Welcome to GNU Parted! Type 'help' to view a list of commands.
(parted) mklabel gpt                    #用户输入的命令
警告: The existing disk label on /dev/sdb will be destroyed and all data on this
disk will be lost. Do you want to continue?
是/Yes/否/No? yes
(parted) p                              #这是用户输入的命令
Model: VMware, VMware Virtual S (scsi)
Disk /dev/sdb: 107GB
Sector size (logical/physical): 512B/512B
Partition Table: gpt
Disk Flags:
Number  Start  End  Size  File system  Name  标志
(parted)
```

③ 使用 mkpart 命令进行 dp1 分区，输入文件系统，采用系统默认的 ext2 和分区的起止位置，使用 print 命令(简写为 p)打印分区信息，命令格式如下：

```
(parted) mkpart
分区名称?     []? dp1
文件系统类型?     [ext2]?
起始点?     0
结束点?     500GB
警告: The resulting partition is not properly aligned for best performance.
忽略/Ignore/放弃/Cancel? I
(parted) p
Model: VMware, VMware Virtual S (scsi)
Disk /dev/sdb: 1074GB
Sector size (logical/physical): 512B/512B
Partition Table: gpt
Disk Flags:
Number  Start   End     Size    File system  Name  标志
1       17.4KB  500GB   500GB                dp1
```

④ 如果分区错了，可以使用 rm 命令删除分区，rm 后面为分区的号码，命令格式如下：

```
(parted) rm 1
(parted) p
Model: VMware, VMware Virtual S (scsi)
Disk /dev/sdb: 1074GB
```

Sector size (logical/physical): 512B/512B

Partition Table: gpt

Disk Flags:

Number   Start   End   Size   File system   Name   标志

⑤ 按照上面的方法重新进行 dp1、dp2 的分区。

(parted) mkpart

分区名称？   []? dp1

文件系统类型？   [ext2]?

起始点？ 0

结束点？ 500GB

警告: The resulting partition is not properly aligned for best performance.

忽略/Ignore/放弃/Cancel? I

(parted) mkpart

分区名称？   []? dp2

文件系统类型？   [ext2]?

起始点？ 500GB

结束点？ 1000GB

(parted) p

Model: VMware, VMware Virtual S (scsi)

Disk /dev/sdb: 1074GB

Sector size (logical/physical): 512B/512B

Partition Table: gpt

Disk Flags:

Number	Start	End	Size	File system	Name	标志
1	17.4KB	500GB	500GB		dp1	
2	500GB	000GB	500GB		dp2	

(parted)

2. 使用 mkfs 创建文件系统

1) mkfs 命令

语法：mkfs [-V] [-t 文件系统] [device]

功能：在特定的分区上建立 linux 文件系统。只有创建完文件系统后，此分区才能存取文件。

其中，device 为预备检查的硬盘分区，例如 /dev/sdalo

各选项的含义如下：

-V：详细显示模式。

-t：给定文件系统类型，默认为 ext2。

-c：在建立文件系统前，检查该分区是否有坏道。

例 1 使用 fdisk 命令查看硬盘 /dev/sdb 的分区情况，命令如下：

[root@localhost ~]# fdisk -l /dev/sdb

WARNING: fdisk GPT support is currently new, and therefore in an experimental phase. Use at your own discretion.

　　磁盘 /dev/sdb：1073.7 GB, 1073741824000 字节, 2097152000 个扇区

　　Units = 扇区 of 1 * 512 = 512 bytes

　　扇区大小(逻辑/物理)：512 字节 / 512 字节

　　I/O 大小(最小/最佳)：512 字节 / 512 字节

　　磁盘标签类型：gpt

　　Disk identifier: 03588F6D-2862-4BF4-B78B-5ED281738E7B

#	Start	End	Size	Type	Name
1	34	976562500	465.7GB	Microsoft basic	dp1
2	976564224	1953124351	465.7GB	Microsoft basic	dp2

通过 fdisk 查看磁盘分区，就会弹出警告信息。这是由于 parted 内建的 mkfs 还不够完善，所以完成分区后使用 q 命令退出 parted，然后使用系统的 mkfs 命令对分区进行格式化，再建立 linux 文件系统。

常见的文件系统类型有以下几种：

ext3/ext4/xfs：是 linux 系统中使用最多的文件系统。

swap：用于 linux 磁盘交换分区的特殊文件系统。

vfat：扩展的 dos 文件系统(fat32)，支持长文件名。

msdos：DOS、Windows 和 os/2 使用该文件系统。

nfs：网络文件系统。

smbfs/cifs：支持 smb 协议的网络文件系统。

iso9660：cd-rom 的标准文件系统。

例 2　将/dev/sdb1 分区以 ext3 的格式进行格式化，如图 6-1 所示，命令如下：

　　[root@localhost ~]# mkfs -t　ext3 /dev/sdb1

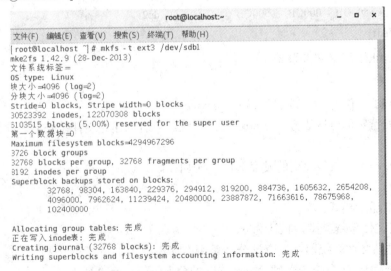

图 6-1　将/dev/sdb1 分区以 ext3 的格式进行格式化

例 3 将 /dev/sdb2 分区以 xfs 的格式进行格式化，如图 6-2 所示，命令如下：

[root@localhost ~]# mkfs -t xfs /dev/sdb2

图 6-2 将/dev/sdb2 分区以 xfs 的格式进行格式化

2) fsck

语法：fsck [选项] 设备名

功能：fsck 命令主要用于检查文件系统的正确性，并对 Linux 磁盘进行修复。

各选项及含义如下：

-t：给定文件系统类型。

-s：一个一个地执行 fsck 命令并进行检查。

-C：显示完整的检查进度。

-a：如果检查中发现错误，则自动修复。

-r：如果检查有错误，询问是否修复。

例 4 检查分区/dev/sdb1 上是否有错误，如果有错误则进行自动修复，命令如下：

[root@localhost ~]#fsck –a /dev/sdb1

一般情况下，无需用户手动执行 fsck 命令。在系统启动过程中， 一旦系统检测到了不一致就会自动运行 fsck 命令。手动执行 fsck 命令，应该在单用户模式且文件系统被卸载的情况下进行。

3. 文件系统挂载

Linux 对一块磁盘进行分区和格式化后，只有将分区挂载在系统目录树中的某个挂载点后，才能供用户使用。

1) mount

语法：mount [选项] [设备] [挂载点]

功能：将设备挂载到挂载点处，设备是指要挂载的设备名称，挂载点是指文件系统中已经存在的一个目录名。

各选项及含义如下：

-t <文件系统类型>：指定文件系统的类型，通常不必指定，mount 会自动选择正确的类型。

-a：挂载/etc/fstab 文件中记录的设备。

-o <参数>：主要用来描述设备或档案的挂载方式。常用的参数有：

loop：用来把一个文件当成硬盘分区挂载上系统。

ro：采用只读方式挂载设备。

rw：采用读写方式挂载设备。

iocharset：指定访问文件系统所用字符集。

注意：挂载之前应先用"fdisk －l"或"more　/proc/partitions"查看系统的硬盘和硬盘分区情况。

例 1　将/dev/sdb1、/dev/sdb2 分别挂载到目录/dp1、/dp2 下，命令如下：

    [root@localhost ~]# mkdir /dp1 /dp2

    [root@localhost ~]# mount /dev/sdb1　/dp1

    [root@localhost ~]# mount /dev/sdb2　/dp2

例 2　将光盘挂载到/mnt 下，命令如下：

    [root@localhost ~]# mount /dev/cdrom　/mnt

U 盘在 Linux 中是一个非 IDE 设备，其设备的名称和一般硬盘设备的名称相同。由于系统中已经有了两块 SCSI 硬盘，当插入 U 盘时 U 盘对应的设备名为/dev/sdc。

例 3　将 U 盘的第一个分区挂载到 /mnt/deu1 下，并指定文件系统的类型为 vfat，命令如下：

    [root@localhost ~]# mount -t vfat　/dev/sdc1 /mnt/deu1

2）umount

对于已挂载的设备，如果不使用了，就可以使用 umount 命令将其卸载。umount 命令介绍如下：

语法：umount　[选项]　[挂载点]或[设备名]

功能：将使用 umount 命令将已经挂载的文件系统卸载。

如：　[root@localhost ~]# umount /dev/cdrom

或　　[root@localhost ~]# umount /mnt

3）自动挂载

fstab (file system table) 是一个纯文本文件，开机后系统会自动搜索该文件中的内容，并对该文件中的文件系统进行自动挂载。虽然用户可以使用 mount 命令来挂载一个文件系统，但是若将挂载信息写入 /etc/fstab 文件中，当系统启动时就会自动将指定的文件系统挂载到指定的目录。

查看 /etc/fstab 文件内容如下：

    [root@localhost ~]# cat /etc/fstab

    #

    # /etc/fstab

    # Created by anaconda on Tue Dec 24 19:21:55 2019

    #

    # Accessible filesystems, by reference, are maintained under '/dev/disk'

    # See man pages fstab(5), findfs(8), mount(8) and/or blkid(8) for more info

    #

    UUID=195a526a-5349-4659-b6eb-c5eb6ef74ace /　　　　　xfs　　　　defaults　　　　0 0

    UUID=2e1df120-ae34-4aef-8d70-e7fa2c77fda3 /boot　　　xfs　　　　defaults　　　　0 0

UUID=60ce9cc7-96db-49a2-80e6-f767d25cf86e /home		xfs	defaults	0 0	
UUID=06a98f96-b079-4568-904e-97dbf1ecc0a1 swap		swap	defaults	0 0	
<device>	<dir>	<type>	<options>	<dump> <pass>	

在该文件的末尾提示需要设置自动挂载文件系统的表示方法，其中：

device：指定加载的磁盘分区或移动文件系统，可以使用设备名，也可以使用 UUID、LABEL 来指定分区。

dir：指定挂载点的路径。

type：指定文件系统的类型，如 ext3、ext4 等。

options：指定挂载的选项，默认为 defaults，其他可用选项包括 acl、noauto、ro 等。

dump：表示该挂载后的文件系统能否被 dump 备份命令作用，如 0 表示不能，1 表示每天都进行 dump 备份，2 表示不定期进行 dump 操作。

pass：表示开机过程中是否校验扇区，如 0 表示不要校验，1 表示优先校验(一般为根目录)，2 表示在 1 级别校验完后再进行校验。

例　在启动的过程中需要自动挂载文件，/dev/sdb3 的 ext4 文件系统挂载到/mnt/sdb3 目录；/dev/sdc1 的 vfat 文件系统挂载到 /mnt/deu1 目录。

则需要在 /etc/fstab 文件中添加如下内容：

/dev/sdb3	/mnt/sdb3	ext4	defaults	0	0
/dev/sdc1	/mnt/deu1	vfat	defaults	0	0

保存文件/etc/fstab，执行如下命令使其在当前生效。

    [root@localhost ~]#mount -a

4. 其他的磁盘命令

1) df

语法：df　[选项]　[设备或文件名]

功能：检查文件系统的磁盘空间占用情况，利用该命令来获取磁盘被占用了多少空间，目前还剩下多少空间。显示磁盘空间的使用情况包括文件系统安装的目录名、块设备名、总字数节、已用字数节、剩余字节数、挂载点等。

各选项及含义如下：

-a：显示所有文件系统磁盘使用情况，包括 0 块的文件系统，如/proe 文件系统。

-k：k 字节为单位显示。

-i：显示 i 节点信息。

-t：显示各指定类型的文件系统的磁盘空间使用情况。

-T：显示文件系统类型。

例 1　列出当前文件系统的磁盘占用情况，命令如下：

    [root@localhost ~]# df

例 2　列出当前文件系统类型，命令如下：

    [root@localhost ~]# df -T

2) du

语法：du　[选项]　[Names]

功能：统计目录(或文件)所占磁盘空间的大小，显示磁盘空间的使用情况。该命令逐级进入指定目录的每一个子项目并显示该目录占用文件系统数据块(1024B)的情况。若没有给出 Names，则对当前目录进行统计，显示目录或文件所占磁盘空间大小。

各选项及含义如下：

-a：递归显示指定目录中各文件及子目录中各文件占用的数据块数。

-b：以字节为单位列出磁盘空间使用情况(AS 4.0 中默认以 KB 为单位)。

-c：在统计后加上一个总计(系统默认设置)。

例　以字节为单位列出当前磁盘所有文件或者目录的空间占用情况，命令如下：

> [root@localhost ~]# du -ab

5. 文件系统的备份与还原

1) dump

语法：dump　[选项]　备份之后的文件名　原文件或目录

功能：dump 为备份文件系统工具程序，可将目录或整个文件系统备份至指定的设备中，或备份成一个大文件。

在 Linux 系统中 dump 命令是没有安装的，需要安装 dump 命令。dump 命令可以支持 0～9 共 10 个备份级别，其中 0 级别指的是完全备份，1～9 级别都是增量备份级别。

注意：只有在备份整个分区或整块硬盘时，才能支持 1～9 的增量备份级别；如果只是备份某个文件或不是分区的目录，则只能使用 0 级别进行完全备份。

各选项及含义如下：

-u：备份完毕后，在/etc/dumpdates 中记录备份的文件系统、层级、日期与时间等。

-f：指定备份设备名称。

-level：就是上面说的 0～9 共 10 个备份级别。

-v：显示备份过程中更多的输出信息。

-j：调用 bzlib 库压缩备份文件，其实就是把备份文件压缩为.bz2 格式，默认压缩等级是 2。

-W：显示允许使用 dump 工具进行备份的分区的备份等级及备份时间。

例　将/home 这个目录里面的东西备份成/tmp/user.bak 文件，备份层级为 0，并查看备份时间文件，命令如下：

> [root@localhost ~]#dump -0f　/tmp/user.bak　/home
>
> [root@localhost ~]# cat /etc/dumpdates

2) restore 命令

语法：restore　[选项]　-f <备份文件>

功能：还原(restore)由备份(dump)操作所备份下来的文件或整个文件系统(一个分区)。

各选项及含义如下：

-f：接要处理的那个文件。

例 1　还原/home 中的备份文件，命令如下：

> [root@localhost ~]#restore -f　/tmp/user.bak　/home

例 2　查看备份文件中的内容，命令如下：

> [root@localhost ~]#restore -tf /tmp/user.bak

6.1.3 LVM 管理

每个 Linux 使用者在安装 Linux 时都会遇到这样的困境：在为系统分区时，如何精确评估和分配各个硬盘分区的容量？因为系统管理员不但要考虑到当前某个分区需要的容量，还要预见该分区以后可能需要的容量的最大值。如果估计不准确，当遇到某个分区不够用时管理员甚至要备份整个系统、清除硬盘、重新对硬盘分区，然后恢复数据到新分区。虽然有很多动态调整磁盘的工具可以使用，如 PartitionMagic 等，但是它并不能完全解决问题，因为某个分区可能会再次被耗尽。另一方面这需要重新引导系统才能实现，对于很多关键的服务器，停机是不可接受的，而且对于添加新硬盘，希望一个能跨越多个硬盘驱动器的文件系统时，分区调整程序也不能解决问题。

因此，完美的解决方法应该是在零停机前提下可以自如地对文件系统的大小进行调整，方便实现文件系统跨越不同磁盘和分区。幸运的是 Linux 提供的逻辑盘卷管理(LVM, LogicalVolumeManager)机制就是一个完美的解决方案。

1. LVM 的相关概念

磁盘管理

LVM 是逻辑盘卷管理(Logical Volume Manager)的简称，是建立在硬盘和分区之上的一个逻辑层，用来提高磁盘分区管理的灵活性。通过 LVM 系统管理员可以轻松管理磁盘分区，如将若干个磁盘分区连接为一个整块的卷组(volumegroup)，形成一个存储池。管理员可以在卷组上随意创建逻辑卷组(logicalvolumes)，并进一步在逻辑卷组上创建文件系统。管理员通过 LVM 可以方便地调整存储卷组的大小，并且可以对磁盘存储按照组的方式进行命名、管理和分配，例如按照用途定义为 "development" 和 "sales"，而不是使用物理磁盘名 "sda" 和 "sdb"。而且当系统添加了新的磁盘，通过 LVM 管理员就不必将磁盘的文件移动到新的磁盘上以充分利用新的存储空间，而是直接扩展文件系统跨越磁盘即可。LVM 的相关概念如图 6-3 所示。

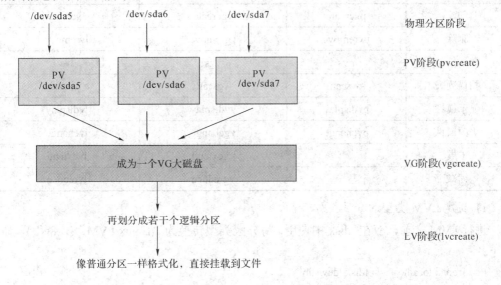

图 6-3 LVM 相关概念

LVM 的相关概念解释如下：

(1) 物理卷(Physical Volume，PV)：在 LVM 系统中处于最底层。物理卷可以是整个硬盘、硬盘上的分区或从逻辑上与磁盘分区具有同样功能的设备(如 RAID)，是 LVM 的基本存储逻辑块，但与基本的物理存储介质(如分区、磁盘等)比较，PV 包含与 LVM 相关的管理参数。

(2) 卷组(Volume Group，VG)：类似于非 LVM 系统中的物理磁盘，由一个或多个物理卷 PV 组成。可以在卷组上创建一个或多个 LV(逻辑卷)。一个 LVM 系统中可以只有一个卷组，也可以包含多个卷组。

(3) 逻辑卷(Logical Volume，LV)：类似于非 LVM 系统中的磁盘分区，逻辑卷建立在卷组 VG 之上。在逻辑卷 LV 上可以建立文件系统(如/home 或者/usr 等)，逻辑卷创建后，其大小可以伸缩。

(4) 物理块(Physical Extent，PE)：每一个物理卷 PV 被划分为 PE(Physical Extents)的基本单元，且具有唯一编号的 PE 是可以被 LVM 寻址的最小单元。PE 的大小是可配置的，默认为 4MB。所以物理卷(PV)由大小等同的基本单元 PE 组成，同一个卷组中的所有物理卷的 PE 大小要一致。

(5) 逻辑块(Logical Extent，LE)：在同一个卷组中，LE 的大小和 PE 是相同的，并且一一对应。

2. LVM 的管理

利用 LVM 进行逻辑卷的管理时，创建顺序是 pv->vg->lv。首先创建一个物理卷(对应一个物理硬盘分区或者一个物理硬盘)，然后把这些分区或者硬盘加入到一个卷组中(相当于一个逻辑上的大硬盘)，再在这个大硬盘上划分分区(逻辑上的分区，就是逻辑卷)，最后，把 lv 逻辑卷格式化以后，就可以像使用一个传统分区那样，把它挂载到一个挂载点上，需要的时候，这个逻辑卷可以被动态缩放。LVM 系统中经常使用的命令如表 6-3 所示。

表 6-3　LVM 常用的命令

任　务	PV	VG	LV
创建	pvcreate	vgcreate	lvcreate
删除	pvremove	vgremove	lvremove
显示信息	pvs	vgs	lvs
扫描列表	pvscan	vgscan	lvscan
显示属性	pvdisplay	vgdisplay	lvdisplay
更改属性	pvchange	vgchange	lvchange
扩展		vgextend	lvextend
缩减		vgreduce	lvreduce

1) 创建 LVM 类型的分区

进行 LVM 之前，应在 fdisk 中使用 t 将分区类型转换为"Linux LVM"("8e")，命令如下：

```
[root@localhost ~]# fdisk /dev/sdb
命令(输入 m 获取帮助)： t
```

分区号(1,2，默认 2)：1

Hex 代码(输入 L 列出所有代码)：8e

已将分区"Linux"的类型更改为"Linux LVM"

命令(输入 m 获取帮助)：t

分区号(1,2，默认 2)：2

Hex 代码(输入 L 列出所有代码)：8e

已将分区"Linux"的类型更改为"Linux LVM"

命令(输入 m 获取帮助)：p

磁盘 /dev/sdb：107.4 GB, 107374182400 字节，209715200 个扇区

Units = 扇区 of 1 * 512 = 512 bytes

扇区大小(逻辑/物理)：512 字节 / 512 字节

I/O 大小(最小/最佳)：512 字节 / 512 字节

磁盘标签类型：dos

磁盘标识符：0xc1dc010e

设备 Boot	Start	End	Blocks	Id	System
/dev/sdb1	2048	20973567	10485760	8e	Linux LVM
/dev/sdb2	20973568	41945087	10485760	8e	Linux LVM

2) 创建物理卷

例1 将两个物理分区创建为物理卷 /dev/sdb1、/dev/sdb2，命令如下：

[root@localhost ~]# pvcreate   /dev/sdb1 /dev/sdb2

Physical volume "/dev/sdb1" successfully created.

Physical volume "/dev/sdb2" successfully created.

例2 显示物理卷的属性，命令如下：

[root@localhost ~]# pvdisplay

"/dev/sdb1" is a new physical volume of "10.00 GiB"

--- NEW Physical volume ---

PV Name   /dev/sdb1

VG Name

PV Size   10.00 GiB

Allocatable   NO

PE Size   0

Total PE   0

Free PE   0

Allocated PE   0

PV UUID   SQOAbB-eA4Y-fleL-1y4u-P8Hb-PoTf-U7AHGa

"/dev/sdb2" is a new physical volume of "10.00 GiB"

--- NEW Physical volume ---

PV Name   /dev/sdb2

VG Name	
PV Size	10.00 GiB
Allocatable	NO
PE Size	0
Total PE	0
Free PE	0
Allocated PE	0
PV UUID	w9qC1L-06Wj-EKAL-xFne-gYvP-gqo2-DHBkoF

3) 将新创建的物理卷添加到卷组

例　使用 vgcreate 命令将 /dev/sdb1 和/dev/sdb2 两个物理卷加入到一个名为 vg0 的逻辑卷组中，并使用 vgdisplay 进行查看，命令如下：

```
[root@localhost ~]# vgcreate vg0 /dev/sdb1 /dev/sdb2
Volume group "vg0" successfully created
[root@localhost ~]# vgdisplay
```

--- Volume group ---

VG Name	vg0
System ID	
Format	lvm2
Metadata Areas	2
Metadata Sequence No	1
VG Access	read/write
VG Status	resizable
MAX LV	0
Cur LV	0
Open LV	0
Max PV	0
Cur PV	2
Act PV	2
VG Size	19.99 GiB
PE Size	4.00 MiB
Total PE	5118
Alloc PE / Size	0 / 0
Free　PE / Size	5118 / 19.99 GiB
VG UUID	PiwIRc-cT0S-xRSb-TGLV-Arte-3QVa-OgIbLY

4) 在卷组中创建逻辑卷

例　使用 lvcreate 在已有的卷组上建立名为 lvm0 的逻辑卷，使用 -L 指定逻辑卷大小，-n 指定逻辑卷的名称和卷组的名称，并使用 lvdisplay 进行查看，命令如下：

```
[root@localhost ~]# lvcreate -L 10G -n lvm0 vg0
```

Logical volume "lvm0" created.

[root@localhost ~]# lvdisplay

--- Logical volume ---

LV Path	/dev/vg0/lvm0
LV Name	lvm0
VG Name	vg0
LV UUID	LGwH1t-zRxy-ahFx-yc7r-kLSM-6wNg-vYGel9
LV Write Access	read/write

LV Creation host, time localhost.localdomain, 2020-01-02 18:56:19 +0800

LV Status	available
# open	0
LV Size	10.00 GiB
Current LE	2560
Segments	2
Allocation	inherit
Read ahead sectors	auto
- currently set to	8192
Block device	253:0

5) 在逻辑卷中创建文件系统

例　将逻辑卷 lvm0 进行格式化，命令如下：

[root@localhost ~]# mkfs.ext3 /dev/vg0/lvm0

6) 挂载创建的文件系统

例　将 lvm0 挂载到目录/lvm0 下，命令如下：

[root@localhost ~]# mkdir /lvm0

[root@localhost ~]# mount /dev/vg0/lvm0 /lvm0

7) LVM 的修改

(1) 若卷组中无剩余空间，则使用 vgextend 扩展卷组。

语法：vgextend <卷组名> <物理卷设备名> [...]

例　使用 vgextend 将/dev/sdb3 加入到逻辑组 vg0 中，命令如下：

[root@localhost ~]# vgextend vg0 /dev/sdb3

其中/dev/sdb3 必须为 LVM 类型，而且必须为 PV。

(2) 若卷组中有剩余空间，则使用 lvextend 扩展卷组中的逻辑卷。命令如下：

lvextend <-L +逻辑卷增量> <逻辑卷设备名称>

lvextend <-l +PE 值>　<逻辑卷设备名称>

例1　扩展逻辑卷 lvm0 的容量为 10 GB，命令如下：

[root@localhost ~]# lvextend　-L +10G /dev/vg0/lvm0

例2　减少逻辑卷 lvm0 的容量 10 GB，命令如下：

[root@localhost ~]# lvreduce　-L -10G /dev/vg0/lvm0

(3) 按照删除逻辑卷→卷组→物理卷的顺序来执行删除。

例 1　删除逻辑卷 lvm0，命令如下：

[root@localhost ~]# lvremove /dev/vg0/lvm0

Do you really want to remove active logical volume lvm0? [y/n]: y

Logical volume "lvm0" successfully removed

例 2　删除卷组 vg0，命令如下：

[root@localhost ~]# vgremove vg0

Volume group "vg0" successfully removed

例 3　删除物理卷 /dev/sdb1 和 /dev/sdb2，命令如下：

[root@localhost ~]# pvremove /dev/sdb1 /dev/sdb2

Labels on physical volume "/dev/sdb1" successfully wiped

Labels on physical volume "/dev/sdb2" successfully wiped

6.1.4　RAID 管理

RAID 磁盘管理

RAID 是独立冗余磁盘阵列 Redundant Array of Independent Disks 的简写。RAID 是把多块独立的硬盘(物理硬盘)按不同的方式组合起来形成的硬盘组(逻辑硬盘)，从而提供比单个硬盘更高的存储性能和提供数据备份技术。

RAID 分为硬 RAID 和软 RAID。硬 RAID 通过磁盘阵列控制卡实现，采用 dmraid 工具管理；软 RAID 基于 Linux 的内核仿真磁盘阵列的功能实现，采用 mdadm 工具管理。

组成磁盘阵列的不同方式称为 RAID 级别(RAID Levels)。在用户看来，组成的磁盘组就像是一个硬盘，用户可以对它进行分区、格式化等。总之，对磁盘阵列的操作与对单个硬盘的操作基本一样，不同的是，磁盘阵列的存储速度要比单个硬盘高很多，而且可以提供自动数据备份。数据备份的功能是在用户数据一旦发生损坏后，利用备份信息可以使损坏数据得以恢复，从而保障了用户数据的安全性。

1. 常见的 RAID 级别

(1) RAID 0：代表了所有 RAID 级别中最高的存储性能。没有数据冗余，没有数据校验的磁盘阵列，适用于对性能要求较高而对数据安全不太在乎的领域，如图形工作站等。对于个人用户，RAID 0 也是提高硬盘存储性能的绝佳选择。实现 RAID 0 至少需要两块以上的硬盘。

(2) RAID 1：磁盘阵列中单位成本最高的。镜像磁盘阵列具有最高的安全性，但只有一半的磁盘空间被用来存储数据，其主要用在数据安全性很高而且要求能够快速恢复被破坏的数据的场合。实现 RAID 1 至少需要两块以上的硬盘。

(3) RAID 3：用一个硬盘来存放数据的奇偶校验位，硬盘利用率得到了很大的提高。其主要应用于那些写入操作较少、读取操作较多的应用环境，如数据库和 Web 服务器等。实现 RAID 3 至少需要三块硬盘。

(4) RAID 5：一种存储性能、数据安全和存储成本兼顾的存储解决方案。RAID 5 可为系统提供数据安全保障，但保障程度要比 Mirror 低，而磁盘空间利用率要比 Mirror 高。

RAID 5 具有和 RAID 0 相近似的数据读取速度，只是多了一个奇偶校验信息，写入数据的速度比对单个磁盘进行写入操作稍慢。同时，由于多个数据对应一个奇偶校验信息，其磁盘空间利用率要比 RAID 1 高。实现 RAID 5 至少需要三块硬盘。

2. 创建软 RAID

创建软 RAID 的步骤如下：

(1) 准备若干类型为"fd"的分区。

(2) 创建并启用软 RAID 设备。

语法：mdadm --create|-C <raid 设备>　[其他选项]　<需要加入的 RAID 磁盘>

功能：创建 MD 设备。

常用选项介绍如下：

-l LEVEL|--level=LEVEL：指定 RAID 级别，如 0、1、5。

-n N|--raid-devices=N：指定组成 RAID 的设备数量。

-x M|--spare-devices=M：指定备用的附加设备数量。

-a yes|--auto=yes：自动重建 MD 设备文件。

v|--verbose：显示详细的创建过程。

(3) 为软 RAID 设备创建文件系统。

磁盘配额

6.1.5　磁盘配额

Linux 系统是多用户任务操作系统，在使用系统时会出现多用户共同使用一个磁盘的情况。如果其中少数几个用户占用了大量的磁盘空间，势必压缩其他用户的磁盘空间和使用权限。因此，系统管理员应该适当地开放磁盘的权限给用户，以妥善分配系统资源。Linux 中磁盘配额能够高效地实现磁盘容量的控制。

磁盘配额是一种磁盘空间的管理机制，使用磁盘配额可限制用户或组在某个特定文件系统中所能使用的最大空间。磁盘配额可以限制用户或组可以拥有的 inode 数(即文件个数)或者限制分配给用户或组的磁盘空间。配额必须由 root 用户或者有 root 权限的用户启用和管理。

1. 磁盘配额的限制策略涉及的概念

inode：限制用户可以建立的文件数量。

block：限制用户磁盘容量(默认以 KB 为单位)。

不论是 inode 还是 block，它们都有一个 soft/hard，也就是软限制和硬限制，其含义如下：

软限制(soft limit)：当超过软限制之后，在一定期限内用户仍可以继续存储文件，但系统会对用户提出警告，建议用户清理文件、释放空间。soft limit 的取值如果为 0，表示不受限制。

硬限制(hard limit)：用户和组可以使用的最大磁盘空间或最多的文件数，超过之后用户和组将无法再存储文件。

宽限期：超过软限制多长时间可以继续存储新的文件，默认警告期限是 7 天。

2. 实现磁盘配额的步骤

(1) 启动系统的磁盘配额功能。

编辑/etc/fstab 文件，启用文件系统的 quota 挂载选项。

(2) 使用 quotacheck 创建 quota 配额文件。

语法：quotacheck　[-afuvg]　[挂载点]

功能：扫描支持磁盘配额的分区，并建立磁盘配额文件。

各选项及含义如下：

-a：扫描所有支持磁盘配额的分区，使用此选项后不必再使用挂载点。

-u：针对用户扫描文件与目录的使用情况，会建立 aquota.user 文件。

-g：针对用户组扫描文件与目录的使用情况，会建立 aquota.group 文件。

-v：显示扫描过程的信息。

-f：强制扫描。

(3) 使用 edquota 设置用户和组群的磁盘配额。

语法：edquota　[-u 用户] [-g 用户组]

功能：更改指定用户或用户组的磁盘配额。

(4) 使用 quotaon 启动磁盘配额功能。

语法：quotaon　[-avug]　[挂载点]

功能：启用用户和用户组配额功能。

各选项及含义如下：

-a：扫描所有支持磁盘配额的分区，使用此选项后不必再使用挂载点。

-u：针对用户开启磁盘配额。

-g：针对用户组开启磁盘配额。

-v：显示扫描过程的信息。

(5) 使用 quotaoff 关闭用户和用户组配额功能。

语法：quotaoff　[-avug]　[挂载点]

该命令选项与"quotaon"命令相同。

(6) 使用 repquota 查看磁盘配额。

语法：repquota　-a|挂载点 [-vug]

功能：查看用户和用户组的磁盘配额。

各选项及含义如下：

-a：显示所有支持磁盘配额分区的使用情况，使用此选项后不必再使用挂载点。

-u：显示用户的磁盘配额。

-g：显示用户组的磁盘配额。

-v：输出所有的磁盘配额使用情况。

6.2　项 目 实 施

随着学院学生的增多，服务器的存储需求也在增加，为此 IT 协会的学生在服务器上安装了一块 SCSI 硬盘。为了保证服务器上数据的安全性，将存放数据的磁盘分区设置为 RAID 5，以实现磁盘容错。

1. 具体要求

(1) 新增加的硬盘为 /dev/sdc。

(2) 创建扩展分区，在此基础上划分大小都为 1 GB、分区类型为
fd 的逻辑分区。

(3) 利用 4 个分区组成 RAID 5。

(4) 1 个分区为热备份分区，其大小为 1 GB。

(5) 将 RAID 5 挂载到 /raid5 目录下。

RAID 5 创建

2. 具体操作

(1) 使用 fdisk 命令创建四个磁盘分区 /dev/sdc5、/dev/sdc6、
/dev/sdc7、/dev/sdc8、/dev/sdc9，并设置分区类型 id 为 fd，命令如下：

　　[root@localhost ~]# fdisk /dev/sdc

　　命令(输入 m 获取帮助)：t

　　分区号 (1,5-9，默认 9)：8

　　Hex 代码(输入 L 列出所有代码)：fd

　　已将分区"Linux"的类型更改为"Linux raid autodetect"

　　命令(输入 m 获取帮助)：t

　　分区号(1,5-9，默认 9)：9

　　Hex 代码(输入 L 列出所有代码)：fd

　　已将分区"Linux"的类型更改为"Linux raid autodetect"

　　命令(输入 m 获取帮助)：p

　　磁盘/dev/sdc：21.5 GB, 21474836480 字节，41943040 个扇区

　　Units= 区 of 1 * 512 = 512 bytes

　　扇区大小(逻辑/物理)：512 字节 / 512 字节

　　I/O 大小(最小/最佳)：512 字节 / 512 字节

　　磁盘标签类型：dos

　　磁盘标识符：0x9afbed60

设备 Boot	Start	End	Blocks	Id	System
/dev/sdc1	2048	41943039	20970496	5	Extended
/dev/sdc5	4096	2101247	1048576	fd	Linux raid autodetect
/dev/sdc6	2103296	4200447	1048576	fd	Linux raid autodetect
/dev/sdc7	4202496	6299647	1048576	fd	Linux raid autodetect
/dev/sdc8	6301696	8398847	1048576	fd	Linux raid autodetect
/dev/sdc9	8400896	10498047	1048576	fd	Linux raid autodetect

(2) 使用 partprobe 命令将新建分区信息写入磁盘分区表，命令如下：

　　[root@localhost ~]#partprobe   /dev/sdc

(3) 使用 mdadm 命令创建 RAID 5。

RAID 设备名称为/dev/mdX，其中 X 为设备编号，该编号从 0 开始。指定 RAID 设备
名为 /dev/md，级别为 5，使用 4 个设备建立 RAID，空余一个留做备用，命令如下：

　　[root@localhost ~]# mdadm -C /dev/md0 -l 5 -n 4 -x 1 /dev/sdc{5, 6, 7, 8, 9}

　　mdadm: Defaulting to version 1.2 metadata

mdadm: array /dev/md0 started.

如果要创建多个阵列，可使用的 RAID 设备名为 "md1、md2…"；"-l 5" 表示创建的 RAID 等级是 RAID 5；"-n 4" 表示使用 4 个分区来创建 RAID 阵列；"-x 1" 表示使用一个分区作为热备份分区；"/dev/sdc{5,6,7,8，9}" 表示 RAID 阵列中的分区，其中 4 个分区用于创建 RAID 5，1 个分区作为热备份分区。

这条命令也可以写为：

　　[root@localhost ~]# mdadm --create /dev/md0 --level=5　--raid-devices=4

　　--spare-devices=1 /dev/sdc{5,6,7,8,9}

(4) 为新建立的/dev/md0 建立类型为 ext3 的文件系统，命令如下：

　　[root@localhost ~]# mkfs.ext3 /dev/md0

(5) 将 RAID 挂载到目录/raid 5 中，命令如下：

　　[root@localhost ~]# mkdir /raid5

　　[root@localhost ~]# mount /dev/md0 /raid5/

(6) 查看建立的 RAID 5 的具体情况，命令如下：

　　[root@localhost ~]#　mdadm --detail /dev/md0

　　/dev/md0:

　　Version : 1.2

　　Creation Time : Thu Jan　2 19:10:37 2020

　　Raid Level : raid5

　　Array Size : 3139584 (2.99 GiB 3.21 GB)

　　Used Dev Size : 1046528 (1022.00 MiB 1071.64 MB)

　　Raid Devices : 4

　　Total Devices : 5

　　Persistence : Superblock is persistent

　　Update Time : Thu Jan　2 19:11:41 2020

　　State : clean

　　Active Devices : 4

　　Working Devices : 5

　　Failed Devices : 0

　　Spare Devices : 1

　　Layout : left-symmetric

　　Chunk Size : 512K

　　Consistency Policy : resync

　　Name : localhost.localdomain:0　(local to host localhost.localdomain)

　　UUID : 3e614c36:47faf9e9:89de24e5:5ecf27f4

　　Events : 18

Number	Major	Minor	RaidDevice	State	
0	8	37	0	active sync	/dev/sdc5
1	8	38	1	active sync	/dev/sdc6

2	8	39	2	active sync	/dev/sdc7
5	8	40	3	active sync	/dev/sdc8
4	8	41	-	spare	/dev/sdc9

注意：将多个同样大小的硬盘进行磁盘阵列时，只需要将各个硬盘划分到一个分区中，然后按照上述过程创建磁盘阵列。

6.3　反 思 与 进 阶

1. 项目背景

IT 协会的学生在服务器上为电子信息学院、经济管理学院分配了共同的存储空间 /djx，但是电子信息学院近期上传的视频文件过多，造成磁盘空间紧张。为此，IT 协会决定通过 Linux 磁盘配额来对/djx 进行配额管理。具体要求为：

(1) 电子信息学院管理员为 udzx，所属组群为 gdzx；经济管理学院管理员为 ujgx，所属组群为 gjgx。

(2) 用户的硬限制为 30 GB，软限制为 25 GB，文件数量不限制。

(3) 由于组群中还有其他用户，因此限制组群 gdzx 的容量为 100 GB，组群 gjgx 的容量为 50 GB。

(4) 设置每个用户在超过软限制后还有 14 天的宽限期。

2. 实施目的

(1) 掌握磁盘配额的限制策略。

(2) 掌握实现磁盘配额的要点。

磁盘配额实例

3. 实训步骤

(1) 对分区/dev/sdb1 加载 ext3 的文件系统，并且挂载到 /djx，命令如下：

```
[root@localhost ~]#mkfs.ext3 /dev/sdb1

[root@localhost ~]#mount /dev/sdb1 /djx
```

(2) 创建用户 udzx 和 ujgx，所属的组为 gdzx 和 gjgx，命令如下：

```
[root@localhost ~]#groupadd gdzx

[root@localhost ~]#groupadd gjgx

[root@localhost ~]#useradd –g gdzx udzx

[root@localhost ~]#useradd –g gjgx ujgx
```

(3) 编辑/etc/fstab 文件，启动文件系统的配额功能。

为了启用用户的磁盘配额功能，需要在 /etc/fstab 文件中加入 usrquota 项；为了启用组的磁盘配额功能，需要在/etc/fstab 文件中加入 grpquota 项，命令如下：

```
[root@localhost ~]#vim /etc/fstab

/dev/sdb1   /djx   ext3    defaults,usrquota,grpquota   0   0
```

(4) 重新挂载文件系统，命令如下：

```
[root@localhost ~]#mount -o remount /djx
```

（5）创建 quota 数据库，生成磁盘配额文件，命令如下：

[root@localhost ~]#quotacheck -cvug /djx

（6）设置用户 udzx 的磁盘配额功能，命令如下：

[root@localhost ~]#edquota –u udzx

在 vim 编辑器中把 blocks 的 soft limit 和 hard limit 改成 25GB 和 30GB，然后保存退出，命令如下：

Disk quotas for user udzx (uid 1003):						
Filesystem	blocks	soft	hard	inodes	soft	hard
/dev/sdb1	0	25G	30G	0	0	0

（7）查询用户 udzx 的磁盘配额，命令如下：。

[root@localhost ~]# quota -uv udzx

Disk quotas for user udzx (uid 1003):							
Filesystem	blocks	quota	limit	grace	files	quota	limit	grace
/dev/sdb1	0	26214400	31457280		0	0	0

（8）由于用户 ujgx 的磁盘配额与用户 udzx 一致，所以直接复制 udzx 的磁盘配额设置，命令如下：

[root@localhost ~]# edquota -p udzx -u ujgx

（9）查询用户 ujgx 的磁盘配额，命令如下：

[root@localhost ~]# quota -uv ujgx

Disk quotas for user ujgx (uid 1004):							
Filesystem	blocks	quota	limit	grace	files	quota	limit	grace
/dev/sdb1	0	26214400	31457280		0	0	0

（10）对组的设置和用户的设置相同，设置组 gdzx 的磁盘配额，命令如下：

[root@localhost ~]# edquota –g gdzx

Disk quotas for group gdzx (gid 1005):						
Filesystem	blocks	soft	hard	inodes	soft	hard
/dev/sdb1	0	0	100G	0	0	0

（11）查询组 gdzx 的磁盘配额，命令如下：

[root@localhost ~]# quota -gv gdzx

Disk quotas for group gdzx (gid 1005):							
Filesystem	blocks	quota	limit	grace	files	quota	limit	grace
/dev/sdb1	0	0	104857600		0	0	0

（12）设置组 gjgx 的磁盘配额，命令如下：

[root@localhost ~]# edquota -g gjgx

Disk quotas for group gjgx (gid 1006):						
Filesystem	blocks	soft	hard	inodes	soft	hard
/dev/sdb1	0	0	50G	0	0	0

（13）启动 quota 的配额功能，命令如下：

项目 6 磁 盘 管 理

[root@localhost] # quotaon -avug

(14) 将宽限时间改为 14 天，命令如下：

[root@localhost ~]# edquota   -t

Grace period before enforcing soft limits for users:

Time units may be: days, hours, minutes, or seconds

Filesystem	Block grace period	Inode grace period
/dev/sdb1	14days	14days

(15) 检查磁盘配额的使用情况，命令如下：

[root@localhost ~]# repquota   -auvs

*** Report for user quotas on device /dev/sdb1

Block grace time: 14days; Inode grace time: 14days

User			Space limits				File limits		
		used	soft	hard	grace	used	soft	hard	grace
root	--	4K	0K	0K		1	0	0	
udzx	--	0K	25600M	30720M		0	0	0	
ujgx	--	0K	25600M	30720M		0	0	0	

Statistics:

Total blocks: 7

Data blocks: 1

Entries: 3

Used average: 3.000000

其中，用户名"--"分别用于判断该用户是否超出磁盘空间限制及索引节点数目限制。当磁盘空间及索引节点数的软限制超出时，相应的"-"就会变为"+"。最后的 grace 列通常是空的，如果某个软限制超出，则这一列会显示警告时间的剩余时间。

4. 项目总结

使用 setquota 也可以实现配额管理。

(1) 设置用户 udzx 的磁盘配额功能，命令如下：

[root@localhost ~]#setquota -u udzx   25G 30G 0 0 /djx

(2) 查看用户 udzx 的磁盘配额，命令如下：

[root@localhost ~]#quota –u udzx

(3) 设置组 gjgx 的磁盘配额，命令如下：

[root@localhost ~]# setquota -g gjgx   0 100G 0 0 /djx

项 目 小 结

通过本项目的学习，了解 Linux 中如何使用外设，能根据实际情况进行磁盘分区操作，挂载文件系统。通过 LVM 进行动态磁盘管理，通过 RAID 实现磁盘容错，提高数据的安全性。为了维护用户正常使用磁盘空间，应能进行有效的磁盘配额管理。

练 习 题

一、简答题

1. 分别叙述 linux 对 IDE 硬盘和 USB 接口的移动硬盘的各个分区是如何表示的？

2. 如何实现每次开机时可将文件系统类型为 vfat 的分区 /dev/sdb3 自动挂载到 /media/sdb3 目录下？

二、面试题

为了扩充服务器容量，学院新购置了一块 SCSI 的硬盘，在 Linux 系统中识别为 /dev/sdb。试根据以下要求进行分区：

(1) 分一个"/sdb1"，大小为 100 MB，文件系统类型为 ext3。

(2) 建立 2 个 2 GB 的分区，在安装时创建软件 RAID 1，选择挂载点"/"，文件系统类型为 ext3。

(3) 划分两个大小都是 1 GB 的分区，在安装时创建 LVM，指定卷组的名字为 VGNAME，指定逻辑卷的名字为 LVNAMEB，大小为 500 MB，选择挂载点为"/home"，文件系统类型为 ext3。

项目 7 网 络 通 信

网络硬件连接好后，就要进行网络配置。只有正确地配置好网络的参数，才能正常使用网络。为确保学院计算机能正常的访问网络资源，IT 协会需要为主机配置正确的 IP 网络参数，并进行网络调试。为了方便随时随地进行网络维护，需要远程登录到服务器。

首先要了解需要配置的网络参数，Linux 中网络配置文件的使用，以及常见的网络配置和调试工具。

◇ Linux 系统正常连接网络时，需要配置的相关网络参数。

◇ Linux 系统中进行网络配置的方法和步骤。

◇ 通过远程连接工具随时随地登录到 Linux 系统。

7.1 知 识 准 备

网络参数命令的使用

7.1.1 网络配置参数

TCP/IP 是连接因特网的计算机进行通信的通信协议。它定义了电子设备(如计算机、服务器)如何连入因特网，以及数据在它们之间传输的标准。Linux 默认的网络协议是 TCP/IP 协议。TCP/IP 网络参数包括主机名、IP 地址、子网掩码、网关地址和 DNS 服务器等。

1. 主机名

主机名就是计算机名，在一个局域网中每台机器都有一个主机名，用于主机与主机之间的区分，在网络中主机名具有唯一性。如果主机在 DNS 服务器上进行过域名注册，那么其主机名和域名就是相同的。

在 RHEL6 中可通过编辑 /etc/sysconfig/network 文件中的 HOSTNAME 字段永久修改主机名，如使用 HOSTNAME=dianzi，重启后生效。但是在 RHEL7 中，通过编辑 /etc/sysconfig/ network 文件则无法修改主机名。

在 RHEL7 中查看 /etc/sysconfig/network 文件内容如下：

```
[root@localhost ~]# cat /etc/sysconfig/network
# Created by anaconda
```

此文件中默认已没有了在 RHEL6 中熟悉的 HOSTNAME=XXX 配置参数，即便手动在此文件中加入也无效。

在 RHEL7 中，定义了 3 种类型的主机名称：① 静态的(Static)："静态"主机名也称为内核主机名，是系统在启动时从/etc/hostname 自动初始化的主机名。② 瞬态的(Transient)：系统运行时临时分配的主机名，由内核管理。③ 灵活的(Pretty)：UTF8 格式的自由主机名，以展示给终端用户。

Transient 主机名和 Static 主机名仅可包含"-""a-z""0-9"字符，且最大不超过 64 个字符长度，Pretty 主机名可以是任意字符任意长度。RHEL 7 提供了 4 种修改主机名称的方式：

(1) 通过 /etc/hostname 永久修改主机名为+*#dianzi001，命令如下：

```
[root@localhost ~]# vim /etc/hostname
+*#dianzi001
dianzi02
dianzi03
```

该文件中的第一行文本文字为识别的主机名，不识别第二行和第三行字符。如果在/etc/hostname 中设置的主机名中包含有非"-""a-z""0-9"字符，Static 仍然可以识别任意字符，但是 Transient 临时主机名会抛弃不可包含的字符。

使用 RHEL7 中新增加的 hostnamectl 命令获取主机名，命令如下：

```
[root@localhost ~]# hostnamectl
Static hostname: +*#dianzi001
Transient hostname: localhost.localdomain
```

修改 /etc/hostname 后立即对 Static 主机名称生效，但对 Transient 和 Pretty 则需要重启操作系统后才能生效。

(2) 使用 hostnamectl 命令永久修改主机名为 dianzi。

hostnamectl 是 RHEL7 才有的命令，可以修改 Pretty 主机名、Static 主机名与 Transient 主机名，命令如下：

```
[root@localhost ~]# hostnamectl set-hostname dianzi
[root@localhost ~]# bash
[root@dianzi ~]# hostnamectl
```

如果用 hostnamectl 修改主机名，未指定修改主机名称类型，则默认为同时修改 Transient、Static、pretty 的名称，但不允许名称以"#"开头。

```
[root@localhost ~]# hostnamectl --transient set-hostname #dianzi
Invalid number of arguments.
```

如果 hostnamectl 修改的主机名称不以"#"打头，但其中含有不可识别的字符，则自动去除 Transient、Static 名称中不可识别的字符，只留下可识别的字符，而 pretty 名称则为全字符。

```
[root@dianzi ~]# hostnamectl set-hostname +*#dianzi002
[root@dianzi ~]# cat /etc/hostname
dianzi002
```

```
[root@dianzi ~]# hostnamectl
Static hostname: dianzi002
Pretty hostname: +*#dianzi002
```

通过 hostnamectl 命令分别查看各种类型的主机名。

```
[root@dianzi ~]# hostnamectl status --transient
dianzi002
[root@dianzi ~]# hostnamectl status --static
dianzi002
[root@dianzi ~]# hostnamectl status --pretty
+*#dianzi002
```

(3) 使用 hostname 临时设置主机名，重启后主机名失效，命令如下：

```
[root@dianzi002 ~]# hostname dianzi000
[root@dianzi002 ~]# hostname
dianzi000
```

(4) 使用 sysctl 命令修改内核参数，临时生效主机名，重启后失效，命令如下：

```
[root@dianzi002 ~]# sysctl kernel.hostname=dianzi
kernel.hostname = dianzi
[root@dianzi002 ~]# hostname
dianzi
```

2. IP 地址与子网掩码

在 Internet 中 IP 地址唯一标识一台主机。子网掩码与 IP 地址共同确定主机所在的网络。

1) ifconfig

语法：ifconfig　　　[选项]　　[网卡名]

　　　ifconfig　[网卡名]　ip 地址　netmask

功能：显示网卡的配置信息，临时修改网卡的配置信息。

其常用选项及含义：

-a：显示系统中所有网卡(包括未启动的)配置信息。

例 1　配置 ens33 的 IP 地址，命令如下：

```
[root@dianzi002 ~]# ifconfig   ens33 172.16.36.254 netmask 255.255.255.0
```

例 2　激活设备 ens33，命令如下：

```
[root@dianzi002 ~]# ifconfig ens33 up
```

例 3　禁用设备 ens33，命令如下：

```
[root@dianzi002 ~]# ifconfig ens33 down
```

例 4　查看指定的网络接口设备，命令如下：

```
[root@dianzi002 ~]# ifconfig   ens33
ens33: flags=4163<UP,BROADCAST,RUNNING,MULTICAST>   mtu 1500
    inet 172.16.36.254   netmask 255.255.255.0   broadcast 172.16.36.255
    inet6 fe80::e71f:3b97:5e70:bc6e   prefixlen 64   scopeid 0x20<link>
```

　　　　ether 00:0c:29:32:c2:64　　txqueuelen 1000　　(Ethernet)

　　　　RX packets 2009　　bytes 144563 (141.1 KiB)

　　　　RX errors 0　　dropped 0　　overruns 0　　frame 0

　　　　TX packets 158　　bytes 17725 (17.3 KiB)

　　　　TX errors 0　　dropped 0 overruns 0　　carrier 0　　collisions 0

例 5　　查看所有的网络接口设备，命令如下：

　　[root@dianzi002 ~]# ifconfig

使用 ifconfig 命令可以查看网卡的配置信息，如 IP 地址、MAC 地址等，如图 7-1 所示。

图 7-1　　使用 ifconfig 查看网卡配置信息

其中，从 flags 可知该接口已启用，支持广播、组播、mtu 值。

inet：IPv4 的 IP 地址，netmask 为子网掩码，broadcast 为广播地址。

inet6：IPv6 地址，prefixlen 为掩码长度，作用域，link 表示仅该接口有效。

ether：网卡的硬件地址，即 MAC 地址。

txqueuelen：传输队列长度，接口类型为 Ethernet。

RX：网络启动到现在的封包(packets)接受情况。

TX：从网络启动到现在传送的情况。

collisions：冲突信息包的数目。

　　由 RX 和 TX 可以了解网络是否非常繁忙。collisions 发生太多次表示网络状况不太好。通过 ifconfig 设置 IP 地址是临时生效的，重启系统后配置就失效了。在实际使用中，可能会出现一块网卡需要多个 IP 地址的情况，这时需要设置虚拟网卡，命令如下：

　　　　ifconfig　网卡名：虚拟网卡 ID　ip 地址　netmask

例 6　　为 ens33 设置虚拟网卡，地址为 172.16.36.253，命令如下：。

　　[root@dianzi002 ~]# ifconfig ens33:1 172.16.36.253 netmask 255.255.255.0

　　[root@dianzi002 ~]# ifconfig

　　ens33: flags=4163<UP,BROADCAST,RUNNING,MULTICAST>　　mtu 1500

　　inet 172.16.36.254　　netmask 255.255.255.0　　broadcast 172.16.36.255

　　inet6 fe80::e71f:3b97:5e70:bc6e　　prefixlen 64　　scopeid 0x20<link>

　　ether 00:0c:29:32:c2:64　　txqueuelen 1000　　(Ethernet)

RX packets 2254   bytes 162363 (158.5 KiB)

RX errors 0   dropped 0   overruns 0   frame 0

TX packets 167   bytes 19090 (18.6 KiB)

TX errors 0   dropped 0 overruns 0   carrier 0   collisions 0

ens33:1: flags=4163<UP,BROADCAST,RUNNING,MULTICAST>   mtu 1500

inet 172.16.36.253   netmask 255.255.255.0   broadcast 172.16.36.255

ether 00:0c:29:32:c2:64   txqueuelen 1000   (Ethernet)

2）ifup、ifdown

ifup：激活不活动的网络接口设备。

ifdown：停止指定的网络接口设备。

[root@dianzi002 ~]# ifup ens33

[root@dianzi002 ~]# ifdown ens33

成功断开设备'ens33'。

使用 ifconfig ens33 down 命令后，在 Linux 主机上还可以 ping 通 ens33 的 IP 地址，但是使用 ifdown ens33 命令后，在 Linux 主机不能 ping 通 ens33 的 IP 地址。

3）网卡配置文件

通过编辑网卡配置文件/etc/sysconfig/nework-scripts/ifcfg-enxxxx，可以永久性修改网卡设备名、IP 地址、子网掩码、网关等配置信息，如图 7-2 所示。

[root@dianzi002 network-scripts] # cd /etc/sysconfig/network-scripts/;ls;vim ifcfg-ens33

图 7-2 网卡配置文件

每个网卡都有一个单独的配置文件，可以通过文件名来找到每块网卡对应的配置文件，如 ifcfg-ens33 就是网卡 ens33 的配置文件。在文件 ifcfg-ens33 中，各参数表示的含义如表 7-1 所示。

表 7-1 网卡配置文件中参数的含义

参 数	功 能 描 述	参 数	功 能 描 述
TYPE	指定网络接口类型	IPADDR	指定静态 IP 地址
DEVICE	指定网卡设备名	NETMASK	指定子网掩码
BOOTPROTO	网卡获取网络参数的方式。默认为 dhcp，表示自动获取，static 表示静态配置	GATEWAY	指定设备的网关
ONBOOT	系统启动时是否启用设备		

因为工作的需要，可能需要给一块网卡配置多个 IP 地址，可以通过设置虚拟网卡来实现。

例 通过网卡配置文件为网卡 ens33 再绑定一个 IP 地址 172.16.36.253，如图 7-3 所示。

```
[root@dianzi002 ~]# cd /etc/sysconfig/network-scripts
[root@dianzi002 network-scripts] # cp ifcfg-ens33 ifcfg-ens33:1
[root@dianzi002 network-scripts] # vim ifcfg-ens33:1
[root@dianzi002 network-scripts] # systemctl restart network
[root@dianzi002 network-scripts] # ifconfig
```

图 7-3 为网卡 ens33 再绑定一个 IP 地址

4) nmcli 命令

在 RHEL7 中默认的网络服务由 NetworkManager 提供，这是动态控制及配置网络的守护进程，它用于保持当前网络设备及连接处于工作状态，同时也支持传统的 ifcfg 类型的配置文件。nmcli(NetworkManager Command-Line Interface)用于创建、显示、编辑、删除、激活和检测网络连接，也能用于管理网络设备。

例 1 查看连接情况，命令如下：

```
[root@dianzi002 ~]# nmcli connection    show
```

NAME	UUID	TYPE	DEVICE
ens33	c605231f-4628-4cd8-81dd-279e6483cac4	ethernet	ens33
virbr0	4873b504-86e1-418c-a982-a1dadf9f208f	bridge	virbr0

例 2 查看接口 ens33 的详细连接情况，命令如下：

```
[root@dianzi002 ~]# nmcli connection    show ens33
```

添加新的连接，并设置 IP 地址。

```
nmcli connection add con-name <网络接口名称> type <接口类型> ifname <网卡名称> ip4 <IPv4
地址/掩码缩写> gw4<网关地址>
```

例 3 创建新的连接 ns33-nmcli，设置 IP 地址为 172.16.36.222，网关为 172.16.36.1，命令如下：

```
[root@dianzi002 ~]    # nmcli connection    add con-name ens33-nmcli type ethernet ifname ens33
ip4 172.16.36.222/24 gw4 172.16.36.1
```

例4 启动网络服务,命令如下:

[root@dianzi002 ~]# nmcli connection up ens33-nmcli

或者

[root@dianzi002 ~]# nmcli connection up ens33

例5 删除连接 ens33-nmcli,命令如下:

[root@dianzi002 ~]# nmcli connection delete ens33-nmcli

3. 其他配置网络参数的方法

1) 文本界面

通过在终端输入 nmtui(NetworkManager Text-User Interface)打开网络管理文本用户接口,即网络管理器,如图 7-4 所示。

[root@dianzi002 ~] # nmtui

图 7-4 打开网络管理器

通过上下方向键选择"设置系统主机名"修改主机名,如图 7-5 所示,设置系统的主机名为 dianzi002。

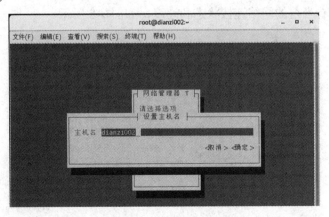

图 7-5 修改主机名

单击"确定"按钮,返回到主界面,选择"编辑链接",打开如图 7-6 所示的界面,选择"ens33",回车后打开编辑连接界面,如图 7-7 所示,配置主机 ens33 网络参数,设置IP 地址的获得方式(手动还是自动)、IP 地址、子网掩码、网关、DNS 服务器等。

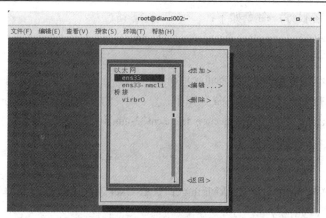

图 7-6　选择网络接口

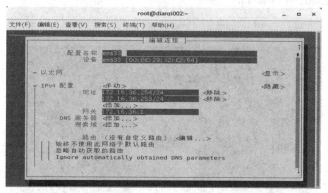

图 7-7　配置主机 IP 地址

配置完成后，单击"确定"按钮，返回主界面，选择"启用连接"激活该网络连接。

2) 图形界面配置工具

在桌面环境下，单击开始面板上的"应用程序"→"系统工具"→"设置"，在左侧选择"网络"，查看当前的网络连接状态和速度，如图 7-8 所示。

图 7-8　网络连接状态和速度

在图 7-8 的右侧面板"有线连接"选择框中单击"⚙"图标，打开网络配置界面，选择"IPv4"，选择"手动"，如图 7-9 所示。配置好 IP 地址、子网掩码、网关、DNS 等，单击"应用"按钮。

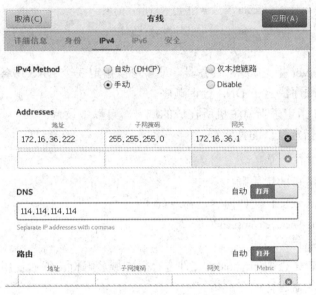

图 7-9　网卡 ens33 的网络配置

7.1.2　其他网络配置文件

1. /etc/hosts

本地名称解析文件，早期用来实现静态域名解析的一种方法，该

网络配置文件

文件中存储 IP 地址和主机名的静态映射关系。一般情况下，hosts 文件的每行为一个主机，每行由三部分组成，每个部分由空格隔开。第一部分是网络 IP 地址，第二部分是主机名或域名，第三部分是主机名别名。也可以是两部分组成，即主机 IP 地址和主机名，如172.16.36.254 dianzi。

例　在 hosts 文件中实现主机名称 dianzi002 和 IP 地址 172.16.36.254 的映射关系，命令如下：

```
[root@dianzi002 ~]# vim /etc/hosts
172.16.36.254 dianzi002
```

在网络中没有域名服务器时，网络程序一般通过查询该文件来获得某个主机对应的 IP 地址，在本机上进行域名解析。

2. /etc/resolv.conf

该文件用于指定系统所用的 DNS 服务器的 IP 地址，还可以设置当前主机所在的域及DNS 搜寻路径。

例　查看/etc/resolv.conf 文件内容，命令如下：

```
[root@dianzi ~]# cat /etc/resolv.conf
# Generated by NetworkManager
```

```
nameserver 114.114.114.114

nameverver 221.11.1.67

nameverver    61.134.1.4

domain        dianzi.com        # 指定本机所在的域

search        dianzi.com        # 指定默认搜索域
```

其中：

关键字 nameserver 指定 DNS 服务器，最多可以指定 3 个 DNS 服务器。每个 DNS 服务器占一行，行的顺序决定了 DNS 查询顺序。

关键字 domain 指定了当前主机所在域的域名，可以不设置。

关键字 search 指定默认的搜索域。

3. /etc/host.conf

用来指定域名解析的优先顺序。

例　查看/etc/host.conf 文件内容，命令如下：

```
[root@dianzi ~]# cat /etc/host.conf

order hosts,bind
```

文件内容表明首先查找/etc/hosts 文件进行静态域名解析，然后使用/etc/resolv.conf 文件中指定的域名服务器进行域名解析。

4. /etc/rc.d/init.d/network

当网络配置发生变化需要启动、停止或重新启动网络服务。

例　重新启动网络服务，命令如下：

```
[root@dianzi002 ~]# /etc/rc.d/init.d/network restart

Restarting network (via systemctl):              [   确定   ]
```

7.1.3　网络调试工具

1. ping

语法：ping　[-c 次数]　IP 地址|主机名

功能：测试当前主机到目的主机的网络连接状态。

在 Linux 系统中，ping 命令默认会不间断地发送 ICMP 报文直到用户使用 Ctr+C 组合键终止该命令，使用"-c"参数可指定发送 ICMP 报文的数目。

```
[root@localhost ~]# ping www.baidu.com

[root@localhost ~]# ping -c 4   61.135.169.121
```

2. netstat

语法：netstat　[-a]　[-e]　[-o]　[-p Protocol]　[-s]　[Interval]

功能：netstat 命令用于显示与 IP、TCP、UDP 和 ICMP 协议相关的统计数据，一般用于检验本机各端口的网络连接情况。netstat 是在内核中访问网络及相关信息的程序，能提供 TCP 连接、TCP 和 UDP 监听、进程内存管理的相关报告。

各选项及含义如下：

-a：显示所有活动的 TCP 连接以及侦听的 TCP 和 UDP 端口。

-n：显示活动的连接，只以数字形式表示地址和端口号。

-p：显示 socket 接口对应的进程名称等信息。

-r：显示 IP 路由表的内容，该参数与 route 命令等价。

-s：显示统计信息。

-l：列出正在监听的套接字。

例 1　显示网卡列表，命令如下：

[root@localhost ~]# netstat -i

例 2　显示路由信息，命令如下：

[root@localhost ~]# netstat -r

例 3　列出所有当前的连接，命令如下：

[root@localhost ~]# netstat　-a

上述命令会列出 tcp, udp　和　unix　协议下所有套接字的所有连接。

例 4　只列出 TCP 协议的连接，命令如下：

[root@localhost ~]# netstat -at

例 5　获取进程名、进程号及用户 ID，命令如下：

[root@localhost ~]# netstat -nlpt

3. nslookup

功能：查询 DNS 的记录，查看域名解析是否正常。

1) 交互查询方式

语法：nslookup

直接执行该命令，则进入域名的交互查询方式。可以指定域名服务器，实现用指定的域名服务器解析域名，检查该域名服务器能否正常解析域名。查看域名服务器能否正常解析 www.163.com，如图 7-10 所示。

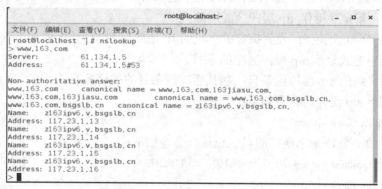

图 7-10　查询 www.163.com 的 IP 地址

2) 命令行查询方式

语法：nslookup　［IP 地址或域名］

功能：查询主机的 IP 地址及其对应的域名。

例　查询 www.baidu.comd 的 IP 地址，命令如下：

```
[root@localhost ~]# nslookup www.baidu.com
Server:          61.134.1.5
Address:     61.134.1.5#53
Non-authoritative answer:
www.baidu.com   canonical name = www.a.shifen.com.
Name:         www.a.shifen.com
Address: 14.215.177.38
Name:         www.a.shifen.com
Address: 14.215.177.39
```

4. traceroute

语法：traceroute　　IP 地址或域名

功能：显示数据包到达目的主机所经过的路由。每次数据包由同一节点(source)到同一目的地(destination)所经过的路径可能会不一样。

```
[root@localhost ~]# traceroute   61.135.169.121
[root@localhost ~]# traceroute   www.sina.com.cn
```

5. arp

功能：显示 arp 缓冲区中的所有条目，删除指定的条目，或者添加静态的 IP 地址与 MAC 地址对应关系。

各选项及含义如下：

-a<主机>：显示 arp 缓冲区的所有条目。

-H<地址类型>：指定 arp 指令使用的地址类型。

-d<主机>：从 arp 缓冲区中删除指定主机的 arp 条目。

-D：使用指定接口的硬件地址。

-e：以 Linux 的显示风格显示 arp 缓冲区中的条目。

-i<接口>：指定要操作 arp 缓冲区的网络接口。

-s<主机><MAC 地址>：设置指定的主机的 IP 地址与 MAC 地址的静态映射。

-n：以数字方式显示 arp 缓冲区中的条目。

-v：显示详细的 arp 缓冲区条目，包括缓冲区条目的统计信息。

例 1　查看 arp 缓存，命令如下：

```
[root@localhost ~]# arp
```

例 2　添加一个 IP 和 MAC 的对应记录，命令如下：

```
[root@localhost ~]# arp -s 192.168.0.103   00:11:22:33:44:55
[root@localhost ~]# arp
```

例 3　删除 arp 缓存条目，命令如下：

```
[root@localhost ~]# arp -d   192.168.0.103
```

6. route

语法：route　[add|del]　[-net|-host]　target　[netmask Nm]　[gw Gw]　[[dev] If]

功能：查看本机路由表，添加、删除路由条目，设置默认网关。

各选项及含义如下：

add：添加一条路由规则。

del：删除一条路由规则。

-net：目的地址是一个网络。

-host：目的地址是一个主机。

target：目的网络或主机。

netmask：目的地址的网络掩码。

gw：路由数据包通过的网关。

dev：为路由指定的网络接口。

例 1　查看本机路由表信息，命令如下：

　　[root@localhost ~]# route

例 2　添加到主机 61.135.169.121 的路由，命令如下：

　　[root@localhost ~]# route add -host 61.135.169.121 dev ens33

例 3　添加到 10.20.30.40 的网络的路由，命令如下：

　　[root@localhost ~]# route add -net 10.20.30.40 netmask 255.255.255.248 ens33

例 4　添加默认路由，命令如下：

　　[root@localhost ~]# route add default gw 172.16.36.1

例 5　删除路由表，命令如下：

　　[root@localhost ~]# route del -host 61.135.169.121

　　[root@localhost ~]# route del -net 10.20.30.40 netmask 255.255.255.248 ens33

　　[root@localhost ~]# route del default gw 172.16.43.1

7.1.4　守护进程

守护进程(daemon)是一类在后台运行的特殊进程，它独立于控制终端并且周期性地执行某种任务或等待处理某些发生的事件。它不需要用户输入就能运行且提供某种服务，不是对整个系统，就是对某个用户程序提供服务。Linux 系统的大多数服务是通过守护进程实现的。

守护进程一般在系统启动时开始运行，除非强行终止，否则直到系统关机都保持运行。守护进程经常以超级用户(root)权限运行，因为它们要使用特殊的端口(1~1024)或访问某些特殊的资源。

查看系统的守护进程可以使用 pstree 命令。它以树形结构显示系统中运行的守护进程。利用此命令用户可以清楚地看到各个进程之间的父子关系，如图 7-11 所示。

对 Linux 来说，systemd 就是一个 init 程序，可以作为 sysVinit 和 Upstat 的替代。在 RHEL7 中，进程 ID1 属于 systemd 这个新的进程。systemd 是一个服务管理程序，是所有服务的父进程，sytemctl 是服务管理程序的主要工具。其优点为：

　◇　并行化启动服务，可以提高系统的开机速度。

　◇　按需启动服务，而不需要单独的服务。

　◇　自动管理并启动依赖的服务。

　◇　屏蔽(冲突的)服务。

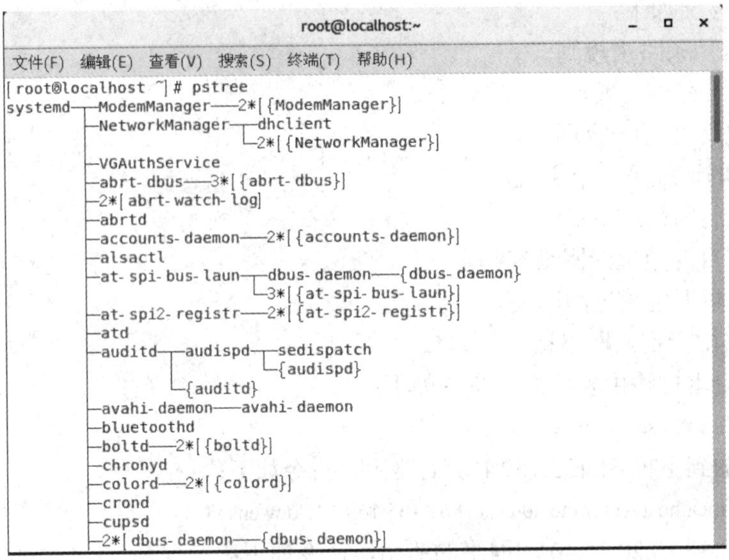

图 7-11　Linux 系统部分守护进程

守护进程管理工具主要有命令行界面(CLI)和文本用户界面(TUI)两种。

1) 命令行界面(CLI)工具

例 1　查看系统激活的服务，命令如下：

　　　[root@localhost ~]# systemctl list-units -t service

例 2　查看 sshd.service 服务状态，命令如下：

　　　[root@localhost ~]#　systemctl status sshd.service

例 3　启动 sshd.service 服务，命令如下：

　　　[root@localhost ~]#　systemctl start sshd.service

例 4　停止 sshd.service 服务，命令如下：

　　　[root@localhost ~]# systemctl stop sshd.service

例 5　重启 sshd.service 服务，命令如下：

　　　[root@localhost ~]# systemctl restart sshd.service

例 6　重新加载 sshd.service 服务，命令如下：

　　　[root@localhost ~]#systemctl reload sshd.service

RHEL6 中 chkconfig 命令是来管理系统引导时的服务，即开机时默认开启服务，而 RHEL7 中用 systemd 管理引导时的系统服务。

例 7　让 sshd.service 服务在引导时运行，命令如下：

　　　[root@localhost ~]# systemctl enable sshd.service

例 8　取消 sshd.service 服务在引导时运行，命令如下：

　　　[root@localhost ~]# systemctl disable sshd.service

2) 文本用户界面(TUI)工具

ntsysv 用于管理每次开机自动运行的守护进程，使用如下命令，打开如图 7-12 所示的管理守护进程窗口。

[root@localhost ~]# ntsysv

通过上下方向键，在各个服务之间移动，选择操作对象；使用空格键选择所需要的服务，"＊"表示启动服务；使用【Tab】键在确定和取消之间移动；使用【F1】键获得该服务的说明。

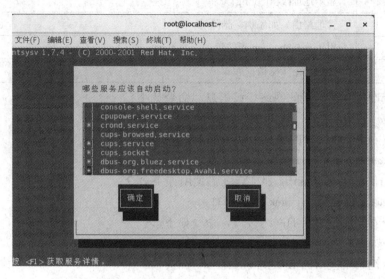

图 7-12   使用 ntsysv 管理守护进程

7.1.5   iproute2

使用 ifconfig、route、arp 和 netstat 等命令行工具(统称为 net-tools)配置网络功能和解决网络故障，是老版本 Linux 内核中配置网络功能的工具，但自 2001 年起，Linux 社区已经停止对其维护。iproute2 是 linux 下管理控制 TCP/IP 网络和流量控制的新一代工具包，旨在替代老派的工具链 net-tools。net-tools 通过 procfs(/proc)和 ioctl 系统调用访问和改变内核网络配置，而 iproute2 则通过 netlink 套接字接口与内核通讯。目前 iproute2 仍处在持续开发中。iproute2 的核心命令是 ip，通过如下命令可获取 ip 命令的用法，如图 7-13 所示。常用的 ip 命令功能描述如表 7-2 所示。

[root@localhost ~]# ip --help

```
root@localhost:~
文件(F)  编辑(E)  查看(V)  搜索(S)  终端(T)  帮助(H)
Usage: ip [ OPTIONS ] OBJECT { COMMAND | help }
       ip [ -force ] -batch filename
where  OBJECT := { link | address | addrlabel | route | rule | neigh | ntable |
                   tunnel | tuntap | maddress | mroute | mrule | monitor | xfrm |
                   netns | l2tp | fou | macsec | tcp_metrics | token | netconf | ila |
                   vrf }
       OPTIONS := { -V[ersion] | -s[tatistics] | -d[etails] | -r[esolve] |
                    -h[uman-readable] | -iec |
                    -f[amily] { inet | inet6 | ipx | dnet | mpls | bridge | link } |
                    -4 | -6 | -I | -D | -B | -0 |
                    -l[oops] { maximum-addr-flush-attempts } | -br[ief] |
                    -o[neline] | -t[imestamp] | -ts[hort] | -b[atch] [filename] |
                    -rc[vbuf] [size] | -n[etns] name | -a[ll] | -c[olor] }
[root@localhost ~]#
```

图 7-13   ip 命令的用法

表 7-2　常用的 ip 命令

命令对象	功能描述
ip link	网络配置命令，如启用/禁用某个网络设备、改变 MTU 及 MAC 地址等
ip addr	显示地址(或 ifconfig)
ip route	管理路由。如添加、删除等
ip neigh	用于 neighbor/arp 表的管理，如显示、插入、删除等
ip rule	管理路由策略数据库。

例 1　查询所有已连接的网络接口信息，命令如下：

[root@localhost ~]# ip link show

例 2　查看 ens33 接口的信息，命令如下：

[root@localhost ~]# ip link show ens33

想要输出的结果像 ifconfig 那样详细，使用如下命令：

[root@localhost ~]# ip -s link show ens33

例 3　查看当前被激活的网络接口，命令如下：

[root@localhost ~]# ip link show up

例 4　查询网络接口的 IP 地址，命令如下：

[root@localhost ~]# ip addr show dev ens33

例 5　设置网络接口的 IP 地址，命令如下：

[root@localhost ~]# ip addr add 172.16.43.254/24 brd + dev ens33

其中，brd+表明是标准的广播地址。

例 6　为 ens33 再次添加两个地址，命令如下：

[root@localhost ~]# ip addr add 172.16.43.253/24 broadcast 172.16.43.255 dev ens33

[root@localhost ~]# ip addr add 172.16.43.252/24 broadcast 172.16.43.255 dev ens33

[root@localhost ~]# ip addr show dev ens33

例 7　删除网络接口的 IP 地址，命令如下：

[root@localhost ~]# ip addr del 172.16.43.252/24 dev ens33

[root@localhost ~]# ip addr del 172.16.43.253/24 dev ens33

[root@localhost ~]# ip addr show dev ens33

使用 ip addr flush 可以一次性删除一个网络设备的所有地址。

[root@localhost ~]# ip addr flush dev ens33

[root@localhost ~]# ip add show dev ens33

默认的这条命令会删除网络接口 IPv4 和 IPv6 地址。如果想分别删除，则可以通过分别指定-4 和-6 选项。

例 8　激活或者停用网络接口，命令如下：

[root@localhost ~]# ip link set ens33 up

[root@localhost ~]# ip link set ens33 down

例 9　改变网卡硬件地址，即 MAC 地址(注意：修改 MAC 地址前网卡必须先关闭)，命令如下：

[root@astrol:~# ip link set ens33 down

[root@astrol:~# ip link set ens33 address 00:0c:29:0d:ce:95

[root@astrol:~# ip link set ens33 up

例 10　查看 IP 路由表，命令如下：

[root@localhost ~]# ip route show

例 11　添加默认路由。命令如下：

[root@localhost ~]#ip route add default via 172.16.43.1 dev ens33

例 12　修改默认路由，命令如下：

[root@localhost ~]# ip route replace default via 172.16.43.1 dev ens33

[root@localhost ~]# ip route show

例 13　删除默认路由，命令如下：

[root@localhost ~]#ip route del default

例 14　查看套接字统计信息(如活跃或监听状态的 TCP/UDP 套接字)，命令如下：

[root@localhost ~]# ss

[root@localhost ~]# ss -l

例 15　查看 ARP 表，命令如下：

[root@localhost ~]# ip neigh show

例 16　添加或删除静态 ARP 项，命令如下：

[root@localhost ~]# ip neigh add 192.168.1.100 lladdr 00:0c:29:c0:5a:ef dev ens33

[root@localhost ~]#ip neigh del 192.168.1.100 dev ens33

例 17　显示网络接口统计数据，命令如下：

[root@localhost ~]# ip -s link

上面就是常见的 ip 命令的用法，但是在这些命令行下的操作只是暂时性的，一旦重启网络服务或系统，这些配置都将会失效。如果想使其永久生效，就需要利用之前的相关方法在配置文件内进行设置。

7.1.6　SSH 远程登录服务

1. SSH 服务概述

SSH 为 Secure Shell 的缩写，由 IETF 的网络小组(Network Working Group)所制定。SSH 为建立在应用层基础上的安全协议，是目前较可靠，专为远程登录会话和其他网络服务提供安全性的协议。利用 SSH 协议可以有效防止远程管理过程中的信息泄露问题。

SSH 最初是 UNIX 系统上的一个程序，后来又迅速扩展到其他操作平台。SSH 在正确使用时可弥补网络中的漏洞。SSH 客户端适用于多种平台。几乎所有 UNIX 平台(包括 HP-UX、Linux、AIX、Solaris、Digital UNIX、Irix)及其他平台都可运行 SSH。

通过 SSH 可以安全地访问服务器，是因为 SSH 基于成熟的公钥加密体系，把所有传输的数据进行加密，保证数据在传输时不被恶意破坏、泄露和篡改。SSH 还使用了多种加密和认证方式，解决了传输中数据加密和身份认证的问题，能有效防止网络嗅探和 IP 欺骗等攻击。

SSH 远程登录服务

目前，SSH 协议已经经历了 SSH1 和 SSH2 两个版本。它们使用了不同的方式来实现，二者互不兼容。SSH2 不管在安全、功能还是性能方面都比 SSH1 有优势，所以目前被广泛使用。在 Linux 下广泛使用免费的 OpenSSH 程序来实现 SSH 协议，同时支持 SSH1 和 SSH2 协议。

默认情况下，Linux 会将 OpenSSH 服务器和客户端都安装在系统中。通常 SSH 服务是随系统自动启动的，查看 SSH 服务的运行状态。

[root@localhost ~]# systemctl status sshd

sshd.service - OpenSSH server daemon

Loaded: loaded (/usr/lib/systemd/system/sshd.service; enabled; vendor preset: enabled)

Active: active (running) since 二 2020-01-14 04:26:31 CST; 6h left

Docs: man:sshd(8)

　　　man:sshd_config(5)

Main PID: 7811 (sshd)

Tasks: 1

CGroup: /system.slice/sshd.service

　　　└─7811 /usr/sbin/sshd -D

1 月 14 04:26:31 localhost.localdomain systemd[1]: Starting OpenSSH server daemon...

1 月 14 04:26:31 localhost.localdomain sshd[7811]: Server listening on 0.0.0.0 port 22.

1 月 14 04:26:31 localhost.localdomain sshd[7811]: Server listening on :: port 22.

1 月 14 04:26:31 localhost.localdomain systemd[1]: Started OpenSSH server daemon.

2. 安全验证

从客户端来看，SSH 提供两种级别的安全验证。

1) 基于口令的安全验证

用户通过自己账号和口令，就可以登录到远程主机。所有传输的数据都会被加密，但是不能保证正在连接的服务器就是用户想连接的服务器，可能会有别的服务器在冒充真正的服务器，也就是受到"中间人"这种方式的攻击。

2) 基于密匙的安全验证

需要依靠密匙，也就是用户必须为自己创建一对密匙，并把公用密匙放在需要访问的服务器上。如果用户要连接到 SSH 服务器上，客户端软件就会向服务器发出请求，请求使用用户的密匙进行安全验证。服务器收到请求之后，先在该服务器上用户的主目录下寻找用户的公用密匙，然后把它和用户发送过来的公用密匙进行比较。如果两个密匙一致，服务器就用公用密匙加密"质询"(challenge)，并把它发送给客户端软件。客户端软件收到"质询"之后就可以使用用户的私人密匙解密，再把它发送给服务器。利用这种方式用户必须知道自己密匙的口令，与第一种相比，这种验证方式不需要在网络上传送口令。

3. SSH 服务的配置

SSH 服务的主要配置文件是/etc/ssh/sshd_config，通过编辑该文件可以配置 SSH 服务的运行参数，如图 7-14 所示。

[root@localhost ~]# cat /etc/ssh/sshd_config

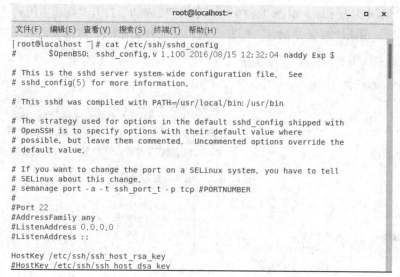

图 7-14 /etc/ssh/sshd_config 文件内容

该文件中配置选项很多，但是大部分使用"#"符号注释掉了，所以这里只介绍一些常用的选项。

(1) Port：定义 SSH 服务监听的端口号，SSH 服务默认使用的端口号是 TCP 22。

(2) ListenAddress：定义 SSH 服务器绑定的 IP 地址。

(3) PermitRootLogin：定义是否允许 root 管理员登录，默认允许管理员登录。

(4) PermitEmptyPasswords：定义是否允许空口令的用户登录，为了保证服务器的安全应该禁止这些用户登录，默认是禁止空口令用户登录的。

(5) PasswordAuthentication：定义是否使用口令认证方式。如果准备使用公钥认证方，就可以将其设置为 no。

注意：对此文件进行修改后，需要重启 SSH 服务才能使新的配置生效。

4. 在 Windows 平台上使用 SecureCRT 客户端远程登录 Linux 服务器

Windows 操作系统没有支持 SSH 的程序，需要安装支持 Secure Shell 的软件。常见的仿真软件有 SecureCRT、Putty、Bitvise SSH Client、MobaXterm、DameWare SSH 等，其使用方法都相似。下面以 SecureCRT 为例。

SecureCRT 是一款用于连接运行包括 Windows、UNIX 和 VMS 的理想工具。通过使用内含的 VCP 命令行程序可以进行加密文件的传输。有流行 CRTTelnet 客户机的所有特点，包括自动注册、对不同主机保持不同的特性、打印功能、颜色设置、可变屏幕尺寸、用户定义的键位图，以及优良的 VT100、VT102、VT220 和 ANSI 竞争，能从命令行中运行或从浏览器中运行。其他特点包括命令复制、易于使用的工具条、用户的键位图编辑器、可定制的 ANSI 颜色等。SecureCRT 的 SSH 协议支持 DES、3DES 和 RC4 密码，以及密码与 RSA 鉴别。

下载并安装 SecurCRT 软件后，就可以启动该软件了。选择"文件"→"快速连接"命令，打开"快速连接"对话框，如图 7-15 所示。在"快速连接"对话框中选择连接远程主机的协议(一般情况下选择 SSH2)，输入远程主机的主机名或 IP 地址端口号为 22，学院网络中心服务器的用户名是 root，单击"连接"按钮，连接成功后打开"新建主机密钥"警告框，如图 7-16 所示。单击"接受并保存"打开"输入安全外壳密码"对话框，如图 7-17 所示。

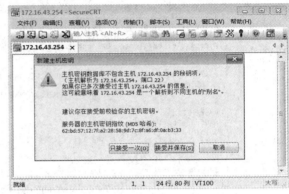

图 7-15　"快速连接"对话框　　　　　　图 7-16　"新建主机密钥"警告框

图 7-17　"输入安全外壳密码"对话框

在此对话框中输入用户密码"123456"，单击"确定"按钮，打开连接到远程主机的窗口，如图 7-18 所示。在该窗口中可方便地进行命令的复制、对话的克隆等。

图 7-18　使用 SSH 连接到服务器的窗口

7.2 项目实施

通过图形界面可以方便地为网络中心的主机设置网络参数，如 IP 地址、子网掩码、默认网关、DNS 服务器等。在实际中服务器都采用最小化安装，即系统无图形界面，这时还需要熟练应用 Linux 系统中一些网络工具。

(1) 查看网络接口 ens33 的配置信息。

[root@localhost ~]# ifconfig ens33

(2) ping 网关的 IP 地址，检测网络是否连通。

[root@localhost ~]# ping 192.168.0.1

常用的网络工具

(3) 使用 netstat 命令显示系统核心路由表。

[root@localhost ~]# netstat -r

(4) 使用 netstat 命令查看系统开启的 TCP 端口。

[root@localhost ~]# netstat -t

(5) 编辑/ete/hosts 文件，IP 地址 192.168.0.107 和域名 www.abc.com 的映射。

[root@localhost ~]# vim /etc/hosts

192.168.0.107   www.abc.com

(6) 用 ping 命令检测上面设置好的域名，测试静态域名解析是否成功。

[root@localhost ~]# ping -c 4 www.abc.com

PING www.abc.com (192.168.0.107) 56(84) bytes of data.

64 bytes from www.abc.com (192.168.0.107): icmp_seq=1 ttl=64 time=0.015 ms

64 bytes from www.abc.com (192.168.0.107): icmp_seq=2 ttl=64 time=0.041 ms

64 bytes from www.abc.com (192.168.0.107): icmp_seq=3 ttl=64 time=0.027 ms

64 bytes from www.abc.com (192.168.0.107): icmp_seq=4 ttl=64 time=0.024 ms

--- www.abc.com ping statistics ---

4 packets transmitted, 4 received, 0% packet loss, time 2999ms

rtt min/avg/max/mdev = 0.015/0.026/0.041/0.011 ms

结果表示域名解析正常。

(7) 编辑/ete/resolv.conf 文件，加入域名服务器，设置动态域名解析。

[root@localhost ~]# vim /etc/resolv.conf

Generated by NetworkManager

search DHCP HOST

nameserver 61.134.1.5

nameserver 218.30.19.50

(8) 编辑/etc/host.conf 文件，设置域名解析顺序为 hosts bind。

[root@localhost ~]# vim /etc/host.conf

order hosts,bind

(9) 使用 systemctl 命令查看守护进程 shd 的状态。

```
[root@localhost ~]# systemctl status sshd
```

(10) 使用 ssh 命令登录本地系统。

```
[root@localhost ~]# ssh 192.168.0.107
```

The authenticity of host '192.168.0.107 (192.168.0.107)' can't be established.

ECDSA key fingerprint is SHA256:NcYZGJa4Jv21pAoujL3KyYSXDAjo66paDHbtYv7up6s.

ECDSA key fingerprint is MD5:a7:53:5e:21:20:07:88:cf:51:7b:f4:99:44:88:a0:09.

Are you sure you want to continue connecting (yes/no)? yes

Warning: Permanently added '192.168.0.107' (ECDSA) to the list of known hosts.

root@192.168.0.107's password:

Last login: Tue Jan 14 04:30:57 2020

结果表示连接正常，输入 root 密码就可以登录了。

(11) 使用 systemctl 命令设置 sshd 开机自启。

```
[root @localhost ~]# systemctl enable sshd
```

7.3　反思与进阶

1. 项目背景

在安装 Linux 系统后，IT 协会的学生在图形界面中配置了 Linux 服务器的网络参数。实际工作中，为了提高服务器的性能，都采用最小化安装方式，是没有图形界面的。所以对于网络中心的其他服务器必须使用命令行模式进行网络配置，以确保服务器正常工作。

2. 实施目的

(1) 掌握 Linux 中配置网络参数的方法。

(2) 掌握常用的网络调试工具。

3. 实施步骤

(1) 临时设置当前主机的名称为 dzxxxy，并查看，命令如下：

```
[root@ localhost ~ ] #hostname dzxxxy
[root@ localhost ~ ] # hostname
```

通过命令行为 Linux 主
机设置网络参数

注意：hostname 命令不会将新主机名保存到 "/etc/hostname" 文件中，因此重新启动系统后，主机名仍将恢复为配置文件中所设置的主机名，而且在设置了新的主机后系统提示符中的主机名还不能同步更改，必须使用 logout 注销并重新登录后或者重新打开终端，才可以显示出新的主机名。

(2) 永久修改当前主机名称为 dianzi，命令如下：

```
[root@localhost ~]# hostnamectl set-hostname dianzi
[root@localhost ~]# bash
[root@dianzi ~]#
```

(3) 使用 IP 命令停用网络接口 ens33，命令如下：

```
[root@dianzi ~]# ip link set ens33 down
```

(4) 激活网络接口 ens33，将当前网卡 ens33 的 IP 地址设置为 192.168.0.108，子网掩码设置为 255.255.255.0，命令如下：

[root@dianzi ~]# ip link set ens33 up

[root@dianzi ~]# ip addr add 192.168.0.108/24 brd + dev ens33

(5) 查看系统中当前所有处于活跃状态的网络接口信息，命令如下：

[root@dianzi ~]# ip link show up

1: lo: <LOOPBACK,UP,LOWER_UP> mtu 65536 qdisc noqueue state UNKNOWN mode DEFAULT group default qlen 1000

link/loopback 00:00:00:00:00:00 brd 00:00:00:00:00:00

2: ens33: <BROADCAST,MULTICAST,UP,LOWER_UP> mtu 1500 qdisc pfifo_fast state UP mode DEFAULT group default qlen 1000

link/ether 00:0c:29:87:37:6a brd ff:ff:ff:ff:ff:ff

3: virbr0: <NO-CARRIER,BROADCAST,MULTICAST,UP> mtu 1500 qdisc noqueue state DOWN mode DEFAULT group default qlen 1000

link/ether 52:54:00:11:73:9a brd ff:ff:ff:ff:ff:ff

结果显示，当前系统拥有三个网络接口：ens33、lo 和 virbr0。ens33 是系统的第一个物理网卡，lo 代表 loopback 接口(环回接口)，计算机使用 loopback 接口来连接自己，该接口同时也是 Linux 内部通信的基础，其接口 IP 地址始终为 127.0.0.1。virbr0 是一种虚拟网络接口。默认情况下 lo 网络接口已自动配置好，用户不需要其进行修改或重新配置。该命令不会自动修改网卡的配置文件，所设置的 IP 地址即时生效，但是重启系统或网卡后，其 IP 地址将恢复为网卡配置文件中所指定的 IP 地址。

(6) 修改网络接口的配置文件，命令如下：

[root@dianzi ~]# vim /etc/sysconfig/network-scripts/ifcfg-ens33

TYPE=Ethernet

PROXY_METHOD=none

BROWSER_ONLY=no

BOOTPROTO=static

DEFROUTE=yes

IPV4_FAILURE_FATAL=no

IPV6INIT=yes

IPV6_AUTOCONF=yes

IPV6_DEFROUTE=yes

IPV6_FAILURE_FATAL=no

IPV6_ADDR_GEN_MODE=stable-privacy

NAME=ens33

UUID=028aa7e8-1593-48e3-9e99-9cb6645d4380

DEVICE=ens33

ONBOOT=yes

IPADDR=192.168.0.108

NETMASK=255.255.255.0

GATEWAY=192.168.0.1

(7) 重启网络服务，并查看 IP 地址，命令如下：

[root@dianzi ~]# systemctl restart network

[root@dianzi ~]# ip add

(8) 查看当前系统的路由，命令如下：

[root@dianzi ~]# route

Kernel IP routing table

Destination	Gateway	Genmask	Flags	Metric Ref		Use	Iface
192.168.122.0	0.0.0.0	255.255.255.0	U	0	0	0	virbr0

(9) 为 ens33 绑定虚拟网卡地址 172.16.43.253，命令如下：

[root@dianzi ~]# ifconfig ens33:1 172.16.43.253 netmask 255.255.255.0

(10) 为 ens33 绑定虚拟网卡地址 172.16.42.252，并查看当前路由信息，命令如下：

[root@dianzi ~]# ifconfig ens33:2 172.16.42.252 netmask 255.255.255.0

[root@dianzi ~]# route

Kernel IP routing table

Destination	Gateway	Genmask	Flags	Metric Ref		Use	Iface
172.16.42.0	0.0.0.0	255.255.255.0	U	0	0	0	ens33
172.16.43.0	0.0.0.0	255.255.255.0	U	0	0	0	ens33
192.168.122.0	0.0.0.0	255.255.255.0	U	0	0	0	virbr0

结果表明系统自动添加了 172.16.42.0 和 172.16.43.0 网络的路由记录。

(11) 删除通往网络 172.16.42.0 的路由，并查看路由表，命令如下：

[root@dianzi ~]# route del -net 172.16.42.0 netmask 255.255.255.0

[root@dianzi ~]# route

Kernel IP routing table

Destination	Gateway	Genmask	Flags	Metric Ref		Use	Iface
172.16.43.0	0.0.0.0	255.255.255.0	U	0	0	0	ens33
192.168.122.0	0.0.0.0	255.255.255.0	U	0	0	0	virbr0

4. 项目总结

(1) 能正确为 Linux 系统设置网络参数。

(2) 该项目也可以使用 iproute2 的相关命令完成。

项 目 小 结

为了保证了 Linux 主机正常进行网络通信，需要为主机配置正确的网络参数。不同于 Windows 系统，Linux 配置网络参数的方法比较多样化，可以在命令行进行配置，可以在文本窗口下进行配置，也可以在图形界面下进行配置，还可以通过网络配置文件来进行配置，但要注意各种配置的生效条件。

在 Linux 网络管理和调试方面，不仅要掌握老版本的 net-tools 工具，还要掌握新版 iproute2 的使用，同时，能进行 Linux 常见的网络故障诊断。

　　SSH 是一种在不安全网络上提供安全远程登录及其他安全网络服务的协议,它基于公钥加密体系。Linux 系统中使用 OpenSSH 软件提供 SSH 服务。在 Windows 平台下能通过仿真软件登录 Linux 主机。Linux 系统的网络功能非常强大,结构也非常复杂,需要在实践中不断积累经验,碰到网络故障时才能很快找到原因,并予以解决。

练 习 题

一、选择题

　　1. 局域网的网络地址 192.168.1.0/24,局域网络的网关地址是 192.168.1.1。主机 192.168.1.20 访问 172.16.1.0/24 网络时,其路由设置正确的是(　　)。

　　A. route add –net 192.168.1.0 gw 192.168.1.1 netmask 255.255.255.0

　　B. route add –net 172.16.1.0 gw 192.168.1.1 netmask 255.255.255.0

　　C. route add –net 172.16.1.0 gw 172.16.1.1 netmask 255.255.255.0

　　D. route add default 192.168.1.0 netmask 172.168.1.1

　　2. 关于 OpenSSH 的作用描述正确的是(　　)(多选)。

　　A. 开放源代码的安全加密程序　　　　　　B. OpenSSH 常用于为 http 协议加密

　　C. OpenSSH 用于提高远程登录访问的安全性 D. 它和 telnet 实用同样的端口号

　　E. OpenSSH 是免费下载的应用程序

　　3. 下列说法中,不属于 ifconfig 命令作用范围的是(　　)。

　　A. 配置本地回环地址　　　　　　　　　　B. 配置网卡的 IP 地址

　　C. 激活网络适配器　　　　　　　　　　　D. 加载网卡到内核中

　　4. 在局域网络内的某台主机用 ping 命令测试网络连接时,发现网络内部的主机都可以连通,而不能与公网连通,问题可能是 (　　)。

　　A. 主机 IP 设置有误　　　　　　　　　　B. 没有设置连接局域网的网关

　　C. 局域网的网关或主机的网关设置有误　　D. 局域网 DNS 服务器设置有误

二、填空题

　　1. 在 Linux 系统中,测试 DNS 服务器是否能够正确解析域名的客户端命令是_____。

　　2. 如果只是要修改系统的 IP 地址,应修改_____配置文件。

　　3. 当 LAN 内没有条件建立 DNS 服务器,但又想让局域网内的用户可以使用计算机名互相访问时,应配置_____文件。

　　4. ping 命令用于测试网络的连通性,ping 命令通过_____协议来实现。

　　5. 使用_____命令可以查看网络接口的配置情况。

　　6. 使用_____命令可以查看网络状态。

　　7. 使用_____命令可以查看某个守护进程的状态。

三、操作题

　　1. 使用 ip 命令查看主机的网络接口信息。

　　2. 使用 ip 命令禁用 ens33 网卡。

3. 使用 ip 命令重新启用 ens33 网卡。

4. 使用 ip 命令配置主机 ip 地址为 172.16.0.2，子网掩码为 24 位。

5. 使用 ip 命令为主机设置默认路由为 172.16.0.1。

6. 使用 ip 命令查看当前网卡的 IP 地址是否为所更改的 IP 地址。

7. 使用 ping 命令测试网络的连通性。

8. 配置 OpenSSH 服务，不允许 root 用户登录。

9. 在 Linux 服务器上新建一个普通用户，从 ScureCRT 客户端远程登录到 Linux 服务器，使用普通用户登录，再使用"su"命令切换到 root 用户。

四、面试题

某公司新购买一台服务器，预装 Linux 操作系统。根据实际情况，公司计划为该服务器配置 2 个 IP 地址，分别是：192.168.9.12 和 192.168.9.13，子网掩码为 255.255.255.0，DNS 为 202.97.224.69，默认网关为 192.168.9.254。设置完毕后测试该服务器能否正常上网。

学习情境二　部署 Linux 网络服务

项目 8　部署 DHCP 服务

项目引入

学院目前拥有上千台计算机，需要这些主机都可以正常上网，获取网络资源，实现资源共享。为了减少 IT 协会学生的工作量，需要网络中心的 Linux 服务器给全院客户端自动分配 IP 地址，确保 IP 地址的合理使用。

需求分析

采用手工配置 IP 地址首先必须确保 IP 地址是合法的，其次保证 IP 地址没有被其他客户端占用。即使这样，面对学院上千台计算机，手工配置 IP 的工作量还是太大，容易出错。那么，如何方便地设置 IP 地址或者自动获得 IP 地址呢？这对局域网用户来说意义非凡。动态的获取 IP 地址等参数需要借助 DHCP 服务器。

◇　了解 DHCP 的工作原理。
◇　能够部署需要的 DHCP 服务器。
◇　解决实际的网络问题。

8.1　知 识 准 备

DHCP 是动态主机配置协议(Dynamic Host Configuration Protocol)的简称，其作用就是对 IP 地址进行集中管理和配置。通过该协议可以为局域网中的每一台计算机自动分配 IP 地址，并完成每台计算机的 TCP/IP 协议配置，包括 IP 地址、子网掩码、网关，以及 DNS 服务器等。

8.1.1　DHCP 简介

目前，各类局域网中客户端种类比较多，客户端数量也在不断增加，使用手工配置 IP 地址工作量太大，容易产生 IP 地址冲突。同时，全球 IP 地址的紧张已经成为一个急需解决的问题。

DHCP 的前身是 BOOTP，它工作在 OSI 的应用层，是一种帮助主机从指定的 DHCP 服务器获取网络配置的协议。DHCP 使用客户端/服务器模式，请求网络配置的计算机叫做"DHCP 客户端"，而提供 IP 信息的计算机叫做"DHCP 服务器"。

1. DHCP 服务的分配方式

DHCP 服务器为客户端分配 IP 地址的方法有两种：

◇ Automatic Allocation(自动分配)：一旦 DHCP 客户端第一次成功地从 DHCP 服务器端租用到 IP 地址之后，就永远使用这个地址。

◇ Dynamic Allocation(动态分配)：当 DHCP 第一次从 DHCP 服务器端租用到 IP 地址之后，并非永久的使用该地址。只要租约到期，客户端就得释放(release)这个 IP 地址，以给其他工作站使用。

动态分配显然比自动分配更加灵活，尤其是当实际 IP 地址不足的时候。

DHCP 服务器利用租约机制，实现对整个网络 IP 地址自动统一分配和集中管理。当客户端向 DHCP 服务器请求分配 IP 地址时，DHCP 服务器会自动从地址池中分配一个未使用的 IP 地址给客户端，从而实现 IP 地址的动态分配。在分配 IP 地址给客户端的同时也可为客户端指定默认网关、子网掩码和 DNS 服务器等。

2. DHCP 服务的优缺点

DHCP 服务的优点是网络管理员只需要在 DHCP 服务器上验证 IP 地址和其他配置参数，而不用去检查每个主机；DHCP 不会为两台主机分配同一个 IP 地址；DHCP 服务可以约束特定的计算机使用固定的 IP 地址；当客户端在不同子网之间移动时不需要重新配置 IP 地址。当然，DHCP 也存在着缺点。它不能发现网络上非 DHCP 客户端已经在使用的 IP 地址；当局域网中存在多个 DHCP 服务器时，一个 DHCP 服务器不能查询被其他服务器租出去的 IP 地址；DHCP 服务器不能跨路由器与客户端通信，除非路由器允许 BOOTP 转发。

8.1.2　DHCP 工作原理

DHCP 服务由客户端发起，通过广播向局域网中的服务器申请获取 IP 地址的相关参数，服务器响应客户端的请求，分配给客户端 IP 地址。DHCP 客户端首次获得 IP 地址租约，需要经过以下 4 个阶段与 DHCP 服务器建立联系，如图 8-1 所示。

工作原理

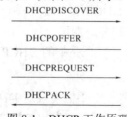

DHCPDISCOVER

DHCPOFFER

DHCPREQUEST

DHCPACK

DHCP server　　　　　　　　　　　　DHCP client

图 8-1　DHCP 工作原理

1. 探测阶段(DHCPDISCOVER)

当发现以下任意一种情况时，DHCP 客户端就启动 DHCP 请求，进入 DHCP 探测阶段。

◇ 当客户端第一次进入网络时，即它第一次向 DHCP 服务器请求 TCP/IP 配置时。

◇ 该 DHCP 客户端所租用的 IP 地址被其他客户端占用，该客户端需要重新申请新的 IP 地址时。

◇ DHCP 客户端自己释放掉原先租用的 IP 地址，并且要求租用一个新的 IP 地址时。

◇ 客户端从固定 IP 地址方式转向使用 DHCP 方式时。

探测阶段即 DHCP 客户端查找 DHCP 服务器的阶段。DHCP 客户端使用 0.0.0.0 作为自己的 IP 地址，在局域网中发出一个 DHCPDISCOVER 的广播信息，即向地址 255.255.255.255 发送特定的广播信息。该信息含有 DHCP 客户端网卡的 MAC 地址。当第一个 DHCPDISCOVER 信息发送出去后，DHCP 客户端将等待 1s 的时间。如果在此期间内没有 DHCP 服务器对此做出响应，它就会重试 4 次，分别在第 9 秒、第 13 秒和第 16 秒时重复发送一次 DHCPDISCOVER 信息。

如果 DHCP 客户端经过努力仍未获得任何有效服务器的 IP 地址，它将使用 169.254.0.1～169.254.255.254 这些保留地址中的一个 IP 地址。但是 DHCP 客户端还会在以后每隔 5 min 广播一次 DHCPDISCOVER 信息，直到得到一个应答为止。

2. 提供阶段(DHCPOFFER)

当网络中的任何一个 DHCP 服务器在收到 DHCP 客户端的 DHCPDISCOVER 信息后，对自身进行检查。如果该 DHCP 服务器能够提供空闲的 IP 地址，就从该 DHCP 服务器的 IP 地址池中随机选取一个没有出租的 IP 地址，然后利用广播的方式提供给 DHCP 客户端。在还没有将该 IP 地址正式租用给 DHCP 客户端之前，这个 IP 地址会暂时"隔离"起来，以免再分配给其他 DHCP 客户端。提供应答信息是 DHCP 服务器的第一个响应，它包含 IP 地址、子网掩码、租约和提供响应的 DHCP 服务器的 IP 地址。

3. 请求阶段(DHCPREQUEST)

客户端从接收到的第一个应答信息中选定 IP 地址信息，并广播一条租用 IP 地址的消息请求。客户端在这里采用广播的方式发送请求信息，一方面通知网络中的 DHCP 服务器，它已经选好了来自某 DHCP 服务器提供的 IP 地址，其他 DHCP 服务器可以收回自己的 IP 地址；另一方面在网络上询问其他主机是否有相同的 IP 地址，以防止重复。

如果有多台 DHCP 服务器向 DHCP 客户端发送 DHCPOFFER 信息，则 DHCP 客户端只接收第一个收到的 DHCPOFFER 信息。

4. 确认阶段(DHCPACK)

一旦被选择的 DHCP 服务器接收到 DHCP 客户端的 DHCP 请求后，就将已保留的这个 IP 地址标记为已经租用，然后向 DHCP 客户端广播一个包含其所提供的 IP 地址和其他设置的 DHCPACK 信息，告诉 DHCP 客户端可以使用该 IP 地址，然后 DHCP 客户端便将其 TCP/IP 与网卡绑定，这也就结束了一个完整的 DHCP 工作过程。

5. 重新登录

以后 DHCP 客户端重新登录网络时，不需要发送 DHCPDISCOVER 信息，而是直接使用已经租到的 IP 地址向之前的 DHCP 服务器发出 DHCPREQUEST 信息。当 DHCP 服务器收到这一信息后，它会尝试让 DHCP 客户端继续使用原来的 IP 地址，并回答一个 DHCPACK 确认信息。

如果此 IP 地址已无法再分配给原来的 DHCP 客户端使用(如此 IP 地址已分配给其他 DHCP 客户端使用)，则 DHCP 服务器给 DHCP 客户端回答一个 DHCPNACK 否认信息。当原来的 DHCP 客户端收到此 DHCPNACK 否认信息后，它就必须重新发送 DHCPDISCOVER 信息来请求新的 IP 地址。

6. 自动更新租约

DHCP 客户端对所申请到的 IP 地址等配置参数是有一定的使用时间限制的，每经过一定的时间就要重新刷新直到重新申请，租约期限默认是 8 天。在更新租约时，DHCP 客户端是以点对点的方式发送 DHCPREQUEST 信息包，不再进行广播。具体过程为：

◇ 当 DHCP 客户端的 IP 地址租用时间超过 50%，它就会向 DHCP 服务器发送个新的 DHCPREQUEST。若服务器在接收到该信息后并没有拒绝时，就会发送一个 DHCPACK 确认信息。DHCP 客户端收到该应答信息后，重新开始一个租用周期。如果客户端没有收到该服务器的回复，客户端还可继续使用现有的 IP 地址，因为当前租期还有 50%。

◇ 当 DHCP 客户端的 IP 地址租用时间超过 87.5%时，客户端会再次与 DHCP 服务器联系。若客户端还是没有收到 DHCP 服务器回复，则当租用时间超过 100%，则 DHCP 客户端必须立即停止使用此地址，并且重新进入申请状态。

8.2 项 目 实 施

配置一台以 Linux 为操作系统的 DHCP 作为服务器，服务器 IP 地址是 192.168.4.188，子网掩码是 255.255.255.0，默认网关是 192.168.4.2。客户端分别是 Linux 和 Windows 系统。

(1) 要求 DHCP 服务器给客户端分配的 IP 地址在 192.168.4.10～192.168.4.100 之间，且 DNS 服务器的地址是 192.168.4.253。

(2) 要求有一台 Windows 的 DHCP 客户端采用固定 IP 地址，其网卡的物理地址为 30:9c:23:ca:04:88，为其分配固定 IP 地址 192.168.4.15。

(3) 要求网络所属的 DNS 域为 abc.com(不是 DNS 服务器的名称，指的是服务器控制网络上的计算机是否加入的计算机组合，而该组合的名称为 abc.com)。

8.2.1 安装 DHCP 服务

Red Hat Enterprise Linux 7.6 光盘中提供了 DHCP 服务器的 RPM 包和 YUM 源，通过 RPM 安装 DHCP 服务的方法请查看项目五的项目实施部分。下面以 YUM 的安装为例，介绍 DHCP 服务器的安装。

(1) 查询系统是否安装了 DHCP 服务。

在不确定 Linux 系统中是否已经安装 DHCP 服务的情况下，可以在 shell 提示符输入 "rpm -q dhcp" 命令后按回车键，如果显示以下信息，则表明没有安装 DHCP 软件包。

安装 DHCP 服务

```
[root@localhost ~]          # rpm -q dhcp
未安装软件包  dhcp
```

(2) 将 Red Hat Enterprise Linux 7.6 安装光盘放入光驱，然后加载。

(3) 挂载 ISO 镜像文件，制作用于安装服务的 YUM 源。

```
[root@localhost ~]# mount   -o loop /dev/cdrom /mnt
[root@localhost ~]# cat /etc/yum.repos.d/local.repo
[rhel7]
name=rhel7
baseurl=file:///mnt
```

```
enabled=1
gpgcheck=0
```

(4) 使用 yum 命令安装 dhcp 服务。

```
[root@localhost ~]# yum install -y dhcp
```

(5) 所有软件包安装完成后，可以使用 rpm 命令再次查询。

```
[root@localhost ~]# rpm -qa|grep dhcp
dhcp-libs-4.2.5-68.el7_5.1.x86_64
dhcp-common-4.2.5-68.el7_5.1.x86_64
dhcp-4.2.5-68.el7_5.1.x86_64
```

与 DHCP 服务相关的软件包有以下几个：

dhcp-*：DHCP 服务器软件包。

dhcp-common -*：DHCP 命令软件包。

(6) 配置 DHCP 服务器的 IP 地址 192.168.4.188。

作为 DHCP 服务器，必须使用静态 IP 长地址。因此，在配置 DHCP 服务器之前，需要为 DHCP 服务器设置静态 IP 地址，通过网卡配置文件修改 DHCP 服务器的 IP 地址如图 8-2 所示。

```
[root@localhost ~]# ifconfig   ens33
ens33: flags=4163<UP,BROADCAST,RUNNING,MULTICAST>    mtu 1500
inet 192.168.4.188   netmask 255.255.255.0   broadcast 192.168.4.255
inet6 fe80::50b1:835b:e340:d4b5   prefixlen 64   scopeid 0x20<link>
ether 00:0c:29:32:c2:64   txqueuelen 1000    (Ethernet)
RX packets 314   bytes 26425 (25.8 KiB)
RX errors 0   dropped 0   overruns 0   frame 0
TX packets 40   bytes 4990 (4.8 KiB)
TX errors 0   dropped 0 overruns 0   carrier 0   collisions 0
```

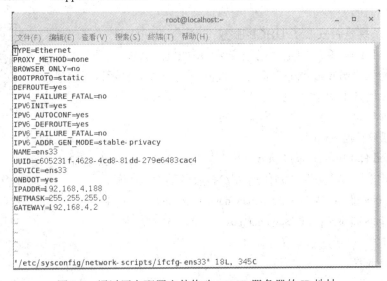

图 8-2　通过网卡配置文件修改 DHCP 服务器的 IP 地址

(7) 关闭防火墙，并且禁止防火墙开机启动。

[root@localhost ~]# systemctl　　stop firewalld

[root@localhost ~]# systemctl　　disable firewalld

Removed symlink /etc/systemd/system/multi-user.target.wants/firewalld.service.

Removed symlink /etc/systemd/system/dbus-org.fedoraproject.FirewallD1.service.

(8) 设置服务器的安全机制为允许。

在 SELinux 的配置文件中修改参数 SELINUX=permissive，配置结果如图 8-3 所示。

[root@localhost ~]# vi /etc/selinux/config

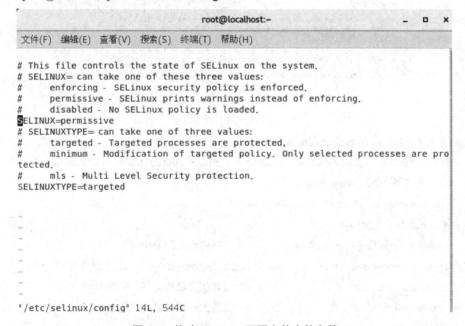

图 8-3　修改 SELinux 配置文件中的参数

config 配置文件内容修改后必须重启才能生效。可以通过 setenforce 命令使配置临时
生效，命令如下：

[root@localhost ~]# setenforce 0

配置完成后可以通过 getenforce 命令查看 SElinux 的规则，命令如下：

[root@localhost ~]# getenforce

如果输出结果为 permissive，则表示修改成功。

8.2.2　修改主配置文件 dhcpd.conf

配置 DHCP 服务器是通过 DHCP 服务器的配置文件 /etc/dhcp/dhcpd.conf
来完成的，该文件中没有任何实质内容。用户可根据/etc/dhcp/dhcpd.conf 文
件中的提示，由范本 /usr/share/doc/dhcp-4.2.5/dhcpd.conf.sample 复制生成，
范本内容如图 8-4 所示。

配置 DHCP 服务

图 8-4　范本内容

复制范本内容到 /etc/dhcp/dhcpd.conf 中，并查看：

[root@localhost ~]# cp /usr/share/doc/dhcp-4.2.5/dhcpd.conf.example　/etc/dhcp/dhcpd.conf

cp：是否覆盖"/etc/dhcp/dhcpd.conf"？　y

[root@localhost ~]# cat /etc/dhcp/dhcpd.conf

#以下选取了部分内容

option domain-name "example.org";　　　　　　#网络所属的 DNS 域

option domain-name-servers ns1.example.org, ns2.example.org;　# DNS 服务器的 IP 地址

default-lease-time 600;　　　　　　　　　　#默认的租约时间，单位是秒

max-lease-time 7200;　　　　　　　　　　　#最大的租约时间，单位是秒

#ddns-update-style none;

#默认是被注释的：none 表示不支持动态更新，Interim 表示 DNS 互动更新模式

#ad-hoc: 表示特殊 DNS 更新模式。

#authoritative;　　　　　　　　　　　　#拒绝不正确的 IP 地址的要求

log-facility local7;　　　　　　　　　　　#用于定义 DHCP 的日志

subnet 10.5.5.0 netmask 255.255.255.224 {　　　　　　　　#子网声明

　　range 10.5.5.26 10.5.5.30;　　　　　　　　　　#提供动态分配 IP 的范围

　　option domain-name-servers ns1.internal.example.org;　　#指明 DNS 服务器 IP 地址

　　option domain-name "internal.example.org";　　　　　#为客户端指明 DNS 名字

　　option routers 10.5.5.1;　　　　　　　　　　　#为客户端设定默认网关

　　option broadcast-address 10.5.5.31;　　　　　　　#为客户端设定广播地址

　　default-lease-time 600;

　　max-lease-time 7200;

}

#为指定的 MAC 地址的客户端分配保留的 IP 地址

host fantasia {

　　hardware ethernet 08:00:07:26:c0:a5;

　　fixed-address fantasia.fugue.com;

　　}

综上所述，/etc/dhcpd.conf 文件通常包括三部分：parameters(参数)、declarations(声明)和 option(选项)。从整体框架来看 DHCP 分为全局配置和局部配置。

1. 参数

参数(parameters)用于表明如何执行任务，是否要执行任务，或将哪些网络配置选择项发给客户端，常用参数及其功能描述如表 8-1 所示。

表 8-1　常用参数及其功能描述

序号	参　数	功　能　描　述
1	ddns-update-style　类型	定义所支持的 DNS 动态更新类型(必选)
2	allow/ignore client-update	允许/忽略客户端更新 DNS 记录
3	default-lease-time　数字	指定默认的租约期限
4	max-lease-time　数字	指定最大租约期限
5	hardware　硬件类型 mac 地址	指定网卡接口类型和 MAC 地址
6	servere-name　主机名	通知 DHCP 客户端服务器的主机名
7	fixed-address ip	分配给客户端一个固定的 IP 地址

2. 声明

声明(declarations)用于描述网络布局、提供客户的 IP 地址等，如表 8-2 所示。

表 8-2　常用的声明

序号	声　明	功　能　描　述
1	shared-network{....}	定义超级作用域
2	subnet 网络号　netmask 子网掩码{....}	定义作用域(或 IP 子网)
3	rang 起始 ip 地址　终止 ip 地址{....}	定义作用域(或 IP 子网)范围
4	host 主机名{....}	定义保留地址
5	group{....}	定义一组参数

3. 选项

用来配置 DHCP 可选参数，全部用 option 关键字作为开始，如表 8-3 所示。

表 8-3　常用选项

序号	选　项	功　能　描　述
1	subnet-mask 子网掩码	为客户端指定子网掩码
2	domain-name 域名	为客户端指定 DNS 域名
3	domain-name-servers 地址	为客户端指定 DNS 服务器和 IP 地址
4	host-name 主机名	为客户端指定主机名

续表

序号	选　项	功　能　描　述
5	routers ip	为客户端指定默认网关
6	netbios-node-type	为客户端指定节点类型
7	ntp-server ip	为客户端指定网络服务器的 IP 地址
8	nis-server ip	为客户端指定 nis 服务器地址
9	nis-domain 名称	为客户端指定所属 NIS 域服务器名称
10	time-offset 偏移量	为客户端指定与格林尼治时间的偏移量

了解了参数、声明、选项的功能，现在根据项目要求就可以修改 DHCP 服务器的主配置文件，命令如下：

```
[root@localhost ~]# vim   /etc/dhcp/dhcpd.conf
#全局设置
ddns-update-style interim;
ignore client-updates;
#子网声明
subnet 192.168.4.0 netmask 255.255.255.0 {
    option routers          192.168.4.1;            # 为 DHCP 客户端指定网关
    option subnet-mask    255.255.255.0;           # 为 DHCP 客户端指定子网掩码
    option domain-name "abc.com";                 #DNS 域的域名
    option domain-name-servers   192.168.4.253;   #为 DHCP 客户端设置 DNS 服务器
    range    192.168.4.10 192.168.4.100;          # IP 范围
}
#为某个客户端设置固定 IP
host fantasia {
    hardware ethernet 30:9c:23:ca:04:88; #指定 DHCP 客户端的网卡地址
    fixed-address 192.168.4.15; #对上面的网卡地址设置固定的 IP
}
```

4. 其他设置

1) IP 地址绑定

IP 地址绑定就是将特定的 IP 地址给指定的 DHCP 客户端使用。即当这个客户端每次向 DHCP 服务器索取 IP 地址或更新租约时，DHCP 服务器都会给该客户分配相同的 IP 地址。一般对网络中的各类服务器(如 DNS 服务器、FTP 服务器)都设置固定的 IP 地址。

在 /etc/dhcp/dhcpd.conf 文件中加入如下格式的 host 语句：

```
host 主机名{
    hardware ethernet    网卡的 mac 地址；
    fixed-address   ip 地址；
}
```

2) DHCP 服务器的租约文件

成功运行 dhcpd 服务以后，可以通过查看租约文件"/var/lib/dhcpd/dhcpd.leases"来了解服务器的 IP 地址分配情况。该租约文件中记录了分配出去的每个 IP 地址信息(租约记录)，包括 IP 地址、客户端的 MAC 地址、租用的起始时间和结束时间等。

查看 /var/lib/dhcpd/dhcpd.leases 文件内容：

```
[root@localhost ~]# cat    /var/lib/dhcpd/dhcpd.leases
# The format of this file is documented in the dhcpd.leases(5) manual page.
# This lease file was written by isc-dhcp-4.2.5
server-duid "\000\001\000\001%\252\357z\000\014)2\302d";
lease 192.168.4.10 {                      #DHCP 服务器分配的 IP 地址
    starts 6 2020/01/11 08:45:56;         #lease 开始租约时间
    ends 6 2020/01/11 08:55:56;           #lease 结束租约时间
    cltt 6 2020/01/11 08:45:56;
    binding state active;
    next binding state free;
    rewind binding state free;
    hardware ethernet 00:0c:29:96:ee:71;  #客户端网卡 MAC 地址
}
```

8.2.3　启动与停止 DHCP 服务

(1) 启动 DHCP 服务。

```
[root@localhost ~]# systemctl    start dhcpd
```

(2) 停止 DHCP 服务。

```
[root@localhost ~]# systemctl    stop    dhcpd
```

(3) 重启 DHCP 服务。

```
[root@localhost ~]# systemctl    restart    dhcpd
```

(4) 设置 DHCP 服务开机自动运行。

```
[root@localhost ~]# systemctl    enable    dhcpd
Created symlink from /etc/systemd/system/multi-user.target.wants/dhcpd.service to /usr/lib/systemd/system/dhcpd.service.
```

(5) 禁止 DHCP 服务开机启动。

```
[root@localhost ~]# systemctl    disable    dhcpd
Removed symlink /etc/systemd/system/multi-user.target.wants/dhcpd.service.
```

8.2.4　配置 DHCP 客户端

安装完 DHCP 服务器后，还需对 DHCP 客户端进行配置才能在客户端使用 DHCP 服务。

1. Windows 客户端配置

(1) 右键单击桌面上的"网络"→"属性"，在网络和共享中心左侧选择"更改适配器设置",右键单击"本地连接"属性选择"Internet 协议版本 4(TCP/Pv4)",然后单击"属性"按钮,系统会打开"Internet 协议版本 4(TCP/IPv4)属性"对话框。

(2) 选中"自动获得 IP 地址"单选按钮和"自动获得 DNS 服务器地址"单选按钮,然后单击"确定"按钮即可完成 Windows 7 下的客户端配置,如图 8-5 所示。

图 8-5　"Internet 协议版本 4(TCP/IPv4)属性"对话框

(3) 测试 DHCP 客户端是否已经配置好。启动命令提示符窗口,然后输入 ipconfig/all,按回车键查看结果,如图 8-6 所示。

图 8-6　windows 客户端测试

在 Windows 下,DHCP 客户端可以利用 ipconfig/renew 命令更新 IP 地址租约,或者用 ipconfig/release 命令自行将 IP 地址释放。

2. Linux 客户端配置

(1) 图形界面下配置。单击开始面板上的"应用程序"→"系统工具"→"设置",在左侧选择"网络",查看当前的网络连接状态和速度,如图 8-7 所示。

在图 8-7 的右侧面板"有线连接"部分选择"⚙"图标,打开网络配置界面,切换"IPv4"选项卡,选中"自动(DHCP)"单选按钮,如图 8-8 所示。完成以上配置后单击"应用"按钮,随后在终端输入 ifconfig 查看网络连接情况。

图 8-7

网络连接   图 8-8 网络配置

(2) 通过网卡配置文件进行配置。通过 vim 编辑器修改/etc/sysconfig/network-scripts/
ifcfg-ens33 文件，配置网络参数。

```
[root@client ~]# vim /etc/sysconfig/network-scripts/ifcfg-ens33
TYPE=Ethernet
PROXY_METHOD=none
BROWSER_ONLY=no
BOOTPROTO=dhcp
DEFROUTE=yes
IPV4_FAILURE_FATAL=no
IPV6INIT=yes
IPV6_AUTOCONF=yes
IPV6_DEFROUTE=yes
IPV6_FAILURE_FATAL=no
IPV6_ADDR_GEN_MODE=stable-privacy
NAME=ens33
UUID=820f9d63-bf21-454c-a326-b6c22b290380
DEVICE=ens33
ONBOOT=yes
```

保存退出后，可以执行如下命令使配置生效。

```
[root@localhost ~]# systemctl restart network
```

执行如下命令来获得 IP 地址。

```
[root@client ~]# dhclient
```

使用 ifconfig 查看是否已经获得了 IP 地址。

```
[root@client ~]# ifconfig  ens33
ens33: flags=4163<UP,BROADCAST,RUNNING,MULTICAST>  mtu 1500
    inet 192.168.4.10  netmask 255.255.255.0  broadcast 192.168.4.255
    inet6 fe80::4811:a2d4:56ea:b0e4  prefixlen 64  scopeid 0x20<link>
    ether 00:0c:29:96:ee:71  txqueuelen 1000  (Ethernet)
```

```
RX packets 3936    bytes 316604 (309.1 KiB)
RX errors 0    dropped 0    overruns 0    frame 0
TX packets 269    bytes 33737 (32.9 KiB)
TX errors 0    dropped 0 overruns 0    carrier 0    collisions 0
```

DHCP 服务不仅可以在主机上进行配置，像路由器等网络设备也可以提供这类服务。最常见的就是宽带路由器，通过它的 DHCP 服务同样可以为客户端提供 IP 地址的动态分配，减轻服务器主机的负担。

8.2.5　大型网络的 DHCP 部署

1. 多作用域 DHCP 的配置

DHCP 的基础配置只适用于小型网络结构，用于公司规模较小，网络规模在几十台的计算机。面对大中型的网络时就要对 DHCP 服务器进行更加详细的规划和设计。例如管理员可以根据企业部门和需求的不同，按照企业实际需求，设计作用域，并进行租约、网关及 IP 范围的配置。作用域是一段 IP 地址集合的作用范围。

多作用域的DHCP配置，必须保证DHCP服务器能够侦听所有子网客户端的请求信息。一般情况下，通过为 DHCP 服务器设置多个网络接口，IP 地址配置的网段要与 DHCP 服务器发布的作用域一一对应。如 DHCP 服务器有两个网络接口，地址分别为 172.16.36.254 和 172.16.42.254，分别作用在 172.16.36.0/24 和 172.16.42.0/24 的网段。

```
subnet 172.16.36.0 netmask 255.255.255.0 { 略 }
subnet 172.16.42.0 netmask 255.255.255.0 { 略 }
```

2. 超级作用域

超级作用域是 DHCP 服务器中的一种管理功能，使用超级作用域可以将多个作用域组合为单个管理实体，进行统一的管理操作。在多网配置中，可以使用 DHCP 超级作用域来组合并激活网络上使用 IP 地址单独作用域范围。通过这种方式，DHCP 服务器可为单个物理网络上的客户端激活并提供来自多个作用域的租约。

使用超级作用域，DHCP 服务器将具备如下功能：

(1) 可以为单个物理网络上的客户端提供多个作用域的租约。

(2) 支持 DHCP 和 BOOTP 中继代理，能够为远程 DHCP 客户端分配 TCP/IP 信息(而在中继代理远端上的网络采用多网配置)。

(3) 当现有的网络地址有限，而且需要向网络添加更多的计算机，最初的作用域无法满足要求，需要使用新的 IP 地址范围来扩展地址空间。

(4) 客户端需要从原有作用域迁移到新作用域。

例如，部署的 DHCP 服务器(192.168.0.254)，其网络规划采用单作用域，使用 192.168.0.0/24 网段，现在需要扩展网络，采用新的作用域 192.168.1.0/24 和 192.168.2.0/24。那么配置需做如下修改：

```
Shared-network myshare{    #作用域的名称，用来标识超级作用域
    subnet 192.168.1.0 netmask 255.255.255.0 { 略 }
    subnet 192.168.2.0 netmask 255.255.255.0 { 略 }
```

　　}

DHCP 的超级作用域，虽然能够更加方便地给网络中的客户机提供分配 IP 地址的服务，但是超级作用域可能由多个作用域组成，那么分发给客户机的 IP 地址，也可能并不在同一个网段。解决此问题的方法很简单，只需要为网关配置多个 IP 地址(可以使用虚拟网卡地址)，并在每个作用域中设置对应的网关 IP 地址，就可以使客户机通过网关与其他不在同一网段的计算机进行通信。

3. DHCP 中继代理的实现

大家都知道广播包是无法穿越路由器的。默认情况下，一个子网内的客户机是无法向其他子网的 DHCP 服务器发送请求的，但是如果为每个子网都搭建一台 DHCP 服务器，这必然会增加成本。其实网络中只需要建立一台 DHCP 服务器，管理员通过在连接多个子网的路由器上设置 DHCP 中继代理，就可使路由器能够转发 DHCP 消息，所有计算机能够通过该 DHCP 服务器获取 TCP/IP 信息。

提供中继代理的程序为 dhcrelay，通过简单的配置就可以完成 DHCP 中继设置。DHCP 客户端能够通过 DHCP 中继代理的计算机来转发 DHCP 的请求。实现 DHCP 中继代理的计算机默认不转发 DHCP 客户端的请求，需要使用 dhcrelay 命令指定 DHCP 服务器，才做转发。命令如下：

　　　　dhcrelay DHCP 服务器地址　　　　#开启所有网络接口的 DUCP 中继功能

8.3　反 思 与 进 阶

1. 项目背景

学院网络中心的 Linux 服务器承担 DHCP 服务，给全院客户端主机动态分配 IP 地址。DHCP 服务器的 IP 地址为 172.16.36.254 和 172.16.42.254，为 172.16.36.0/24 网段和 172.16.42.0/24 网段的客户端提供 IP 地址动态分配服务，学院 DNS 服务器的 IP 地址为 221.11.1.67 和 61.134.1.4。本项目具体要求如下：

企业 DHCP 服务
器的配置

(1) 172.16.36.0/24 网段分配的 IP 地址范围为 172.16.36.10～172.16.36.200，默认的网关为 172.16.36.1。为 MAC 地址为 30:9c:23:ca:04:88 的网卡绑定固定 IP 172.16.36.12；为 MAC 地址为 00:0C:29:96:EE:71 的网卡绑定固定 IP 172.16.36.13。

(2) 172.16.42.0/24 网段分配的 IP 地址范围为 172.16.42.100～172.16.42.200，默认的网关为 172.16.42.1。

(3) 默认地址租期为 1 小时。

(4) 最长地址租期为 2 小时。

2. 实施目的

(1) 掌握 DHCP 的工作原理。

(2) 能够根据实际工作配置 DHCP 服务。

3. 实施步骤

(1) 经过分析，项目实施需要双网卡来实现两个作用域 IP 地址的动态分配。

在虚拟机中添加两块网卡，设置网络的连接模式为"桥接模式"。通过 ifconfig 设置网卡的 IP 地址，如图 8-9 所示。

[root@localhost ~]# ifconfig ens33 172.16.36.254 netmask 255.255.255.0

[root@localhost ~]# ifconfig ens38 172.16.42.254 netmask 255.255.255.0

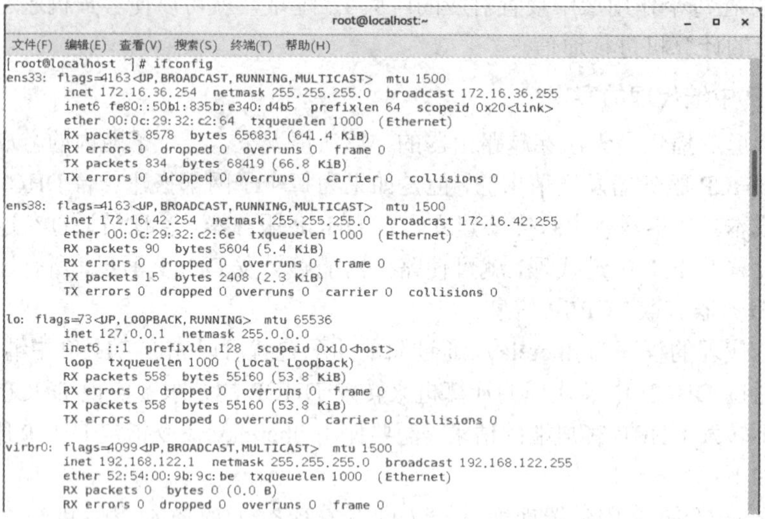

图 8-9　配置双网卡 IP 地址

(2) 根据项目要求修改主配置文件。

[root@localhost ~]# vim /etc/dhcp/dhcpd.conf

option domain-name-servers 221.11.1.67，61.134.1.4;

default-lease-time 3600;

max-lease-time 7200;

subnet 172.16.36.0 netmask 255.255.255.0 {

　　range 172.16.36.10 172.16.36.200;

　　option routers 172.16.36.1;

}

subnet 172.16.42.0 netmask 255.255.255.0 {

　　range 172.16.42.100 172.16.42.200;

　　option routers 172.16.42.1;

}

group{

　　host ns1 {

　　　　hardware ethernet 30:9c:23:ca:04:88;

　　　　fixed-address 172.16.36.12;

　　}

　　host ns2 {

　　　　hardware ethernet 00:0C:29:96:EE:71;

```
        fixed-address 172.16.36.13;
    }
}
```

(3) 重启 DHCP 服务。

[root@localhost ~]# systemctl restart dhcpd

(4) 测试。

首先到 Widows 客户端获取 IP 地址，打开 cmd，输入 ipconfig/release 释放以前的 IP 地址，使用 ipconfig /renew 重新获取，获取成功后使用 ipconfig /all 查看一下。

① Windows 主机 30:9c:23:ca:04:88：通过 DHCP 服务器获取的 IP 地址，如图 8-10 所示。

图 8-10 主机 30:9c:23:ca:04:88 的 IP 地址

② Linux 主机 00:0C:29:96:EE:71：通过 DHCP 服务器获取的 IP 地址，如图 8-11 所示。

图 8-11 主机 00:0C:29:96:EE:71 的 IP 地址

③ 其他主机：通过 DHCP 服务器获取 IP 地址。在 Linux 客户端使用 dhclient 网卡名，重新发送广播申请 IP 地址，如图 8-12 所示。

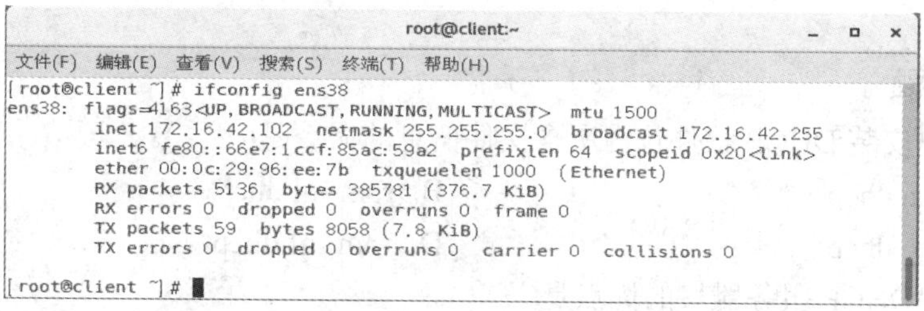

图 8-12 其他主机获取的 IP 地址

(5) 将 DHCP 服务加入开机自启。

[root@localhost ~]# systemctl enable dhcpd

4. 项目总结

(1) Linux 的 DHCP 服务启动失败是什么原因？

① 配置文件有问题。内容不符合语法结构，如少个分号或者声明的子网和子网掩码不符合。

② 主机 IP 地址和声明的子网不在同一网段。

③ 主机没有配置 IP 地址。

④ 配置文件路径出问题，比如在 RHEL6 以下的版本中，配置文件保存在 /etc/dhcpd.conf，但是在 RHEL6 及以上版本中，却保存在/etc/dhcp/dhcpd.conf。

(2) DHCP 服务器的安全。

① 如果网络中只有一台 DHCP 服务器，一旦该服务器出现故障，那么网络中所有的客户端都将无法获得 IP 地址，整个网络将陷入瘫痪状态。为了避免这种情况的发生，我们必须要考虑使用双机备份。

② 在做双机备份时采用 80/20 规则划分 DHCP 服务器的作用域，主服务器管理 80% 的网络 IP 地址，辅助服务器管理 20%的网络 IP 地址。日常工作中，分配 TCP/IP 信息由主 DHCP 服务器完成，在主服务器不可用时辅助 DHCP 服务器才开始工作。

③ 部署双机备份 DHCP 服务器的方法与上面讲的配置方法一样，只是在划分地址池的时候，把 80%的地址划分给主服务器，20%的地址划分给辅助服务器。

项 目 小 结

通过学习，掌握 DHCP 的基本概念、DHCP 的工作原理、DHCP 服务器的安装和配置及 DHCP 客户端的配置。本项目重点讲解了 DHCP 服务器的主配置文件内容、某些主机与 IP 地址绑定的方法，拓展了多作用域 DHCP 的配置及多个网络中 DHCP 中继代理的实现。

DIICP 服务可以为网络内的主机动态地分配 IP 地址。通过学习，能在 Linux 下按实际要求部署 DHCP 服务，为局域网中的主机分配 IP 地址。利用 DHCP 服务解决实际中 IP 地址不足的问题，同时又能利用其管理网络中的 IP 地址。

练 习 题

一、选择题

1. 查询已安装 DHCP 软件包内所含文件信息的命令是(　　　)。

A. rpm -qa dhcp　　　　　　　　　　　B. rpm -ql dhcp

C. rpm -qp dhcp　　　　　　　　　　　D. rpm -qf dhcp

2. 使用"DHCP 服务器"的优点是(　　　)。

A. 降低 TCP/IP 网络的配置工作量　　　B. 增加系统安全与依赖性

C. 对那些经常变动位置的工作站 DHCP 能迅速更新位置信息

D. 以上都是

3. DHCP 服务器能提供给客户机(　　　)配置(多选)。

A. IP 地址　　　　B. 子网掩码　　　　　C. 默认网关　　　　D. DNS 服务器

4. DHCP 的租约文件默认保存在(　　　)目录下。

A. /etc/dhcpd　　　　B. /var/log/dhcpd　　　　C. /var/lib/dhcp/　　　　D. /var/lib/dhcpd/

5. 下列哪个参数用于定义 DHCP 服务地址池(　　)。

A. host　　　　　　　B. range　　　　　　　C. ignore　　　　D. subnet

6. DHCP 客户端在广播 IP 租约请求时使用的端口是(　　)。

A. TCP 67　　　　　　B. TCP 68　　　　　　C. UDP 67　　　　　　D. UDP 68

7. 以下属于 DHCP 租约文件的是(　　)。

A. /var/lib/dhcpd/ dhcpd.leases　　　　　B. /var/lib/dhcp/ dhcpd.leases

C. /usr/lib/dhcpd/ dhcpd.leases　　　　　D. /etc/lib/dhcp/ dhcpd.leases

8. DHCP 服务器默认启动脚本是(　　)。

A. dhcpd　　　　　　B. dhcp　　　　　　C. dhclient　　　　D. network

9. 以下属于广播消息的有(　　)(多选)。

A. DHCPDISCOVER　　　　　　　　　　B. DHCPOFFER

C. DHCPREQUEST　　　　　　　　　　D. DHCPACK

二、填空题

1. 对于 IP 地址不足的问题，常采用_____方法来解决。

2. 客户端从 DHCP 服务器获得租约要经过_____、_____、_____、_____
等步骤。

3. 当 DHCP 客户计算机第一次启动或初始化 IP 时，将_____消息广播发送给本地
子网。

4. 客户端从 DHCP 服务器获得租约期为 16 天的 IP 地址，现在是第 10 天(当租约过了
一半的时候)，该客户端和 DHCP 服务器之间应互传_____消息。

三、面试题

某企业想创建满足以下要求的 DHCP 服务器：

1. 创建一个基于 192.168.1.0/24 网段的 DHCP 服务器，地址池为 192.168.1.3～
192.168.1.253，租期采用默认值。

2. 网关为 192.168.1.1。

3. DNS 服务器的 IP 地址为 192.168.0.1。

4. 为名为 jw07 的计算机配置保留 IP 地址：MAC 地址为 00-0C-29-53-67-23，保留 IP
地址为 192.168.1.100。

项目 9　部署 NFS 服务

　　学院网络中心的几台服务器按照功能分别存储着不同的文件，现在需要将主服务器上的软件类资料、课程类资料及科研类资料共享给其他几台服务器。在 Windows 中可以通过共享文件夹来访问远程主机上的文件，而在 Linux 中必须通过 NFS 实现类似的功能。

　　服务器一般都要求稳定安全，所以网络中心的服务器都安装的是 Linux 操作系统。在 Linux 系统之间实现文件共享需要部署 NFS 服务。

　　◇ 掌握 NFS 服务的工作原理。
　　◇ 掌握 NFS 服务的配置方法和步骤。
　　◇ 能够解决实际使用中 NFS 的常见故障。

9.1　知 识 准 备

9.1.1　NFS 简介

　　NFS(Network File System)即网络文件系统，由 SUN 公司开发，目前已经成为文件服务的一种标准(RFC1904，RFC1813)，它允许网络中的计算机之间通过 TCP/IP 网络共享资源。在 NFS 的应用中，本地 NFS 的客户端可以透明地读写位于远端 NFS 服务器上的文件，就像访问本地文件一样。

　　RHEL 7 支持 NFSv3 和 NFSv4，提供有状态的连接，追踪连接状态可以增强安全性，监听端口为 TCP2049。这里特别说明 rpcbind 服务(监听端口为 111)，rpcbind 是 RPC 协议的服务，被称为远程过程调用(Remove Procedure Call)，远程过程调用是能使客户端执行其他系统中程序的一种机制。通过 RPC 可以充分利用非共享内存的多处理器环境，这样可以将应用分布在多台工作站上，应用程序就像运行在一个多处理器的计算机上一样，实现过程代码共享，提高系统资源的利用率，也可将以大量数值处理的操作放在处理能力较强的系统上运行，从而减轻前端客户机的负担。

　　NFS 本身没有提供信息传输的协议和功能，但 NFS 却能通过网络进行资料的分享，这是因为 NFS 支持的功能相当的多，而不同的功能会使用不同的程序来启动。每启动一个功能就会启用一些端口来传输数据，RPC 最主要的功能就是为每个 NFS 功能指定对应的 port number，并且汇报给客户端，让客户端可以连接到正确的端口。在 RHEL7 上需要同时启用两个服务才能正常使用 NFS 服务，即 nfs 和 rpcbind。

NFS 网络文件系统的优点：

(1) 本地主机使用更少的磁盘空间。通常数据可以存放在一台主机上，其他主机可以通过网络访问。

(2) 用户不必在每个网络的主机里都建一个 home 目录。home 目录可以被存放在 NFS 服务器上并在网络上随时可用。

(3) 当远程主机上文件的物理位置发生变化并不会影响客户端的访问方式。

(4) 可为不同客户设置不同的访问权限。

9.1.2　NFS 工作原理

NFS 工作原理

NFS 是一个使用 SunRPC 构造的客户端/服务器应用程序，其客户端通过向一台 NFS 服务器发送 RPC 请求来访问其中的文件。

NFS 服务器是提供输出文件(共享目录文件)的计算机，NFS 客户端是访问输出文件的计算机，它可以将输出文件挂载到自己系统的某个目录文件中，然后像访问本地文件一样去访问 NFS 服务器中的输出文件。

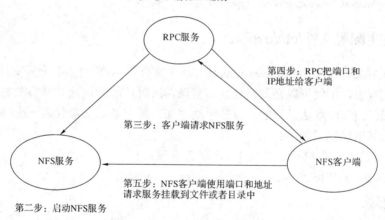

图 9-1　NFS 工作原理

NFS 工作原理如图 9-1 所示，具体工作流程如下：

(1) 服务器端启动 RPC 服务，开启端口 111 来监听。

(2) 服务器端启动 NFS 服务，随机选用数个端口，并向 RPC 注册端口信息。因此，RPC 知道每个端口对应的 NFS 功能。

(3) 客户端启动 RPC 服务，向服务器端的 RPC(port111)发出 NFS 文件存取功能的询问请求，并告知具体的读写操作。NFS 主要使用 UDP，最新的实现也可以使用 TCP。

(4) 服务器端找到对应的已注册的 NFS 端口后会汇报给客户端。

(5) 客户端通过获取的 NFS 端口来建立和服务端的 NFS 连接并进行数据的传输。

NFS 服务器上的目录如果被远程用户访问，就称为导出(export)；客户机访问服务器导出目录的过程称为挂载(mount)。

9.2　项目实施

9.2.1　安装 NFS 服务

默认情况下，Red Hat Enterprise Linux 7.6 安装系统时，会将 NFS 服务安装上。如果不确定是否安装了 NFS 服务，可以检查 Linux 系统是否安装了 NFS 套件。

(1) 检查 NFS 服务是否已安装。

　　[root@localhost ~]# rpm -q nfs-utils rpcbind

　　nfs-utils-1.3.0-0.61.el7.x86_64

　　rpcbind-0.2.0-47.el7.x86_64

部署 NFS 服务

NFS 服务要正常运行，至少需要两个套件：

nfs-utils：用于 NFS 共享发布和访问。

rpcbind：用于远程过程调用机制支持，实现端口映射。

(2) 如果系统还没有安装 NFS 软件包，通过 yum 命令来安装所需的软件包。

　　[root@localhost ~]#yum inistall -y nfs-utils

　　[root@localhost ~]#yum inistall -y rpcbind

9.2.2　修改主配置文件/etc/exports

NFS 的配置文件都集中在/etc/exports 中，这个文件是 NFS 的主要配置文件，是共享资源的访问控制列表，不仅可以在此新建共享资源，同时还能对访问共享资源的客户端进行权限管理。/etc/exports 默认是空的，需要手动添加，每一条记录都代表一个共享资源及访问权限设置，其语法格式如下：

　　　　<共享目录> 客户端 1(选项)[客户端 2(选项)...]

如：/opt/aaa　　172.16.42.0/24(rw, sync, no_root_squash)

1. 共享目录

共享目录是 NFS 服务器共享给客户端的目录。

2. 客户端

客户端是网络中可以访问此目录的主机。多个客户端间以空格分隔。

指定 IP 地址的主机：192.168.4.100。

指定子网中的所有主机：192.168.0.0/24 或 192.168.0.0/255.255.255.0。

指定域名的主机：www.zhiyuan.com。

指定域中的所有主机：*.zhiyuan.com。

所有主机：*。

3. 选项

设置目录的访问权限、用户映射等，多个选项以逗号分隔。如果没有选项，nfs 将使用默认选项，默认的共享选项是 syncro、root_squash、no_delay。

1) 访问权限

NFS 客户端的访问权限如表 9-1 所示。

表 9-1   NFS 客户端访问权限

访 问 权 限	功 能 描 述
ro	共享目录只读
rw	共享目录可读可写

2) 用户映射

常见的用户映射如表 9-2 所示。

表 9-2   NFS 客户端用户映射

选 项	功 能 描 述
all_squash	共享文件的 UID 和 GID 映射匿名用户 anonymous，适合公用目录
no_all_squash	访问用户先与本机用户匹配，匹配失败后再映射为匿名用户或用户组
root_squash	root 用户的所有请求映射成如 anonymous 用户一样的权限(默认)
no_root_squash	来访的 root 用户保持 root 账户权限
anonuid=<UID>	指定 NFS 服务器/etc/passwd 文件中匿名用户的 UID，默认为 nfsnobody(65534)
anongid=<GID>	指定 NFS 服务器/etc/passwd 文件中匿名用户的 GID，默认为 nfsnobody(65534)

3) 其他选项

在/etc/exports 文件中允许使用的其他选项如表 9-3 所示。

表 9-3   NFS 客户端其他选项

选 项	功 能 描 述
sync	将数据同步写入内存缓冲区与磁盘中，效率低，但可以保证数据的一致性
async	将数据先保存在内存缓冲区中，必要时才写入磁盘
secure	限制客户端只能从小于 1024 的 tcp/ip 端口连接服务器
insecure	允许客户端从大于 1024 的 tcp/ip 端口连接服务器
wdelay	检查是否有相关的写操作，如果有则将这些写操作一起执行，可以提高效率
no_wdelay	如果多个用户要写入 NFS 目录，则立即写入，当使用 async 时无需此设置
hide	在 NFS 共享目录中不共享其子目录
no_hide	共享 NFS 目录的子目录
subtree_check	如果共享/usr/bin 之类的子目录时，强制 NFS 检查父目录的权限
no_subtree_check	和上面相对，不检查父目录权限

4. 应用实例

例 1   共享目录 /opt/aaa，可供子网 172.16.36.0/24 中的所有客户端进行读写操作，而其他网络中的客户端只能读取该目录的内容。

/opt/aaa 172.16.36.0/24(rw, async) *(ro)

需要注意的是：当某用户使用子网 172.16.36.0/24 中的客户端访问该共享目录时，能否真正地写入，还要看该目录对该用户有没有开放文件系统权限的写入权限。如果该用户是普通用户，那么只有该目录对该用户开放了写入权限，该用户才可以在该共享目录下创建子目录及文件，且新建子目录及文件的所有者就是该用户。如果该用户是 root 用户，由于默认选项中有 root_squash，root 用户会被映射为 nfsnobody，因此只有该共享目录对 nfsnobody 开放了写入权限，该用户才能在共享目录中创建子目录及文件，且所有者将变成 nfsnobody。

例 2　共享目录/opt/bbb，使 *.zhiyuan.com 域中所有的客户端都具有读写权限，允许客户端从大于 1024 的端口访问，并将所有的用户及所属的用户组映射为 nfsnobody，数据同步写入磁盘。

/opt/bbb　*.zhiyuan.com(rw,insecure,all_squash,sync)

9.2.3　启动与停止 NFS 服务

(1) 查看 RPC 执行信息，如图 9-2 所示。

rpcinfo 可以查看 RPC 执行信息，可以用于检测 RPC 运行情况。

rpcinfo -p 看出 RPC 开启的端口所提供的程序有哪些。

在终端执行如下命令：

[root@localhost ~]# rpcinfo -p

在如图 9-2 所示的信息中，查看到 NFS 相关进程说明 NFS 启动成功，否则说明 NFS 服务没有运行，需要手动启动 NFS 服务。

program	vers	proto	port	service
100000	4	tcp	111	portmapper
100000	3	tcp	111	portmapper
100000	2	tcp	111	portmapper
100000	4	udp	111	portmapper
100000	3	udp	111	portmapper
100000	2	udp	111	portmapper
100011	1	udp	875	rquotad
100011	2	udp	875	rquotad
100011	1	tcp	875	rquotad
100011	2	tcp	875	rquotad
100005	1	udp	57506	mountd
100005	1	tcp	33764	mountd
100005	2	udp	42672	mountd
100005	2	tcp	42462	mountd
100005	3	udp	53907	mountd
100005	3	tcp	33195	mountd
100003	2	tcp	2049	nfs
100003	3	tcp	2049	nfs
100003	4	tcp	2049	nfs
100227	2	tcp	2049	nfs_acl
100227	3	tcp	2049	nfs_acl
100003	2	udp	2049	nfs
100003	3	udp	2049	nfs

图 9-2　NFS 程序进程

(2) 启动 NFS 服务。

[root@localhost ~]# systemctl start rpcbind

[root@localhost ~]# systemctl start nfs

(3) 停止 NFS 服务。

停止 NFS 服务不一定要关闭 rpcbind 服务。

[root@localhost ~]# systemctl stop nfs

(4) 重启 NFS 服务。

[root@localhost ~]# systemctl restart nfs

(5) 分别查看 RPC、NFS 服务状态。

[root@localhost ~]# systemctl status rpcbind

[root@localhost ~]# systemctl status nfs

(6) 将 NFS 服务配置为开机自动运行。

[root@localhost ~]# systemctl enable rpcbind

[root@localhost ~]# systemctl enable nfs

9.2.4　配置 NFS 客户端

NFS 服务器启动以后，网络中的计算机在使用该文件系统之前必须先挂载该文件系统，即配置 NFS 客户端其实是实现 NFS 的挂载功能。用户既可以通过 mount 命令挂载，也可以通过在/etc/fstab 中加入相关内容实现自动挂载。

1. 查看 NFS 服务器上输出的目录

语法：showmount　[选项]　NFS 服务器的主机名/IP 地址

各选项及含义如下：

-e：显示 NFS 服务器所有输出目录。

-a：显示 NFS 服务器的所有客户端及其连接的输出目录。

-d：显示 NFS 服务器中已被客户端连接的所有输出目录。

例　显示 IP 地址为 172.16.42.188 的 NFS 服务器上的输出目录，命令如下：

> [root@localhost opt]# showmount -e 172.16.42.188
>
> Export list for 172.16.42.188:

注意：使用 showmount -e 命令无法显示共享信息，可能是因为 NFS 服务器上的 rpcbind 和 NFS 服务没有启动，也可能是被防火墙过滤了，解决的办法是启动 rpcbindp 和 NFS 服务，重新设置防火墙的规则。

关闭防火墙，并且禁止防火墙开机启动。设置服务器的安全机制为允许，通过 setenforce 命令使安全机制临时生效。

> [root@localhost opt] # systemctl stop firewalld
>
> [root@localhost opt] # systemctl disable firewalld
>
> [root@localhost opt] # vi /etc/selinux/config
>
> [root@localhost opt] # setenforce 0
>
> [root@localhost opt] # getenforce
>
> Permissive

再次查看 NFS 服务器上的输出目录。

> [root@localhost ~]# showmount -e 172.16.42.188
>
> Export list for 172.16.42.188:
>
> /opt/aaa 172.16.42.0/24

2. 在客户端上挂载 NFS 服务器上输出的目录

在客户端上挂载 NFS 服务器所发布的共享目录操作步骤如下：

(1) 确认本地端已经启动了 rpcbind 和 NFS 服务。

(2) 使用 showmount 查看 NFS 服务器共享的目录。

(3) 使用 mkdir 在本地端建立要挂载的挂载点目录(若其不存在)。

(4) 利用 mount 命令将远程 NFS 服务器主机共享目录直接挂载到本地挂载点目录。

使用 mount 挂载 NFS 文件系统的命令格式如下：

mount -t nfs　NFS 服务器地址：/共享目录/本地挂载点

例 1　将 IP 地址为 172.16.42.188 的 NFS 服务器的/opt/aaa 输出目录，挂载到本地的/aaa

目录下，命令如下：

    [root@client ~]# mkdir /aaa

    [root@client ~]# mount -t nfs 172.16.42.188:/opt/aaa /aaa

例 2　在不需要使用 NFS 服务器上的输出目录时，可以卸载目录。使用 umount 命令卸载目录/aaa，命令如下：

    [root@localhost ~]　　　　　　#umount　/aaa

3. NFS 客户端开机自动挂载 NFS 服务器上的输出目录

要想让 NFS 客户端在系统开机时自动挂载 NFS 服务器上输出目录，应该修改系统启动配置文件"/etc/rc.d/rc.local"，添加挂载的命令，其命令格式如下：

mount -t nfs NFS 服务器的 IP 地址:/输出目录　本地挂载点

注意：不能把挂载写入到"/etc/fstab"中，因为 Linux 系统启动时需要先处理"/etc/fstab"文件，挂载其中配置的所有文件系统，但是这时还未启动网络，所以无法挂载 NFS 文件系统。

9.2.5　利用 exportfs 输出目录

NFS 服务在启动的时候可以自动导出/etc/exports 文件中设定的文件或者目录列表，也可以利用 exportfs 命令输出目录。

语法：exportfs　[选项]

功能：输出 NFS 服务器共享的目录。

各选项及含义如下：

-a：输出在 /etc/exports 文件中定义的所有目录。

-r：重新读取 /etc/exports 文件，不需要重启服务。

-u：停止输出某一目录。

-v: 在屏幕上显示过程。

例 1　重新输出共享目录，命令如下：

    [root@localhost ~]# exportfs　-rv

    exporting 172.16.42.0/24:/opt/aaa

例 2　查看 NFS 服务输出的共享目录，命令如下：

    [root@localhost ~]#　showmount -e 172.16.42.188

    Export list for 172.16.42.188:

    /opt/aaa 172.16.42.0/24

例 3　停止输出所有共享目录，命令如下：

    [root@localhost ~]# exportfs -auv

    [root@localhost ~]# showmount -e 172.16.42.188

    Export list for 172.16.42.188:

结果为空。

9.2.6　自动挂载 autofs

mount 是用来挂载文件系统的，可以在系统启动的时候挂载，也可以在系统启动后挂载。常见的设备挂载具有动态性，即需要的时候才进行挂载，但对于 NFS 共享一般不能及时知道挂载的时间，而 autofs 服务就可提供这种功能，就像 Windows 中光驱自动打开功能一样，能够及时挂载动态加载的文件系统。要实现光驱、软盘等的动态自动挂载，就需要进行相关的配置。

autofs 与 mount/umount 的不同之处在于，它是一个监视目录的守护进程。如果它检测到用户正试图访问一个尚未挂载的文件系统，就会自动检测该文件系统。如果存在，那么 autofs 会自动将其挂载；另一方面，如果检测到某个已挂载的文件系统在一段时间内没有被使用，那么 autofs 会自动将其卸载。一旦运行了 autofs 后，用户就不再需要手动完成文件系统的挂载和卸载。

autofs 需要从/etc/auto.master 文件中读取配置信息。该文件中可以同时指定多个挂载点，由 autofs 来挂载文件系统。文件中的每个挂载点单独用一行来定义，每一行可包括 3 个部分，分别用于指定挂载点位置、挂载时需使用的配置文件及所挂载文件系统在空闲多长时间后自动被卸载。如在文件中写入以下内容：

　　　/auto /etc/auto.misc --timeout 60

其中，第一部分指定一个挂载点 /auto，第二部分指定该挂载点的配置文件为/etc/auto.misc，第三部分指定所挂载的文件系统在空闲 60 秒后自动被卸载。

而挂载点的配置文件/etc/auto.misc 需要创建，其内容如下：

　　　cd　　-fstype=iSO9660，ro :/dev/cdrom

文件每一行都说明某一个文件系统如何被挂载。其中第一行指定将 /dev/cdrom 挂载在/auto/cd 中，-fstype 是一个可选项，用来表明所挂载的文件系统的类型和挂载选项。

例 1　在客户端/mnt/nfs 目录下挂载 NFS 服务器 172.16.42.188 上的 /opt/aaa 目录。

① 在客户端安装软件 autofs。

　Red Hat Enterprise Linux 7.6 默认没有安装 autofs。在客户端上通过 yum 源安装 autofs。

　　　[root@client ~]　# rpm -q autofs

　　　未安装软件包　autofs

　　　[root@client ~]　# yum install -y autofs

② 修改主配置文件/etc/auto.master，说明挂载点位置、挂载时的配置文件等，如图 9-3 所示。

　　　[root@client ~]# vim /etc/auto.master

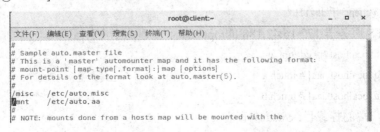

图 9-3　说明挂载点位置的配置和文件

　　仿照 /misc　　/etc/auto.misc，在后面增加一条 /mnt　　/etc/auto.aa，配置挂载点为/mnt。该挂载点的配置文件为/etc/auto.aa，其中 /etc/auto.aa 是不存在的，需要创建。

　　③ 创建挂载点的配置文件为 /etc/auto.aa。仿照文件 /etc/auto.misc 创建新的挂载点文件 /etc/auto.aa，如图 9-4 所示。

> [root@client ~]# cp /etc/auto.misc　　/etc/auto.aa

> [root@client ~]# vim /etc/auto.aa

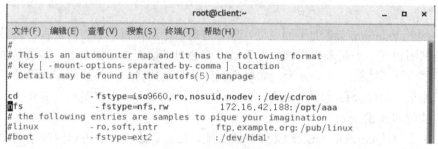

图 9-4　创建挂载点配置文件

　　④ 重启 autofs 服务。

> [root@client ~]# systemctl restart autofs

　　⑤ 查看挂载情况，如图 9-5 所示。

> [root@client ~]# df -TH

```
[root@client ~]# df -TH
文件系统                类型       容量   已用   可用  已用% 挂载点
/dev/mapper/rhel-root   xfs        19G   3.9G   15G   22% /
devtmpfs                devtmpfs   1.1G     0   1.1G    0% /dev
tmpfs                   tmpfs      1.1G     0   1.1G    0% /dev/shm
tmpfs                   tmpfs      1.1G   11M   1.1G    2% /run
tmpfs                   tmpfs      1.1G     0   1.1G    0% /sys/fs/cgroup
/dev/sda1               xfs        1.1G  173M   892M   17% /boot
tmpfs                   tmpfs      208M  4.1k   208M    1% /run/user/42
tmpfs                   tmpfs      208M   29k   208M    1% /run/user/0
/dev/sr0                iso9660    4.5G  4.5G     0   100% /run/media/root/RHEL-7.6
 Server.x86_64
172.16.42.188:/opt/aaa  nfs4       102G  5.2G   97G    6% /mnt/nfs
[root@client ~]# ▯
```

图 9-5　Linux 系统的挂载信息

　　如果发现配置的挂载分区没有显示出来，这时已进入挂载目录/mnt/nfs，必须先退出来，继续使用 df 查看。

> [root@client ~]# cd /mnt/nfs

> [root@client ~]# cd ~

> [root@client ~]#df -TH

　　⑥ 在 NFS 服务器 172.16.42.188 的/opt/aaa 下创建两个文件 a 和 b。

> [root@localhost /]# cd /opt/aaa

> [root@localhost aaa] # touch a

> [root@localhost aaa] # touch b

　　⑦ 在客户端的挂载目录/aaa 中查看。

> [root@client ~]# cd /mnt/nfs/

```
[root@client nfs] # ls
a    b
```

发现挂载生效即 autofs 自动挂载功能已经实现。通过 autofs 也可以实现光盘、U 盘的自动挂载。

9.3　反思与进阶

1. 项目背景

为了工作的需要，将软件类资料存放在服务器(172.16.42.188)的 /var/soft，允许 192.168.4.0/24 网段的客户机进行读写操作，其他主机只能读取该目录的内容。将课程类、科研类资料分别存放在服务器 (172.16.42.188) 的 /var/course 和 /var/scientific，使 *.zhiyuan.com 域中所有的客户都具有读写权限，允许客户端从大于 1024 的端口访问，并将所有的用户及所属的用户组映射为 nfsnobody，数据同步写入磁盘。

2. 实施目的

(1) 熟悉安装 NFS 服务器的方法。

(2) 掌握 NFS 服务的配置。

(3) 掌握启动和停止 NFS 服务。

(4) 掌握测试 NFS 服务的方法。

(5) 掌握 NFS 客户端的使用。

企业 NFS 服务器
配置

3. 实施步骤

(1) 在服务器端部署 NFS 服务。

① 设置 NFS 服务器的 IP 地址为 172.16.42.188。

```
[root@localhost ~]# ifconfig ens33
ens33: flags=4163<UP,BROADCAST,RUNNING,MULTICAST>   mtu 1500
        inet 172.16.42.188   netmask 255.255.255.0   broadcast 172.16.42.255
        inet6 fe80::e71f:3b97:5e70:bc6e   prefixlen 64   scopeid 0x20<link>
        ether 00:0c:29:32:c2:64   txqueuelen 1000   (Ethernet)
        RX packets 1603   bytes 141779 (138.4 KiB)
        RX errors 0   dropped 0   overruns 0   frame 0
        TX packets 156   bytes 20484 (20.0 KiB)
        TX errors 0   dropped 0 overruns 0   carrier 0   collisions 0
```

② 查看系统是否安装了 NFS 服务。

```
[root@localhost ~]# rpm -qa |grep nfs-utils
nfs-utils-1.3.0-0.61.el7.x86_64
[root@localhost ~]# rpm -qa |grep rpcbind
rpcbind-0.2.0-47.el7.x86_64
```

③ 创建目录/var/soft、/var/course 及 /var/scientific，并存放对应资料。

```
[root@localhost ~]# mkdir -p /var/soft
[root@localhost ~]# mkdir -p /var/course
[root@localhost ~]# mkdir -p /var/scientific
```

④ 编辑 NFS 主配置文件/etc/exports。

```
[root@localhost ~]# vim /etc/exports
/var/soft    192.168.4.0/24(sync,rw) *(ro)
/var/course   *.zhiyuan.com(rw,insecure,all_squash,sync)
/var/scientific    *.zhiyuan.com(rw,insecure,all_squash,sync)
```

保存退出。

⑤ 重启 rpcbind 服务。

```
[root@localhost ~]# systemctl restart rpcbind
```

⑥ 重启 NFS 服务。

```
[root@localhost ~]# systemctl restart nfs
```

⑦ 在本机中查看 NFS 文件。

```
[root@localhost ~]# showmount -e 172.16.42.188
Export list for 172.16.42.188:
/var/scientific *.zhiyuan.com
/var/course        *.zhiyuan.com
/var/soft          (everyone)
```

⑧ 关闭防火墙，配置 SElinux 为允许。

```
[root@localhost ~]# systemctl stop firewalld
[root@localhost ~]# vi /etc/selinux/config
SELINUX=permissive
[root@localhost ~]# setenforce 0
```

(2) 在 Linux 客户机查看共享的目录。

① 查看服务器 172.16.42.188 共享的目录。

```
[root@client ~]# showmount -e 172.16.42.188
Export list for 172.16.42.188:
/var/scientific *.zhiyuan.com
/var/course*.zhiyuan.com
/var/soft (everyone)
```

② 在本地创建挂载目录。

```
[root@client ~]# mkdir    /study
```

③ 安装 autofs，修改主配置文件/etc/auto.master。

```
[root@client ~]# yum install -y autofs
[root@client ~]# vim /etc/auto.master
/study/etc/auto.nfs
```

④ 创建文件/etc/auto.nfs。

```
[root@client ~]# vim /etc/auto.nfs
```

```
soft -fstype=nfs,vers=4,rw 172.16.42.188:/var/soft
course -fstype=nfs,vers=4,rw 172.16.42.188:/var/course
scientific -fstype=nfs,vers=4,rw 172.16.42.188:/var/scientific
```

⑤ 启动 autofs 服务。

```
[root@client study] # systemctl restart    autofs
```

⑥ 浏览挂载的目录，并查看客户机系统的挂载信息。

```
[root@client ~]# ls /study/soft
[root@client ~]# df -TH
```

⑦ 在客户机 172.16.42.104 上创建测试文件 a。

```
[root@client ~]# cd /study/soft/
[root@client soft] # ls
[root@client soft] # touch a
```

touch: 无法创建"a":只读文件系统

系统提示无法创建，因为 172.16.42.0/24 网段的用户对 172.16.42.188:/var/soft 目录仅有只读权限。

(3) 切换到 NFS 服务器。

进入服务器目录/var/soft，创建文件 a.txt。

```
[root@localhost ~]# cd /var/soft
[root@localhost soft] # ls
[root@localhost soft] # vim a.txt
hello nfs client
```

(4) 切换到客户机。

```
[root@client ~]# cd    /study/soft/
[root@client soft] # ls
a.txt
[root@client soft] # cat a.txt
hello nfs client
```

4. 项目总结

(1) 能够根据实际情况定制共享文件，熟练地在客户端挂载 NFS 服务器上的文件。

(2) NFS 服务器与客户端的使用者账号与 UID 最好要一致，可以避免权限错乱。

项 目 小 结

通过学习了解 NFS 的作用及其优点，rpcbind 与 NFS 相辅相成的关系，注意在启动 NFS 服务前一定要先启动 rpcbind 服务。通过 NFS 服务器和 NFS 客户端的连接过程，掌握 NFS 工作原理。通过项目实施掌握部署 NFS 服务的方法。客户端访问 NFS 服务有多种方式，需要根据实际情况来选择 NFS 文件的挂载方法。

练 习 题

一、选择题

1. NFS 是(　　)系统。

A. 文件　　　　　　B. 磁盘　　　　　　C. 网络文件　　　　　　D. 操作

2. 网络机房的 Linux 主机之间需要使用 NFS 共享文件，应该修改(　　)文件。

A. /etc/exports　　　　　　　　B. /etc/crontab

C. /etc/named.conf　　　　　　D. /etc/smb.conf

3. 查看 NFS 服务器 172.16.43.254 上的共享目录(　　)。

A. show -e 172.16.43.254　　　　　　B. show //172.16.43.254

C. showmount -e 172.16.43.254　　　D. showmount -l 172.16.43.254

4. 挂载 NFS 服务器 172.16.43.254 的共享目录/opt/aaa 到本地目录/aaa 的命令是(　　)。

A. mount 172.16.43.254 /opt/aaa　　/aaa

B. mount -t nfs 172.16.43.254/opt/aaa　　/aaa

C. mount -t nfs 172.16.43.254:/opt/aaa　　/aaa

D. mount -t nfs //172.16.43.254/opt/aaa　　/aaa

二、填空题

1. NFS 的英文全称是＿＿＿＿，中文名称是＿＿＿＿。

2. RPC 的英文全称是＿＿＿＿，中文名称是＿＿＿＿。

3. RPC 最主要的功能就是记录每个 NFS 功能所对应的端口，它工作的固定端口是＿＿＿＿。

三、操作题

按要求完成下列任务：

1. 将 /tmp 作为 NFS 服务共享目录。

2. 允许 172.16.42.0 网段进行读。

3. 允许 172.16.42.200 主机进行读写。

4. 允许 172.16.42.0/24 以 root 用户身份访问，挂载后即有 root 权限。

5. 重新加载 NFS。

6. 在客户端测试服务器是否提供/tmp 目录的共享。

7. 测试 172.16.42.200 和 172.16.42.50 两个客户端的读写情况。

四、面试题

1. 配置一个 NFS 服务器，使客户机可以浏览 NFS 服务器中/home/ftp 目录下的内容，但不可以修改，要求写出服务器中的配置文件。

2. 配置一个 NFS 服务器，只允许 192.168.0.0/24 网段读写访问/share 目录下的内容，其他客户端只能读取/base 目录下的内容，要求写出服务器中的配置文件。

项目 10　部署 Samba 服务

项目引入

通过 NFS 服务实现 Linux 系统之间的文件共享，但是大部分老师和学生还是习惯使用 Windows 操作系统，所以，有些时候他们依然无法访问学院服务器中共享的软件、课程科研等资料。这时，就需要架设一台文件服务器来实现不同操作系统类型的终端之间资源共享。

需求分析

要解决 Windows 与 Linux 之间的文件共享问题，需要部署 Samba 服务。Samba 服务可以让 Linux 加入 Windows 的网络中。

◇ 了解 Samba 服务的工作原理。

◇ 能够熟练部署 Samba 服务，实现资源共享。

10.1　知 识 准 备

工作原理

10.1.1　Samba 简介

为了使 Windows 用户及 Linux 用户能够互相访问资源，Linux 提供了一套资源共享软件——Samba 的服务器软件，通过它可以轻松实现文件共享。Samba 的功能很强大，在 Linux 服务器上的 Samba 运行起来以后，Linux 就相当于一台文件及打印服务器，向 Windows 和 Linux 客户提供文件及打印服务。其具体功能如下：

◇ 共享 Linux 的文件系统。

◇ 共享安装在 Samba 服务器上的打印机。

◇ 支持 Windows 客户使用网上邻居浏览网络。

◇ 使用 Windows 系统共享的文件和打印机。

◇ 支持 Windows 域控制器和 Windows 成员服务器对使用 Samba 资源的用户进行认证。

◇ 支持 WINS 名字服务器解析及浏览。

◇ 支持 SSL 安全套接层协议。

◇ 提供 SMB 客户功能。利用 Samba 提供的 smbclient 程序可以在 Linux 下以类似于 FTP 的方式访问 Windows 的资源。

10.1.2　Samba 工作原理

Samba 使用一组基于 TCP/IP 的 SMB(Server Message Block)协议。该协议可以追溯到 20 世纪 80 年代，由英特尔、微软、IBM、施乐及 3com 等公司联合提出，是在 Linux、OS/2、Windows 系列操作系统和 Windows for Workgroups 等计算机之间提供文件共享、打印机服务、域名解析、验证(Authentication)、授权(Authorization)及浏览(Browsing)等服务的网络通信协议。在早期，SMB 运行于 NBT 协议(NetBIOS over TCP/IP)上，使用 UDP 协议的 137、138 及 TCP 协议的 139 端口，后期 SMB 经过开发，可以直接运行于 TCP/IP 协议上，没有额外的 NBT 层，使用 TCP 协议的 445 端口。通过 SMB 协议 Samba 允许 Linux 服务器与 Windows 系统之间进行通信，使跨平台的互访成为可能。

SMB 使用 NetBIOS API 实现面向连接的协议。该协议为 Windows 客户程序和服务提供了一个通过虚电路按照请求—响应方式进行通信的机制。Samba 采用 C/S 模式，其工作原理就是让 NetBIOS 与 SMB 协议运行在 TCP/IP 上，使 Linux 主机可以在 Windows 的网上邻居中被看到。

Samba 的核心是两个守护进程，分别为 smbd 和 nmbd。smbd 是 Samba 的核心，建立 Linux Samba 服务器与 Samba 客户端之间的对话，验证用户身份并提供对文件和打印系统的访问，处理到来的 SMB 数据包；nmbd 负责对外发布 Linux Samba 服务器可以提供的 NetBIOS 名称和浏览服务，使 Windows 用户可以在"网上邻居"中浏览 Linux Samba 服务器中共享的资源。

smbd 监听 TCP139(NetBIOS over TCP/IP)端口和 TCP445(SMB over TCP/CIFS)端口，nmbd 监听 UDP137(NetBIOS-ns)端口和 UDP138(NetBIOS-dgm)端口。

当客户端访问 Samba 服务器时，信息通过 SMB 协议进行传输，其具体工作流程如下：

(1) 协议协商：客户端访问 Samba 服务器时，发送 negprot 指令数据包，告知服务器，客户端主机支持 SMB 协议，Samba 服务器根据客户端的情况，选择最优的 smb 类型，响应客户端的请求：即客户端→negprot 请求→Samba 服务器→negprot 响应→客户端。

(2) 建立连接：当 smb 类型确认后，客户端会发送 session setup 指令数据包，提交账号和密码，请求与 Samba 服务器建立连接。如果客户端通过请求，Samba 服务器作出响应，为客户分配唯一的 UID，在客户端与其通信时使用。客户端→session setup &x 请求→服务器→session setup &x 响应→客户端。

(3) 访问共享资源：客户端访问 Samba 服务器的共享资源时，发送 tree connect 指令数据包，通知服务器需要访问的共享资源名称。如果设置允许访问，Samba 服务器会为每个客户端与共享资源连接分配 TID，客户端即可访问需要的共享资源。客户端→tree connect &x 请求→服务器→tree connect &x 请求→客户端。

(4) 断开连接：共享使用完毕，客户端向服务器发送 tree disconnect 请求，与服务器断开连接。客户端→tree disconnect &x 请求→服务器→tree disconnect &x 请求→客户端。

10.1.3　桌面环境下安装 Samba 服务

为了安装工作的顺利进行，在安装 Samba 服务之前要做好以下准备工作。

(1) 检查系统是否安装过 Samba 服务。

在不确定 Linux 系统中是否已经安装 Samba 服务的情况下，可以进行如下检查。

    [root@localhost ~]# rpm -qa|grep samba

    samba-client-libs-4.8.3-4.el7.x86_64

    samba-common-libs-4.8.3-4.el7.x86_64

    samba-common-4.8.3-4.el7.noarch

这里列出所有已安装的 Samba 软件包，可见 Samba 主服务还未安装。

Red Hat Enterprise Linux 7.6 中提供了 Samba 的软件包，主要包括：

samba-client-libs-4.8.3-4.el7.x86_64：客户端软件，提供了当 Linux 作为 Samba Client 端时，所需要的工具指令，如挂载文件格式的 smbmount。

samba-common：提供了 Samba 的主配置文件(smb.conf)、Smb.conf 语法检验的测试程序(testparm)等。

samba-4.8.3-4.el7.x86_64：服务器端软件，提供 Samba 服务器的守护程序、共享文档、日志的轮替、开机默认选项。

(2) 在 RHEL7 中可以通过 RPM 包或 YUM 源安装 Samba 服务，也可以采用图形化方式安装 Samba 服务。下面通过图形化方式安装 Samba 服务。

① 将 Red Hat Enterprise Linux 7.6 安装光盘放入光驱，在 Linux 系统中配置好 YUM 的本地仓库，然后加载。

② 选择"应用程序"→"系统工具"→"软件"，打开"软件"对话框，如图 10-1 所示。

③ 在搜索框中输入"Samba"，在右侧选择 Samba 服务的主程序 samba-4.8.3，在下面有关于该软件的说明及来源(rhel)等信息。单击右侧"安装"按钮，系统自动安装 Samba 服务及相关的依赖包。

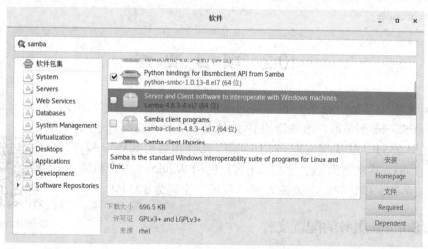

图 10-1 "软件"对话框

④ 在系统中查看所有已经安装的 Samba 软件包。

    [root@localhost ~]# rpm -qa|grep samba

    samba-common-tools-4.8.3-4.el7.x86_64

    samba-client-libs-4.8.3-4.el7.x86_64

```
samba-common-libs-4.8.3-4.el7.x86_64
samba-common-4.8.3-4.el7.noarch
samba-libs-4.8.3-4.el7.x86_64
samba-4.8.3-4.el7.x86_64
```

（3）进行其他准备工作。

配置 Samba 服务器的 IP 地址为 172.16.42.188，关闭防火墙，设置系统的安全机制为
Permissive，并生效。

```
[root@localhost ~]# vi /etc/sysconfig/network-scripts/ifcfg-ens33
[root@localhost ~]# ifconfig ens33
ens33: flags=4163<UP,BROADCAST,RUNNING,MULTICAST>    mtu 1500
inet 172.16.42.188    netmask 255.255.0.0    broadcast 172.16.255.255
inet6 fe80::1550:c52f:892b:34db    prefixlen 64    scopeid 0x20<link>
ether 00:0c:29:87:37:6a    txqueuelen 1000    (Ethernet)
RX packets 1950    bytes 144660 (141.2 KiB)
RX errors 0    dropped 0    overruns 0    frame 0
TX packets 65    bytes 6630 (6.4 KiB)
TX errors 0    dropped 0 overruns 0    carrier 0    collisions 0
[root@localhost ~]# systemctl stop firewalld
[root@localhost ~]# systemctl disable firewalld
[root@localhost ~]# vi /etc/selinux/config
[root@localhost ~]# setenforce 0
[root@localhost ~]# getenforce
Permissive
```

10.2　项目实施

为了让学院中 Windows 客户也能访问网络中心服务器中的软件资源，IT 协会的学生决
定配置一台 Samba 服务器，服务器的 IP 地址是 172.16.42.188，子网掩
码是 255.255.255.0，默认网关是 172.16.42.1。工作组名为 SAMBA，发
布共享目录 /xx，共享名为 xx。使 Linux 客户机和 Windows 客户机能访
问 Linux 服务器，但访问时必须输入用户名 hz，密码为 123456。

部署 Samba 服务

10.2.1　Samba 服务的配置文件

1. 主配置文件 /etc/samba/smb.conf

配置 Samba 服务的主要工作是对它的主配置文件 /etc/samba/smb.conf 进行相应设置。
Samba 服务在启动时会读取 smb.conf 文件中的内容，以决定如何启动、提供服务，以及相
应的权限设置、共享目录、打印机和机器所属工作组等各项参数，如图 10-2 所示。

```
[root@localhost ~]# vim /etc/samba/smb.conf
```

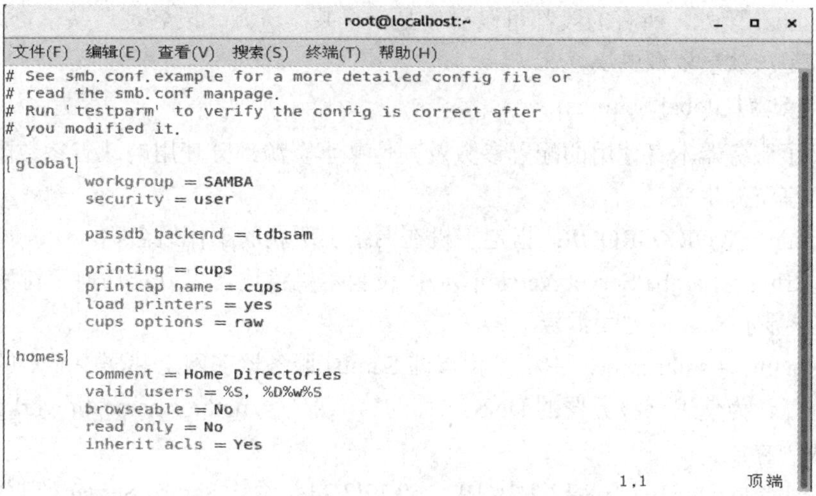

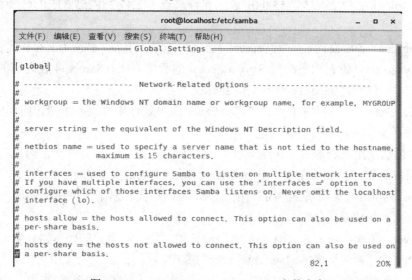

图 10-2 /etc/samba/smb.conf 文件内容

在 /etc/samba/ 目录下有如下文件，其中 smb.conf 为 Samba 服务的主配置文件，smb.conf.example 为 samba 服务主配置文件的模板文件。这个文件与 RHEL6 中的主配置文件一样，里面对每个参数有详细的解释，如图 10-3 所示。lmhosts 为 Samba 服务的域名设定，主要设置 IP 地址对应的域名，类似 Linux 系统的/etc/hosts。

[root@localhost ~]# cd /etc/samba/

[root@localhost samba]# ls

lmhosts smb.conf smb.conf.example

图 10-3 /etc/samba/smb.conf.example 文件内容

根据 smb.conf.examplesmb.conf 文件对 smb.conf 文件中的参数进行说明。该文件含有多个段，每个段由段名开始，直到下个段名。每个段名放在方括号中间。每段的参数格式是：参数名称＝参数值。配置文件中一行一个段名或一个参数，段名和参数不分大小写。"#"开头的为注释，即为用户提供相关的配置解释。";"开头是 Samba 配置的格式范例，默认是不生效的，可以通过去掉前面的";"，并加以修改来设置相应的功能。

除了[global]段外，所有的段都可以看作是一个共享资源。段名是该共享资源的名字，段里的参数是该共享资源的属性。

1) 全局配置(Global Settings)

它定义了服务器本身使用的配置参数及其他共享资源部分使用的缺省参数配置，该设置对所有共享资源生效。

workgroup = WORKGROUP：指定主机在网络上所属的工作组名称。

server string = Samba Server Version %v：设置本机描述，可以是任何字符串，也可以不填。宏%v 显示 Samba 的版本号。

netbios name = smbserver：主机名称，即 Samba 服务器在网上邻居中显示的名字。如果不填，则默认为使用该服务器的 DNS 名称的第一部分。netbios name 和 workgroup 名字不要设置成一样。

interfaces = lo eth0 192.168.12.2/24 192.168.13.2/24：设置 Samba Server 监听哪些网卡，可以写网卡名，也可以写该网卡的 IP 地址。

hosts allow = 127. 192.168.12. 192.168.13.：设置允许哪些机器可以访问 Samba 服务器。用户通过指定一系列网络地址，可以有效阻止非法用户使用 Samba 服务器，且只有在指定网络地址中的计算机才能访问服务器提供的资源。在缺省情况下，该参数被注释掉了，即所有的客户端都可以访问 Samba 服务器。

如：hosts allow=172.17.2.EXCEPT172.17.2.50，表示允许来自 172.17.2.*.*的主机连接，但排除 172.17.2.50。

hosts allow=172.17.2.0/255.255.0.0，表示允许来自 172.17.2.0/255.255.0.0 子网中的所有主机连接。

max log size = 50：设置 Samba Server 日志文件的最大容量，单位为 kB，0 代表不限制。

security = user：设置用户访问 Samba Server 的验证方式，Samba 4 较之前的 Samba 3 有一个重大的变化就是 security 不再支持 share。

◇ user：Samba 服务器对用户身份进行验证，用户只有通过验证才能访问相应的共享。账号和密码要在该 Samba 服务器中建立。

Samba 默认采用 user 模式。Samba 接收到用户的访问请求后会进行密码检查工作，不过前提是用户名和密码必须在/etc/samba/smbpasswd 中已定义。为了保证安全，还要设置"encrypt passwords=yes"，这样做的目的是保证密码不会在网络上被明文传送，从而避免了密码被嗅探工具捕获的风险。

◇ server：在该级别下 Samba 会把密码验证的工作交给指定的服务器。当无法通过认证时，将会自动切换到服务器"security=user"模式。

◇ domain：此时 Samba 成为域的一部分，并使用主域控制器(PDC)来进行用户身份验证。用户通过身份验证，就如同获得一个特殊的标志，就可以访问相应权限的共享资源。

passdb backend = dbsam：passdb backend 就是用户后台的意思。目前有三种后台：smbpasswd、tdbsam 和 ldapsam。sam 是 security account manager(安全账户管理)的简写。

◇ smbpasswd：该方式是使用 smb 自己的工具 smbpasswd 来给系统用户(真实用户或者虚拟用户)设置一个 Samba 密码，客户端就用这个密码来访问 Samba 的资源。smbpasswd

文件默认在 /etc/samba 目录下。

◇　tdbsam：该方式是使用一个数据库文件来建立用户数据库。数据库文件叫 passdb.tdb，默认在/etc/samba 目录下。passdb.tdb 用户数据库可以使用 smbpasswd -a 来建立 Samba 用户，不过要建立的 Samba 用户必须先是系统用户。我们也可以使用 pdbedit 命令来建立 Samba 账户。

◇　ldapsam：该方式则是基于 LDAP 的账户管理方式来验证用户。首先要建立 LDAP 服务，然后设置"passdb backend = ldapsam:ldap://LDAP Server"。

smb passwd file = /etc/samba/smbpasswd：设置提供用户身份验证的密码文件。

username map = /etc/samba/smbusers：指定用户映射文件。

2) 共享定义(Share Definitions)

[共享名]

　　comment = 任意字符串　　　　#对该共享的描述，可以是任意字符串。

　　path = 共享目录路径　　　　#path 用来指定共享目录的路径。

　　browseable = yes/no　　　　#指定该共享是否可以浏览。

　　writable = yes/no　　　　#指定该共享是否可写。

　　available = yes/no　　　　#指定该共享是否可用。

　　admin users = 该共享的管理者　　#指定该共享的管理员(对该共享具有完全控制权限)。

　　valid users = 允许访问该共享的用户　　#指定允许访问该共享资源的用户。

如：valid users = user1，@stuff，@tech 多个用户或者组中间用逗号隔开。如果是组群名，则前面需要加上"@"或"+"符号。

invalid users = 禁止访问该共享的用户　#指定不允许访问该共享资源的用户。

如：invalid users = root，@stuff(多个用户或者组中间用逗号隔开。)

　　write list = 允许写入该共享的用户　　#指定可以在该共享下写入文件的用户。

如：write list = user1，@stuff

　　public = yes/no　　　　#指定该共享是否允许 guest 账户访问。

　　guest ok = yes/no　　　　#意义同"public"。

3) 特殊的共享单元

　　[homes]　#共享用户家目录

指定的是 Windows 共享的主目录。如果用户使用 Windows 访问 Linux 主目录，则其用户名作为主目录共享名。如果在 Windows 工作站登录的名称与口令和 Linux 用户名与口令一致，则在网上邻居中双击共享目录图标，就可以获得访问该目录的权限。

　　[printers]　#共享打印机

定义共享 Linux 网络打印机。从 Windows 系统访问 Linux 网络打印机时，共享的应是 printcap 中指定的 Linux 打印机名。

根据上述参数说明，按项目要求配置好/etc/samba/smb.conf 文件后，可以使用 testparm 测试 smb.conf 配置是否正确。使用 testparm 命令可以详细地列出 smb.conf 支持的配置参数。

　　[root@localhost ~]# testparm

按 Enter 键显示更多 Samba 服务器的详细信息。

(1) 创建目录 /xx。

```
[root@localhost ~]# mkdir /xx
[root@localhost ~]#cd /xx
[root@localhost xx] # vi hello
[root@localhost xx] # cat hello
welcome to samba
```

(2) 创建用户 hz，设置登录 Smaba 服务器的密码。

```
[root@localhost ~]# useradd hz
[root@localhost ~]# smbpasswd -a hz
New SMB password:
Retype new SMB password:
Added user hz.
```

(3) 修改目录/xx 的权限。

```
[root@localhost ~]# chown hz /xx
[root@localhost ~]# ls -l /
drwxr-xr-x.    2 hz    root      6 1月    29 07:29 xx
```

(4) 修改 Samba 的主配置文件 "/etc/samba/smb.conf"。

```
[global]
workgroup = SAMBA           #设置 Samba 服务器工作组名为 SAMBA
security = user             #设置 Samba 安全级别为 user 模式
[xx]                        #设置共享目录的共享名为 xx
comment = This is xx's directory.
path = /xx                  #设置共享目录的绝对路径为/xx
public = no
valid users =hz             #设置访问的用户为 hz
writable = yes
```

(5) 测试 Samba 的设置是否正确。

```
[root@localhost ~]# testparm
```

2. 密码文件/etc/samba/smbpasswd

Samba 服务使用 Linux 操作系统的本地账号进行身份验证。当设置了 user 的安全等级后（此为默认设置），将由本地系统对访问 Samba 共享资源的用户进行认证，但必须单独为 Samba 服务设置相应的密码文件。Samba 服务的用户账户密码验证文件是/etc/samba/smbpasswd。出于安全性考虑该文件的密码是加密的，无法使用文本编辑器进行编辑。默认情况下该文件不存在，需要管理员创建，可以分两种方式添加。

1) 使用 smbpasswd 命令单个添加

语法：smbpasswd　[options]　[username]

username：为 username 设置 Samba 口令，仅超级用户可用。

各选项及含义如下：

-a：向 smbpasswd 文件中添加账户，该账户必须存在于/etc/passwd 文件中。只有 root 用户可以使用该选项。

-d：禁用某个 Samba 账户，并不是删除，只有 root 用户可以使用该选项。

-e：恢复某个 Samba 账户，只有 root 用户可以使用该选项。

-x：从 smbpasswd 文件中删除账户，只有 root 用户可以使用该选项。

-s：非交互模式，从标准输入读取口令。

-n：将账户的口令设置为空，只有 root 用户可以使用该项。

-r MACHINE：指定远程 Samba 服务器的主机名或 IP。

-U USER：指定 Samba 用户名，省略时默认为当前登录用户。

2）使用 pdbedit 命令

语法：pdbedit　[options]　[username]

各选项及含义如下：

-a username：新建 Samba 账户。

-x username：删除 Samba 账户。

-L：列出目前在数据库中的账号与 UID 等相关信息，读取 passdb.tdb 数据库文件。

-Lv：列出 Samba 用户列表的详细信息，包括家目录等信息。

3）使用 mksmbpasswd.sh 脚本成批添加 Samba 账户

使用 mksmbpasswd.sh 脚本可以将 Linux 系统中/etc/passwd 文件中的所有用户一次性添加到 smbpasswd 文件中，如 cat /etc/passwd | mksmbpasswd.sh > /etc/samba/smbpasswd

注意：使用 smbpasswd 命令添加 Samba 账户时，该系统账户必须存在。如果不存在，可以使用 useradd 命令添加。

例　根据实际情况，对学院的 Samba 服务器做如下修改：

student 组中的用户 dzx001 可以访问，该用户的 Samba 密码为 123456。

在 Samba 服务器上配置"/share"目录为读写共享,共享名为 share。且只允许用户 dzx001 和 student 组中的用户访问。

① 确认用户 dzx001，用户组群 student 是存在的。

```
[root@localhost ~]#tail -10 /etc/passwd
[root@localhost ~]#tail -10 /etc/group
```

② 使用 smbpasswd 命令为用户配置 Samba 密码。

```
[root@localhost ~]# smbpasswd -a dzx001
```

③ 编辑 Samba 主配置文件/etc/samba/smb.conf。

```
[root@localhost ~]# vim/etc/samba/smb.conf
[global]
security = user
[share]
comment = this is dzx001 and @student's share
```

```
path = /share
public = no
writable = yes
valid users =dzx001,@student
```

10.2.2　启动与停止 Samba 服务

当配置好 Samba 的主配置文件后，就可以启动 Samba 服务。

(1) 查看 Samba 状态。

Samba 服务的名字为 smb，其中包含 smbd 和 nmbd 两个服务，可以使用以下命令来查看 Samba 守护进程的状态。

```
[root@localhost ~]# systemctl status smb
```

(2) 启动 Samba 服务。

如果查询后发现 Samba 服务没有启动，可以使用以下命令启动 Samba 服务。

```
[root@localhost ~]# systemctl start smb
```

(3) 停止 Samba 服务。

当在一定情况下需要停止 Samba 服务时，可以使用以下命令来停止。

```
[root@localhost ~]# systemctl stop smb
```

(4) 重启 Samba 服务。

在 smb.conf 配置文件修改后，需要重新启动 Samba 服务，才能使最新修改的设置生效。

```
[root@localhost ~]# systemctl restart smb
```

(5) 将 Samba 服务配置为开机自动运行。

如果每次 Linux 系统开机后，都要手工启动 Samba 服务，显然太麻烦了。此时可以通过设置系统开机时自动启动 Samba 服务解决该问题。

```
[root@localhost ~]# systemctl enable smb
```

10.2.3　配置 Samba 客户端

在访问共享的 Samba 目录前，必须提前获取 Samba 服务器的 IP 地址或者 NetBIOS 名称，然后通过相应的客户端工具就可以访问。

1. Linux 客户端访问 Samba 共享

1) 命令行方式访问

Samba 提供了一个类似 FTP 客户端程序的 Samba 客户程序 smbclient，用以访问 Linux 提供的 Samba 共享。

smbclient 命令的格式如下：

```
smbclient service [options] <password>
```

各选项及含义如下：

-L：列出远程服务器上所有的共享资源。

-N：禁止 smbclient 提示输入用户名和密码。

-I：指定要访问的计算机 IP 地址。

-U：指定要访问远程服务器时使用的用户名。

例   显示 Samba 服务器 172.16.42.188 提供的共享文件，命令如下：

```
[root@dianzi ~]# smbclient   -L //172.16.42.188 -U hz

Enter SAMBA\hz's password:

Sharename          Type           Comment
---------          ----           -------
print$             Disk           Printer Drivers
xx                 Disk           This is xx's directory
IPC$               IPC            IPC Service (Samba 4.8.3)
hz                 Disk           Home Directories
Reconnecting with SMB1 for workgroup listing.

Server          Comment
---------       -------

Workgroup       Master
---------       -------
```

在 Linux 的 Shell 环境中用命令"smbclient //IP 地址/共享目录 – U 用户名"来登录 Samba 服务器。登录成功后，在"smb:\>"提示符下可以输入各种指令，如 ls(列表)、pwd(查看当前目录)、put(文件上传)及 get(文件下载)等，与通过 FTP 的命令行访问方式相同。

```
[root@dianzi ~]# smbclient   //172.16.42.188/xx -U hz

Enter SAMBA\hz's password:

Try "help" to get a list of possible commands.

smb: \> pwd

Current directory is \\172.16.42.188\xx\

smb: \> ls
.                D           0           Wed Jan 29 07:43:17 2020
..               DR          0           Wed Jan 29 07:29:52 2020
hello            N           17          Wed Jan 29 07:30:14 2020

 52403200 blocks of size 1024. 48654112 blocks available

smb: \> get hello

getting file \hello of size 17 as hello (0.5 KiloBytes/sec) (average 0.5 KiloBytes/sec)

smb: \> exit
```

要退出 smbclient，可在 smb:\>提示下键入 exit 命令，退出 Samba 共享。

在本地目录下查看下载的 hello 文件。

```
[root@dianzi ~]# cat hello
welcome to samba
```

2) 浏览器方式访问

除命令行方式外，还可以使用 Nautilus 来查看当前计算机所在网络上的可用 Samba

共享。在 Linux 系统中选择开始面板的"位置"→"浏览网络",打开网络窗口。双击"LOCALHOST",输入用户名 hz,密码 123456,就可以查看该工作组内的共享 Linux 计算机,如图 10-4 所示。双击进入 xx 目录,查看 hello 文件内容,如图 10-5 所示。

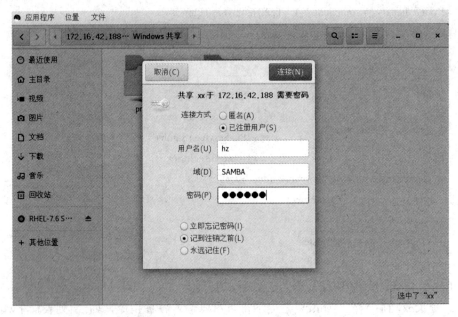

图 10-4　输入 hz 用户及其密码

图 10-5　查看 hello 文件

2. Windows 客户端访问 Samba 共享

1) 使用"网络"

双击桌面上的网络,在地址栏中输入 Samba 服务器的 IP 地址,即可打开 Samba 共享目录,如图 10-6 所示。双击界面中的 Samba 目录,查看该目录下的文件,如图 10-7 和图 10-8 所示。

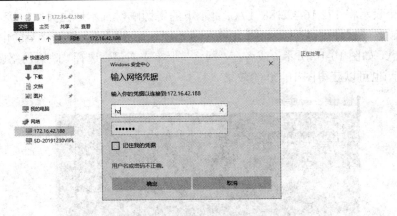

图 10-6　浏览器下访问 Samba 服务器

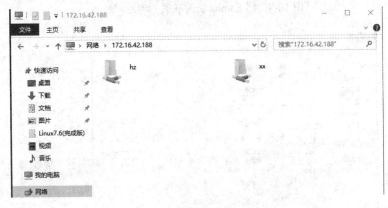

图 10-7　Samba 服务器上的共享目录

图 10-8　Samba 服务器上/xx 目录上的内容

2) 使用命令行工具进行映射

进入 Windows 的命令提示符界面，使用 net 工具查看和使用 Samba 共享的资源。

net 命令格式如下：

　　c:>net use X:　\\servername\sharename

在命令提示符中输入以下命令：

　　如 c:>net use A:　\\172.16.42.188\xx

上面命令表示将 172.16.42.188 上/xx 目录下的资源映射到本地磁盘 A，接下来就可以像使用本地磁盘一样使用 A 盘，如图 10-9 所示，提示命令完成。打开"我的电脑"，就可以看到盘符 A，如图 10-10 所示。或者在"网络"上单击右键，选择"映射网络驱动器"(如图 10-11 所示)也可以获得图 10-10 的效果。

图 10-9　将 Samba 资源映射到本地磁盘 A

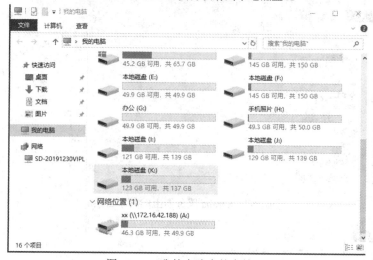

图 10-10　我的电脑中的盘符 A

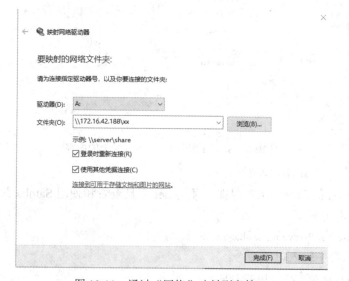

图 10-11　通过"网络"映射到盘符 A

10.2.4 用户账号映射

在 Linux 中 Samba 使用 user 模式的时候，用户必须是在系统中存在的，即系统有这个账户，对于服务器系统的安全性留下了隐患。为了增加服务器的安全性，此时可以在 Windows 系统中使用用户账户映射。用户映射就是将不同的用户映射成一个用户。做了映射之后的 Windows 账号，在使用 Samba 服务器上的共享资源时就可以直接使用 Windows 账号进行访问。

默认情况下 /etc/samba/smbusers 文件为指定的映射文件。该文件每一行的格式如下：

Linux 账户=要映射的 Windows 账户列表

注意：Windows 中的各用户之间用空格分隔。

具体设置方法如下：

(1) 编辑 smb.conf 文件。

在全局[global]下加入"username map = /etc/samba/smbusers"。

(2) 建立虚拟账号文件 /etc/samba/smbusers。

[root@dianzi ~]#vi /etc/samba/smbusers

Samba 账号= 虚拟账号(映射账号)

如：Eladmin =user1t user

将 Samba 的用户名 Eladmin 映射为 user1t 和 user，此时就可以使用 user1t 和 user 登录服务器，比较安全。

10.3 反 思 与 进 阶

1. 项目背景

为不同的用户访问同一个共享目录设置不同的权限，不仅可以提高服务器的安全，还便于管理和维护。IT 协会决定搭建第二台 Samba 服务器(172.16.42.189)，其要求如下：

(1) 共享的目录面向学院的 5 大板块，即电子信息类(Electronic information)、经济管理类(Economic management)、师范类(Normal class)、农林类(Agroforestry)及医学类(Medical class)。

企业 Samba 服务
器配置

(2) 各板块的目录只允许该板块内部访问，板块之间交流性质的文件放到公用目录中。

(3) 每个板块都有一个管理本板块文件的管理员账号和一个只能新建和查看文件的普通用户权限的账号。

(4) 公用目录中分为存放工具的目录和存放各部门共享文件的目录。

(5) 对于各板块自己的目录，各板块管理员具有完全控制权限，而各板块普通用户可以在该板块目录下新建文件及目录，并且对于自己新建的文件及目录有完全控制权限，对于管理员新建及上传的文件和目录只能访问，不能更改和删除。注意：不是本板块用户不能访问本板块目录。

(6) 对于公用目录中的各板块共享目录，各板块管理员具有完全控制权限，而各板块普通用户可以在该板块目录下新建文件及目录，并且对于自己新建的文件及目录有完全控制权限，对于管理员新建及上传的文件和目录只能访问，不能更改和删除。本板块用户(包括管理员和普通用户)在访问其他板块共享目录时，只能查看不能修改或删除新建。对于存放工具的目录，只有管理员有权限，其他用户只能访问。

(7) 为了保护服务器安全，需要对各个板块管理员的账户进行映射。

2. 实施目的

(1) 能够部署 Samba 服务。

(2) 能够配置 Samba 服务器的组共享。

(3) 对于同一个目录的访问，能够实现不同用户的不同权限。

(4) 为了服务器的安全，能够设置用户映射。

3. 实施步骤

(1) 根据项目需求建立相关的用户和目录。

在 "/" 分区下新建目录，Electronic、Economic、Normal、Agroforestry、Medical 和 share。在 share 下新建目录：Electronic、Economic、Normal、Agroforestry、Medical 和 tools。

(2) 各板块对应的目录由自己管理，Tools 文件夹由管理员维护。

Electronic 管理员账号：Eladmin；普通用户账号：Eluser。

Economic 管理员账号：Ecadmin；普通用户账号：Ecuser。

Normal 管理员账号：Noadmin；普通用户账号：Nouser。

Agroforestry 管理员账号：Agadmin；普通用户账号：Aguser。

Medical 管理员账号 Meadmin；普通用户账号：Meuser。

Tools 管理员账号：admin。

(3) 将电子信息类(Electronic information)、经济管理类(Economic management)、师范类(Normal class)、农林类(Agroforestry)、医学类(Medical class)等的管理员账户分别映射为 user1、user2、user3、user4、user5。

(4) 使用 useradd 命令新建系统账户，并将用户添加到相应的组群。

```
[root@dianzi ~]# useradd Eladmin
[root@dianzi ~]# useradd -g Eladmin Eluser
[root@dianzi ~]# useradd Ecadmin
[root@dianzi ~]# useradd -g Ecadmin Ecuser
[root@dianzi ~]# useradd Noadmin
[root@dianzi ~]# useradd -g Noadmin Nouser
[root@dianzi ~]# useradd Agadmin
[root@dianzi ~]# useradd -g Agadmin Aguser
[root@dianzi ~]# useradd Meadmin
[root@dianzi ~]# useradd -g Meadmin Meuser
[root@dianzi ~]# useradd admin
```

(5) 用 smbpasswd -a 建立 SMB 账户。

```
[root@dianzi ~]# smbpasswd -a Eladmin
```

```
New SMB password:
Retype new SMB password:
Added user Eladmin.
[root@dianzi ~]# smbpasswd -a Eluser
[root@dianzi ~]# smbpasswd -a Ecadmin
[root@dianzi ~]# smbpasswd -a Ecuser
[root@dianzi ~]# smbpasswd -a Noadmin
[root@dianzi ~]# smbpasswd -a Nouser
[root@dianzi ~]# smbpasswd -a Agadmin
[root@dianzi ~]# smbpasswd -a Aguser
[root@dianzi ~]# smbpasswd -a Meadmin
[root@dianzi ~]# smbpasswd -a Meuser
```

(6) 新建相应目录。

```
[root@dianzi /]# mkdir Electronic
[root@dianzi /]# mkdir Economic
[root@dianzi /]# mkdir Normal
[root@dianzi /]# mkdir Agroforestry
[root@dianzi /]# mkdir Medical
[root@dianzi /]# mkdir share
[root@dianzi /]# ls
[root@dianzi /]# cd share
[root@dianzi share]# mkdir Electronic
[root@dianzi share]# mkdir Medical
[root@dianzi share]# mkdir Agroforestry
[root@dianzi share]# mkdir Normal
[root@dianzi share]# mkdir Economic
[root@dianzi share]# mkdir tools
[root@dianzi share]# ls
Agroforestry   Economic   Electronic   Medical   Normal   tools
```

(7) 更改各个板块自己目录的权限。

```
[root@dianzi /]# chown Eladmin:Eladmin Electronic
[root@dianzi /]# chown Ecadmin:Ecadmin Economic
[root@dianzi /]# chown Noadmin:Noadmin Normal
[root@dianzi /]# chown Agadmin:Agadmin Agroforestry
[root@dianzi /]# chown Meadmin:Meadmin Medical
[root@dianzi /]# chown admin:admin share/
```

(8) 更改/share 目录下的权限。

```
[root@dianzi /]# cd /share
[root@dianzi share]# chown Eladmin:Eladmin Electronic
```

```
[root@dianzi share]# chown Meadmin:Meadmin Medical
[root@dianzi share]# chown Agadmin:Agadmin Agroforestry
[root@dianzi share]# chown Noadmin:Noadmin Normal
[root@dianzi share]# chown Ecadmin:Ecadmin Economic
[root@dianzi share]# chown admin:admin tools
[root@dianzi share]# ll
drwxr-xr-x. 2 Agadmin Agadmin    6        1 月        29 03:33 Agroforestry
drwxr-xr-x. 2 Ecadmin Ecadmin    6        1 月        29 03:33 Economic
drwxr-xr-x. 2 Eladmin Eladmin    6        1 月        29 03:33 Electronic
drwxr-xr-x. 2 Meadmin Meadmin    6        1 月        29 03:33 Medical
drwxr-xr-x. 2 Noadmin Noadmin    6        1 月        29 03:33 Normal
drwxr-xr-x. 2 admin    admin     6        1 月        29 03:33 tools
```

(9) 在文件 /etc/samba/smbusers 中设置用户映射。

```
[root@dianzi samba]# vim smbusers
Eladmin=user1
Ecadmin=user2
Noadmin=user3
Agadmin=user4
Meadmin=user5
```

(10) 修改主配置文件 /etc/samba/smb.conf。(以下只是修改部分内容，其余内容保持默认)

```
[root@dianzi samba]# vim /etc/samba/smb.conf
[global]
workgroup = MYGROUP
security = user
username map = /etc/samba/smbusers
[Electronic]
        comment = This is a directory of Electronic.
        path = /Electronic
        public = no
        admin users = Eladmin
        valid users = @Eladmin
        writable = yes
        create mask = 0750
        directory mask = 0750
[Economic]
        comment = This is a directory of Economic.
        path = /Economic
        public = no
```

```
        admin users = Ecadmin
        valid users = @Ecadmin
        writable = yes
        create mask = 0750
        directory mask = 0750
[Normal]
        comment = This is a directory of Normal.
        path = /Normal
        public = no
        admin users = Noadmin
        valid users = @Noadmin
        writable = yes
        create mask = 0750
        directory mask = 0750
[Agroforestry]
        comment = This is a Agroforestry directory.
        path = /Agroforestry
        public = no
        admin users = Agadmin
        valid users = @Agadmin
        writable = yes
        create mask = 0750
        directory mask = 0750
[Medical]
        comment = This is a directory of Medical.
        path = /Medical
        public = no
        admin users = Meadmin
        valid users = @Meadmin
        writable = yes
        create mask = 0750
        directory mask = 0750
[share]
        comment = This is a share directory.
        path = /share
        public = no
        valid users = admin,@Eladmin,@Ecadmin,@Noadmin,@Agadmin,@Meadmin
        writable = yes
        create mask = 0755
```

directory mask = 0755

(11) 重启 Samba 服务。

　　[root@dianzi ~]# systemctl restart smb

(12) 客户测试。

在 Linux 客户端下查看服务器上共享的文件。

　　[root@dianzi ~]# smbclient -L //172.16.42.189 –U Eladmin

在 Windows 下访问 Samba 服务器。

在浏览器中输入\\172.16.42.189(如图 10-12 所示)，需要输入相应用户和密码来访问。

图 10-12　访问企业 Samba 服务器

4. 项目总结

(1) 注意目录权限的设置。

(2) 能使用 smbstatus 命令查看 Samba 服务器的资源使用情况。

(3) 能使用 testparm 检查 smb.conf 配置文件的正确性。

项 目 小 结

　　通过学习，了解 Samba 服务的工作原理、软件安装及常用配置，能够针对不同的用户设置不同权限。为了增强服务器的安全，根据实际情况设置用户映射，并能独立解决一些简单的常见配置问题，能够熟练地通过 Linux 和 Windows 系统访问 Samba 共享资源。

练 习 题

一、选择题

1. 以下关于 Samba 的描述中，不正确的是(　　)。

A. Samba 采用 SMB 协议。

B. Samba 支持 WINS 名字解析。

C. Samba 向 Linux 客户端提供文件和打印机共享服务。

D. Samba 不支持 Windows 的域用户管理。

2. 在 Linux 上安装 Samba 服务器程序，可以使(　　)。

A. Windows 访问 Linux 上 Samba 服务器共享的资源

B. Linux 访问 Windows 主机上的共享资源

C. Windows 主机访问 Windows 服务器共享的资源

D. 以上都不对

3. 在 Samba 主配置文件 /etc/samba/smb.conf 中，参数 security 在默认情况下使用(　　)等级。

A. user　　　　　　B. share　　　　　　C. server　　　　　　D. domain

4. Samba 服务器的主配置文件是(　　)。

A. httpd.conf　　　　B. inetd.conf　　　　C. rc.samba　　　　D. smb.conf

二、填空题

1. 查询 Linux 系统是否安装了 Samba 服务器的命令是＿＿＿＿＿＿。

2. 添加 Samba 用户的命令＿＿＿＿＿＿。

3. 启动 Samba 服务器的命令是＿＿＿＿＿＿。

4. Samba 配置文件修改后，使用＿＿＿＿＿＿测试该文件的配置。

5. Samba 服务器一共有 4 种安全等级。使用＿＿＿＿＿＿等级时用户不需要账号及密码就可以登录 Samba 服务器。

三、面试题

1. Linux 作为服务器，IP 地址是 192.168.4.10，服务器上有一个目录/home/lupa，其中有一个 hi 文件。现在需要实现 lupa 目录无用户无密码的共享。分别通过 Windows 和 Linux 客户端访问 lupa 目录。

2. 配置 Samba 服务，共享/home/sharefile 目录，要求只有 192.168.0.0/24、192.168.1.0/24 和 127.0.0.1 可以访问，共享的名字是[sharefile]，用户不能查看到，只有 student 组才有写的权限。同时，要把 student 组里的每个用户的家目录也要共享出来，同时设置 Netbios name = GUEST2045。

3. 某小型企业内部采用局域网互联，要求：

(1) 所有的员工都能够在公司内流动办公，但不管在哪台电脑上工作，都要把自己的文件数据保存在 Samba 文件服务器上。

(2) 市场部和技术部都有各自目录，同一个部门的人共同拥有一个共享目录，其他部门的人都只能访问服务器中自己的 home 目录。

(3) 所有的用户都不允许使用服务器上的 Shell。

项目 11　部署 FTP 服务

项目引入

　　学院组建了校园网，方便师生共享各种软硬件资源，但是使用共享文件的方式还是比较麻烦，适用范围比较小。在生产实际中还可以采用 FTP 的方式实现资源共享，适应范围较广，客户端易于操作，同时还能方便快捷地对各类资源进行分类和管理。考虑到服务器的安全、稳定，IT 协会的学生经过商议，决定在 Linux 系统中为全院师生部署 FTP 服务。

需求分析

　　针对学院师生的具体需求，某些文件可以匿名访问，某些文件只能允许特定用户访问。为了实现以上功能，IT 协会的学生需要做如下准备：
　　◇　了解 FTP 服务器的工作原理。
　　◇　根据客户需求完成 FTP 服务部署。
　　◇　能够解决常见的 FTP 故障。

11.1　知　识　准　备

11.1.1　FTP 简介

　　互联网出现的目的就是为了实现信息共享，而文件传输是信息共享非常重要的内容之一。FTP 是 File Transfer Protocol 的缩写，即文件传输协议，主要用于文件的上传与下载。简化了文件传输的复杂性，能够使文件通过网络从一台主机传送到另外一台主机上，同时不受计算机和操作系统类型的限制。无论是 PC、服务器、大型机，还是 IOS、Linux、Windows 操作系统，只要双方都支持 FTP 协议，就可以方便、可靠地进行文件的传送。

　　用户可以连接到服务器下载文件，也可以将自己的文件上传到 FTP 服务器中。以下载文件为例，当启动 FTP 服务从远程计算机拷贝文件时，事实上启动了两个程序：一个本地机上的 FTP 客户程序，向 FTP 服务器提出拷贝文件的请求；另一个是启动在远程计算机上的 FTP 服务器程序，响应用户的请求把指定的文件传送到客户机上。

　　FTP 是 TCP/IP 的一种具体应用，它工作在 OSI 模型的第七层，TCP 模型的第四层，即应用层。FTP 使用 TCP 协议传输而不是 UDP 协议，这样 FTP 客户端在和服务器建立连接之前就有一个"三次握手"的过程。它的意义在于客户端与服务器之间的连接是可靠的，而且是面向连接的，为数据的传输提供了可靠的保证。另外，FTP 服务还有一个非常重要的特点是：它可以独立于平台。也就是说，在 UNIX、Linux、Windows 等操作系统中都可以实现 FTP 的客户端和服务器，相互之间可以跨平台进行文件传送。同时，FTP 在文件传输中还支持断点续传功能，可以大幅度减小 CPU 和网络带宽的开销。

11.1.2　FTP 工作原理

　　一个 FTP 会话通常包括 5 个元素进行交互，如图 11-1 所示。客户端和服务器通过三次握手建立 TCP 进行连接。为了建立连接，客户端和服务器都必须各自打开一个 TCP 端口。FTP 服务器预置两个

FTP 工作原理

连接：控制连接(端口 21)和数据连接(端口 20)。控制连接为客户端和服务器之间交换命令和应答提供通信的通道，执行的是 FTP 命令及命令的响应；而数据连接只用来交换数据，其中端口 21 用来发送和接受 FTP 的控制消息，一旦建立 FTP 会话，端口 21 的连接在整个会话期间就始终保持打开状态，而端口 20 用来发送和接受 FTP 数据，只有在传输数据时才会被打开，一旦传输结束就断开。

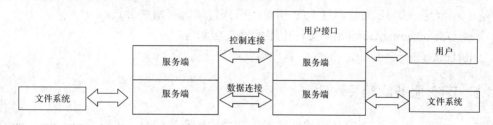

图 11-1　FTP 协议模型

　　控制连接建立以后并不立即建立数据连接，而是服务器通过一定的方式来验证客户的身份，以决定是否可以建立数据传输。数据连接是等到需要目录列表、传输文件时才临时建立的，并且每次客户端使用不同的端口来建立数据连接。一旦数据传输完毕，就中断这条临时的数据连接。

　　两个连接可以选择不同的服务质量。如对控制连接来说需要更小的延迟时间，对数据连接来说需要更大的数据吞吐量。

11.1.3　FTP 服务的传输模式

　　根据 FTP 数据连接建立方法，可将 FTP 客户端对服务器的访问分为两种模式：主动模式(又称标准模式，Active Mode)和被动模式(Passive Mode)，但是究竟采用何种模式，取决于客户端指定的方法。

1. 主动传输模式

　　FTP 客户端发起到 FTP 服务器的控制连接，FTP 服务器接收到数据请求命令后，再由 FTP 服务器发起客户端的连接，即客户机首先向服务器的 21 端口(命令通道)发送一个 TCP 连接请求，然后执行 login、dir 等命令。一旦用户请求服务器发送数据，FTP 服务器就用 20 端口(数据通道)向客户的数据端口发起连接。主动模式实际上是一种客户端管理，FTP

客户端可以在控制连接上给 FTP 服务器发送 port 命令，要求服务器使用 port 命令指定的 TCP 端口建立从服务器到客户端的数据连接。

2. 被动传输模式

当 FTP 的控制连接建立，且客户提出目录列表、传输文件时客户端发送 pasv 命令，使服务器处于被动传输模式，FTP 服务器会打开一个非 20 端口(通常大于 1024)监听客户端的数据传输请求。在被动传输模式下，FTP 的数据连接和控制连接的方向是一致的，也就是说，是客户端向服务器发起一个用于数据传输的连接。被动模式一般用 Web 浏览器连接 FTP 服务器，或者 FTP 客户端通过防火墙访问 FTP 服务器。从网络安全的角度看，被动模式比主动模式安全。被动模式实际上是一种服务器管理，FTP 客户端发出 pasv 命令后，FTP 服务器通过一个作为数据传输(连接)的服务器动态端口进行响应，当客户端发出数据连接命令后，FTP 服务器便立即使用动态端口连接客户端。

11.1.4　FTP 体系结构

FTP 的工作方式采用客户/服务器模式。在两台主机间传递文件时，其中一台必须运行 FTP 客户端程序，如 IE 浏览器或 FTP 指令。文件传递时有两种形式：

下载(Downloading/Getting)：文件由服务器发送到客户端。

上传(Uploading/Putting)：文件由客户端发送到服务器。

11.1.5　FTP 服务的相关软件

在 Linux 下实现 FTP 服务的软件很多，其中比较有名的有 vsftpd、pure-ftp、wu-ftpd 和 proftpd 等。

1. vsftpd

vsftpd 是 UNIX 类操作系统上运行的服务器，是 Red Hat Enterprise Linux 7.6 内置的 FTP 服务器，可以在 LINUX、BSD、Solaris 及 HP-UX 等上面运行。vsftpd 中的 vs 意思是 "Very Secure"，从名称中可以看出，软件的编写者非常注重其安全性。除具有与生俱来的安全性外，vsftpd 还具有高速、稳定的性能特点。

2. pureftpd

pureftpd 也是 Linux 下一款很著名的 FTP 服务器软件，是 SuSE、Debian 中内置的 FTP 服务器，不过遗憾的是 Red Hat Enterprise Linux7.6 中没有包含它的软件包。pureftpd 服务器使用起来很简单。

3. wu-ftpd

wu-ftpd 是最老牌的 FTP 服务器软件，也曾经是 Internet 上最流行的 FTP 守护程序。它的功能能够架构多种类型的 FTP 服务，不过它发布得较早，程序组织比较乱，安全性不太好。

11.1.6　vsftpd 的用户类型

一般而言,用户必须经过身份验证才能登录 vsftpd 服务器,然后才可以访问和传输 FTP

服务器上的文件。vsftpd 的用户主要可分为 3 类：匿名用户、本地系统用户和虚拟用户。

1. 匿名用户(anonymous)

anonymous(匿名账号)是应用最广泛的一种 FTP 服务器登录用户。如果用户在 FTP 服务器上没有账号，那么用户可使用 ftp 或 anonymous 为用户名，将自己的 E-mail 地址作为密码进行登录，甚至不输入用户名和口令也可以登录，这是 vsftpd 默认允许的方式。当匿名用户登录 FTP 服务器后，其登录的目录为匿名 FTP 服务器的根目录/var/ftp。匿名 FTP 是这样一种机制：用户可通过它连接到远程主机上，并从中下载文件，而无需成为其注册用户。

当远程主机提供匿名 FTP 服务时会指定某些目录向公众开放，允许匿名存取。系统中的其余目录则处于隐匿状态。作为一种安全措施，大多数匿名的 FTP 主机都允许用户从中下载文件，而不允许用户向其上传文件。即用户可将匿名 FTP 主机上的所有文件拷贝到自己的机器上，但不能将自己机器上的任何一个文件上传至匿名 FTP 主机上。即使有些匿名 FTP 主机允许用户上传文件，用户也只能将文件上传至某一指定上传目录中。随后，系统管理员会去检查这些文件，这些文件将被移至另一个公共下载目录中，以供其他用户下载。利用这种方式远程主机得到了保护，避免了有人上传有问题的文件(如带病毒的文件)。

2. 本地用户(real 用户)

real(真实账户)也称为本地账号，是在 vsftpd 安装的 Linux 操作系统上拥有用户账号的用户(/etc/passwd 文件中记录的用户)。本地用户输入自己的用户名和口令后可登录 vsftpd 服务器，且直接进入该用户的家目录。vsftpd 在默认情况下也允许本地系统用户访问。本地用户可以访问整个目录结构，从而对系统安全构成极大的威胁，所以应尽量避免用户使用本地账号来访问 FTP 服务器。本地用户既可以下载又可以上传。

3. 虚拟用户(guest 用户)

如果用户在 FTP 服务器上拥有一个账号，但此账号只能用于文件传输服务，而不能访问 FTP 服务所在的主机，那么该账号就是 guest(虚拟账号)。

相对于本地系统用户而言，guest 登录 FTP 服务器后，不能访问除宿主目录以外的内容，这样可以增强系统本身的安全性。相对于匿名用户而言，虚拟用户需要用户名和密码才能访问 FTP 服务器，可以进行下载或上传，增加了对用户和下载的可管理性。对于需要提供下载服务，但又不希望所有人都可以匿名下载且考虑到主机安全和管理方便的 FTP 站点来说，虚拟用户是一种很好的解决方案。虚拟用户登录后会被引导到所映射的系统用户家目录中。虚拟用户需要在 vsftpd 服务器中进行相应配置才可以使用。

11.2 项 目 实 施

学院的 FTP 服务器在完成文件共享的同时，需要提高 FTP 服务器(IP 地址为 172.16.42.188)的安全性，IT 协会对共享的文件进行了如下的设置：

(1) 匿名上传时只能把客户端的文件上传到服务器的/var/ftp/incoming 目录中，并且不能下载或者修改。

(2) 创建一个管理员账号 user1，该用户能上传文件到/var/ftp/incoming 目录中，并能对

incoming 目录中的文件进行下载及修改。

11.2.1 安装 vsftpd 服务

部署 FTP 服务

Red Hat Enterprise Linux 7.6 中提供了 vsftpd 服务器的 RPM 包和 YUM 源，下面以 YUM 的安装为例介绍 vsftpd 服务软件包的安装。vsftpd 是 vsftp 服务器的一个守护进程，用于具体实现 FTP 服务器的功能。

(1) 检查并安装 vsftpd 软件包。

在终端窗口输入："rpm -qa |grep vsftpd" 命令检查系统是否安装了 vsftpd 软件包。

```
[root@localhost ~]#rpm –q vsftpd
```

使用 yum 命令安装 vsftpd。

```
[root@localhost ~]#yum install -y vsftpd
```

vsftpd 在安装时会自动创建组群 ftp 和属于该组的用户 ftp，该用户的主目录为/var/ftp，默认作为 FTP 服务器的匿名账户。

(2) 查看文件 /etc/passwd 的内容。

```
[root@localhost ~]# cat /etc/passwd|grep ftp

ftp:x:14:50:FTP User:/var/ftp:/sbin/nologin
```

通过用户信息文件，可以看到 ftp 账户的基本信息，UID 是 14，GID 是 50。

(3) 查看 ftp 组群的信息。

```
[root@localhost ~]# cat /etc/group|grep ftp

ftp:x:50:
```

(4) 关闭防火墙，设置系统的安全机制为 permissive，并生效。

```
[root@localhost ~]# systemctl stop firewalld

[root@localhost ~]# systemctl disable firewalld

[root@localhost ~]# vi /etc/selinux/config

[root@localhost ~]# setenforce 0

[root@localhost ~]# getenforce

Permissive
```

(5) 客户端软件的安装

Red Hat Enterprise Linux 7.6 默认没有安装 ftp-0.17-67.el7.x86_64 软件，即 FTP 客户端程序，访问 FTP 服务时，可能出现下面提示：

```
[root@localhost ~]# ftp 172.16.42.188

bash: ftp: command not found
```

通过 YUM 源安装 ftp。

```
[root@localhost ~]# yum install -y ftp

[root@localhost ~]# ftp 172.16.42.188

Connected to 172.16.42.188 (172.16.42.188).

220 (vsFTPd 3.0.2)

Name (172.16.42.188:root): ftp
```

331 Please specify the password.

Password:

230 Login successful.

Remote system type is UNIX.

Using binary mode to transfer files.

ftp>

11.2.2　vsftpd 的配置文件

1. 主配置文件/etc/vsftpd/vsftpd.conf

配置 FTP 服务器的主要工作是通过修改此文件来完成的。通过对它的配置，可以对不同类别用户登录时的读写权限进行限定，以及限定不同用户对文件的访问程度。

/etc/vsftpd/vsftpd.conf 文件的内容非常单纯，每一行即为一项设定。若是空白行或是开头为#的一行，将会被忽略。对每一项的描述都是由代表该项的名称和值两部分组成。每一行都具有如下形式：

option=value

下面分类介绍配置文件中主要的选项和取值。

1) Standalone 选项的设定

listen=YES/NO：取值为"YES"时，vsftpd 以独立模式运行。

vsftpd 能运行在独立模式(standalone)下，也可以用 inetd(xinetd)来启动。通常使用 inetd 来运行 vsftpd，以便于更好地控制它。

2) ASCII 设定

ascii_download_enable=YES/NO：设定是否可用 ASCII 模式下载，取值为"YES"表明可以用 ASCII 模式下载，反之则不能，默认取值为 NO。

ascii_upload_enable=YES/NO：设定是否可用 ASCII 模式上传，取值为"YES"表明可以用 ASCII 模式上传，默认取值为 NO。

3) 监听地址和控制端口的参数

listen_address=<IP 地址>：指定 vsftpd 监听的 IP 地址，当 vsftpd 有多个 IP 地址时可通过该设置让 vsftpd 只接受某个 IP 地址监听到的请求。

listen_port=<端口>：指定 vsftpd 监听的端口，默认是 TCP 的 21 号端口。

4) 配置 FTP 传输方式

pasv_enable：默认值为"YES"，也就是允许使用 PASV 模式。

pasv_address：定义 vsftpd 服务器使用 PASV 模式时使用的 IP 地址。默认值未设置。

pasv_min_port 和 pasv_max_port：指定 PASV 模式可以使用的最小(大)端口，默认值为 0，就是未限制，请将它设置为不小于 1024 的数值(最大端口不能大于 65535)。

pasv_promiscuous：设置为"YES"时，允许使用 FxP 功能。即支持台式机作为客户控制端，让数据在两台服务器之间传输。

connect_from_port_20：设置以 port 模式进行数据传输时使用 20 端口。"YES"：表示

使用；"NO"：表示不使用。

　　例　设置 FTP 服务的传输方式为 PASV 模式，使用的最小端口为 50000，最大端口为 60000。修改主配置文件相关参数如下：

　　　　[root@localhost ~]#vim　/etc/vsftpd/vsftpd.conf

　　　　pasv_enable=yes

　　　　pasv_min_port=50000

　　　　pasv_max_port=60000

　　5) 配置超时选项

　　accept_timeout：设置接受建立连接时的逾时设定，默认值为 60 秒。

　　connect_timeout：设置响应 PORT 方式的数据连接时的逾时设定，默认值为 60 秒。

　　data_connection_timeout：设置建立数据连接时的逾时设定，默认值为 300 秒。

　　idle_session_timeout：设置发呆时的逾时设定，若是超出这个时间没有数据的传送或是指令的输入，则会强迫断线，默认值为 300 秒。

　　例　根据要求修改主配置文件相关参数如下：

　　设置空闲的用户会话中断时间。

　　　　idle_session_timeout=600

　　设置空闲的数据连接中断时间。

　　　　data_connection_timeout=120

　　6) 配置负载控制

　　anon_max_rate：设定匿名登入所能使用的最大传输速度，单位为 bytes/s，0 表示不限速度，默认值为 0。

　　local_max_rate：设定本机使用者所能使用的最大传输速度，单位为 bytes/s，0 表示不限速度，默认值为 0。

　　port_enable：允许使用主动传输模式，默认值为 "YES"。

　　max_clients：若 ftpd 使用 standalone 模式，可使用这个参数定义最大连接数。超过这个数目将会拒绝连接，0 表示不限，默认值为 0。

　　max_per_ip：若 vsftpd 使用 standalone 模式，可使用这个参数定义每个 ip address 可以连接的数目。超过这个数目将会拒绝连接，0 表示不限，默认值为 0。

　　use_localtime=<YES|NO>：指定 vsftpd 是否在显示目录列表时使用本地时间。

　　7) 配置匿名用户

　　write_enable=YES：全局性设置，设置是否对登录用户开启写权限。

　　anonymous_enable：设置是否支持匿名用户账号访问。

　　no_anon_password=YES/NO：设定使用匿名登入时，是否询问密码，取值为 "YES" 时不会询问密码，默认值为 NO。

　　anon_mkdir_write_enable：设置是否允许匿名用户创建目录，只有在 write_enable 的值为 yes 时，该配置项才有效。

　　anon_root：当匿名用户登录 vsftpd 后，将目录切换到指定目录，默认值为未设置。

　　anon_upoad_enable：设置是否允许匿名用户上传文件，只有在 write_enable 的值为

"YES"时，该配置项才有效。

anon_world_readable_only：默认值为"YES"，代表着匿名用户只具备下载权限。

anon_other_write_enable=YES/NO：设置匿名登入者是否被允许多于上传与建立目录之外的权限，如删除或更名，取值为"YES"时允许有其他的权限，默认值为 NO。

ftp_username：设置匿名用户的账户名称，默认值为 ftp。该用户的/home 目录即为匿名用户访问 FTP 服务器时的根目录。

secure_email_list_enable：设置为"YES"时(默认值为"NO")匿名用户只有采用特定的 E-mail 作为密码才能访问 vsftpd 服务。

注意：在开启匿名用户登录目录的权限前，要注意匿名用户根目录的属性。如果没有开启匿名登录目录的读写权限，则只能登录，完成下载功能，但不能实现匿名上传的功能，因此需要打开匿名用户登录目录的读写权限，如使用命令 chown777*或者 chown ftp *开启匿名用户登录目录权限。

例 部署 FTP 服务，允许匿名用户上传和下载文件，同时开放文件更名、删除文件等权限。

① 对 ftp 匿名用户开启写的权限。

```
[root@localhost ~]#chown ftp /var/ftp/pub
[root@localhost ~]#ll
```

② 修改主配置文件的相关参数。

```
[root@localhost ~]#vim   /etc/vsftpd/vsftpd.conf
anonymous_enable=yes
anon_upload_enable = yes
anon_mkdir_write_enable = yes
anon_world_readable_only = no
anon_other_write_enable = yes
```

注意：

anon_upload_enable=yes 仅能上传。

anon_mkdir_write_enable=yes 仅能创建目录。

anon_other_write_enable=yes 同时开放文件更名、删除文件等权限。

8) 配置本地用户及目录

local_enable=YES：设置是否允许本地用户登录 FTP 服务器。

local_root：指定本地用户登录 vsftpd 服务器时切换到的目录，默认值未设置。

local_umask：设置文件创建的掩码(操作方法与 Linux 下文件属性设置相同)，默认值是"022"，即其他用户具有只读属性。

chmod_enable：设置为"YES"时以本地用户登录的客户端可以通过"SITE CHMOD"命令来修改文件的权限。

chroot_local_user：设置为"YES"时所有的本地用户将执行 chroot。

chroot_list_enable，设置为"YES"时表示本地用户也有些例外，可以切换到它的/home目录之外，例外的用户在"chroot_list_file"指定的文件中(默认文件是"/etc/vsftpd/chroot_list")。

其具体如表 11-1 所示。

　　限制用户目录的意思就是把使用者的活动范围限制在某一个目录里，使他可以在这个目录范围内自由活动，但是不可以进入这个目录以外的任何目录。如果不限制 FTP 服务器使用者的活动范围，那么所有的使用者就可以随意地浏览整个文件系统，容易出现安全隐患，因此 vsftp 为了防止出现这类问题，必须限制用户目录。

表 11-1　chroot 的使用

	chroot_local_user=YES	chroot_local_user=NO
chroot_list_enable=YES	1. 所有用户都被限制在其主目录下 2. 使用 chroot_list_file 指定的用户列表，这些用户作为"例外"，不受限制	1. 所有用户都不被限制在其主目录下 2. 使用 chroot_list_file 指定的用户列表，这些用户作为"例外"，受到限制
chroot_list_enable=NO	1. 所有用户都被限制在其主目录下 2. 不使用 chroot_list_file 指定的用户列表，没有任何"例外"用户	1. 所有用户都不被限制在其主目录下 2. 不使用 chroot_list_file 指定的用户列表，没有任何"例外"用户

例1　将本地用户限制在其家目录中。

① 修改主配置文件的相关参数。

```
[root@localhost ~]#vim    /etc/vsftpd/vsftpd.conf
chroot_local_user=yes
chroot_list_enable=yes
chroot_list_file=/etc/vsftpd/chroot_list
```

② 创建/etc/vsftpd/chroot_list 文件，添加服务 chroot 的用户。

```
[root@localhost ~]#vim /etc/vsftpd/chroot_list
user1
user2
```

保存并退出。

　　userlist_enable 和 userlist_deny，设置使用 /etc/vsftpd/user_list 文件来控制用户的访问权限。当 userlist_deny 设置为"YES"时，user_list 中的用户都不能登录 vsftpd 服务器；设置为"NO"时，只有该文件中的用户才能访问 vsftpd 服务器。当然，这些都是在"userlist_enable"被设置为"YES"时才生效。

例2　限制指定的本地用户不能访问，而其他的本地用户可以访问。

① 修改主配置文件的相关参数。

```
[root@localhost ~]#vim    /etc/vsftpd/vsftpd.conf
userlist_enable=yes
userlist_deny=yes
userlist_file=/etc/vsftpd/user_list
```

② 文件 etc/vsftpd/user_list 中指定的本地用户不能访问 FTP 服务器，而其他的本地用户可访问 FTP 服务器。

例 3 限制指定的本地用户可以访问，而其他的本地用户不能访问。

① 修改主配置文件的相关参数。

```
[root@localhost ~]#vim   /etc/vsftpd/vsftpd.conf
userlist_enable=yes
userlist_deny=no
userlist_file=/etc/vsftpd/user_list
```

② 文件 etc/vsftpd/user_list 中指定的本地用户能访问 FTP 服务器，而其他的本地用户不能访问 FTP 服务器。

user_config_dir：定义个别使用者设定文件所在的目录。

假定主机上有使用者 test1 和 test2，如果设定 user_config_dir=/etc/vsftpd/userconf，就可以在 user_config_dir 的目录中新增文件名为 test1 和 test2。若是 test1 登入，则会读取 user_config_dir 下的 test1 这个档案内的设定；若是 test2 登入，则会读取 user_config_dir 下的 test2 这个档案内的设定，默认取值为 NO。

9) 配置虚拟用户

虚拟用户使用独立于系统用户账号的用户认证，可使用单独的口令数据库。这样可以使用户在登录系统和登录 FTP 时使用不同的口令，从而提高系统的安全性。

guest_enable：设置为"YES"时(默认值为"NO")，所有非匿名用户都被映射为一个特定的本地用户，该用户通过"guest_username"命令指定。

guest_username：设置虚拟用户映射到的本地用户，默认值为"ftp"。

对于有较高安全性的 FTP 服务器一般不允许匿名访问，常见的方式是使用本地账户来登录和访问 FTP 服务器。所以，在使用和访问 FTP 服务器之前应根据需要创建好所需的 FTP 账户。另外，作为 FTP 登录使用的账户，其 Shell 应设置为"/sbin/nologin"，以便用户账户只能用来登录 FTP，而不能用来登录 Linux 系统。

10) 配置文件操作控制

download_enable：设置是否允许下载，默认值是"YES"，即允许下载。

chown_uploads=YES/NO：该选项主要用于安全管理，取值为"YES"时，所有匿名上传数据的拥有者将被更换为 chown_username 当中所设定的使用者，默认值为"NO"。

chown_username：设置匿名登入者上传文件时，该文件的拥有者将被置换的使用者名称，默认值为 root。

anon_umask：设置匿名登入者新增文件时的 umask 数值，默认值为 077。

file_open_mode：设置上传文件的权限，与 chmod 所使用的数值相同，默认值为 0666。

local_umask：设置本机登入者新增文件时的 umask 数值，默认值为 077。

11) 欢迎语设定

dirmessage_enable=YES/NO：取值为"YES"时，使用者第一次进入一个目录，会检查该目录下是否有 message 这个文件。若是有，则会显示此文件的内容，通常这个文件会放置一些欢迎的话语或是对该目录的说明，默认取值为"YES"。

banner_file=YES/NO：取值为"YES"时，会显示此设定所在的文件内容，该内容通常为欢迎话语或是说明，默认取值为"NO"。

ftpd_banner=YES/NO：定义欢迎话语的字符串，ftpd_banner 与 banner_file 的格式不同，banner_file 是文件的格式，而 ftpd_banner 是字符串格式，默认取值为"NO"。

12) 特殊安全设定

hide_ids=YES/NO：取值为"YES"，则所有文件的拥有者与组群都为 ftp。即登入使用者 ls‐al 之类的指令，所看到的文件拥有者和组群均为 ftp，默认取值为"NO"。

ls_recurse_enable=YES/NO：取值为"YES"，则允许登入者使用 ls-R 这个指令，默认取值为"NO"。

setproctitle_enable=YES/NO：取值为"YES"时，vsftpd 会将所有连接的状况以不同的 process 呈现出来，即如果使用 ps-ef 这类的指令就可以看到连接的状态，默认取值为"NO"。

tcp_wrappers=YES/NO：取值为"YES"时，会将 vsftpd 与 tcp wrapper 结合，即可以在/etc/hosts.allow 与/etc/hosts.deny 中定义可连接或是拒绝的来源地址，默认取值为"NO"。

secure_chroot_dir：必须指定一个空的目录且任何登入者都不能有写入的权限。当 vsftpd 不需要 filesystem 的权限时，就会将使用者限制在此目录中，默认取值为/usr/share/empty。

13) 记录文件设定

xferlog_enable=YES/NO：取值为"YES"时，上传与下载的信息将被完整记录在 xferlog_file 所定义的文件中，默认取值为"YES"。

xferlog_file：设置记录文件所在的位置，默认取值为/var/log/vsftpd.log。

xferlog_std_format=YES/NO：取值为"YES"，记录文件会被写成 xferlog 的标准格式，默认取值为"NO"。

2. /etc/pam.d/vsftpd

vsftpd 的 Pluggable Authentication Modules(PAM)配置文件，主要用来加强 vsftpd 服务器的用户认证，查看该文件内容的命令如下：

```
[root@localhost ~]# cat /etc/pam.d/vsftpd
```

3. /etc/vsftpd/ftpusers

所有位于此文件内的用户都不能访问 vsftpd 服务。为了安全，这个文件中默认已经包括了 root、bin 和 daemon 等系统账号。

4. /etc/vsftpd/user_list

这个文件中包括的用户有可能是被拒绝访问 vsftpd 服务的，也可能是允许访问的，这主要取决 vsftpd 的主配置文件/etc/vsftpd/vsftpd.conf 中的"userlist_deny"参数值。当/etc/vsftpd/vsftpd.conf 文件中的"userlist_enable"和"userlist_deny"的值都为"YES"时，则该文件中列出的用户不能访问 FTP 服务器。当/etc/vsftpd/vsftpd.conf 文件中的"userlist_enable"的取值为"YES"而"userlist_deny"的取值为"NO"时，只有/etc/vstpd.user_list 文件中列出的用户才能访问 FTP 服务器。

5. /var/ftp

vsftpd 提供服务的文件集散地，包括一个 pub 子目录。在默认配置下所有的目录都是只读的，只有 root 用户有写权限。

例　经过分析，项目允许匿名用户登录 (anonymous_enable)，可以上传 (anon_upload_enable) 文件，但是不能下载或者修改(没有写的权限，anon_umask)。管理员 user1 能上传、下载、修改/var/ftp/incoming 中的文件，可以赋予目录所有权限。

① 创建一个/var/ftp/incoming 目录。

[root@localhost root] #cd /var/ftp

[root@localhost ftp] #mkdir incoming

[root@localhost ftp] #chmod 733 incoming

[root@localhost ftp] # ll

drwx-wx-wx. 2 root root 4096 11 月　13 09:02 incoming

注意：

◇ incoming 目录用来存放匿名用户上传的文件。

◇ incoming 目录的属性是属主对此目录有读写和进入的权限，属主所属组与其他用户对此目录有写与进入的权限。

② 创建用户 user1 以及设置密码。

[root@localhost ftp] # useradd user1

[root@localhost ftp] # passwd user1

注意：设置 user1 用户密码为 123456。

③ 修改 incoming 文件夹的所有者为 user1，所属组为 ftp。

[root@localhost ftp] # chown user1.ftp incoming/

[root@localhost ftp] # ll

drwx-wx-wx. 2 user1 ftp　4096 11 月　13 09:02 incoming

注意：ftp 用户组是系统默认存在的。

④ 修改主配置文件。

[root@localhost ~]# vim /etc/vsftpd/vsftpd.conf

anonymous_enable=YES　　　　#控制是否允许匿名用户登录

anon_upload_enable=YES　　　　#允许匿名上传

chown_uploads=YES　　　　#匿名用户所上传的文件的所有者将改为由 chown_username 参数指定的用户

chown_username=user1　　　　#拥有匿名用户上传文件所有者的用户是 user1

anon_umask=077　　　　#设置匿名用户上传文件的权限为 700

⑤ 修改用户 user1 的主目录。

[root@localhost ~]# usermod -d /var/ftp user1

11.2.3　启动与停止 vsftpd 服务

(1) 启动 vsftpd 服务。

[root@localhost ~]# systemctl start vsftpd

(2) 重启 vsftpd 服务。

```
[root@localhost ~]# systemctl restart vsftpd
```

(3) 停止 vsftpd 服务。

```
[root@localhost ~]# systemctl stop vsftpd
```

(4) 查看 vsftp 服务状态。

```
[root@localhost ~]# systemctl status vsftpd
```

(5) 将 vsftpd 服务配置为开机自动运行。

```
[root@localhost ~]# systemctl enable vsftpd
```

11.2.4 测试

FTP 客户端访问服务器时可以通过 3 种方式,即使用浏览器、使用命令和使用 FTP 客户端软件。

1. 使用浏览器

在 Linux 和 Windows 系统下除了使用的浏览器种类不同以外,操作基本相同。即直接在浏览器的地址栏输入如下 URL 即可。

语法: ftp://FTP 服务器的 IP 地址

使用浏览器访问服务器的操作如下:

① 打开浏览器,在地址栏输入 ftp://172.16.42.168,即匿名登录到 FTP 服务器上,如图 11-2 所示。

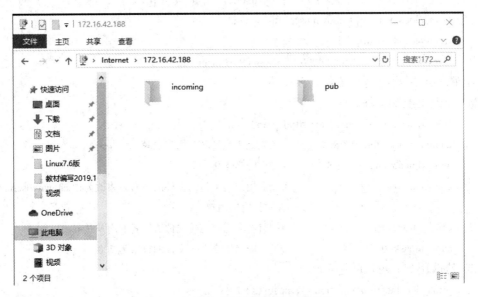

图 11-2　通过浏览器访问 FTP 服务器

② 双击 incoming 文件夹,匿名用户允许上传文件,上传一个文件到服务器的/var/ftp/incoming 文件夹上。如把客户机上的文件(test.txt)复制到服务器上的文件夹 incoming 中,如图 11-3 所示。

③ 匿名用户不允许删除等权限的操作,在删除文件时出错,如图 11-4 所示。

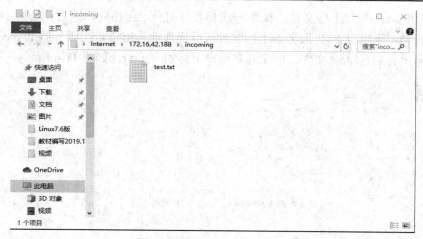

图 11-3　匿名用户上传 test.txt

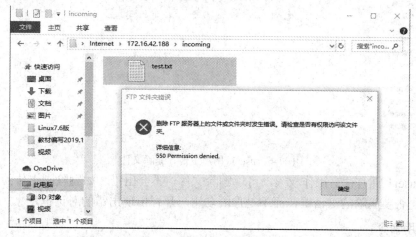

图 11-4　匿名用户删除文件

④ 使用用户 user1 登录服务器，如图 11-5 所示。

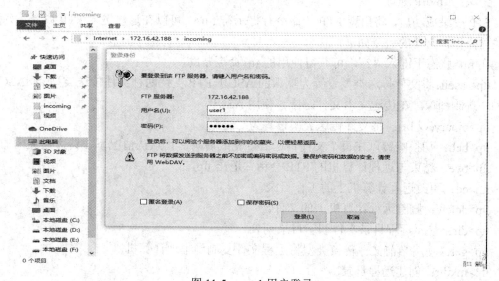

图 11-5　user1 用户登录

⑤ 使用 user1 用户上传文件，操作方法和匿名用户上传相同，因为 user1 用户拥有读写操作的权利，可以对 FTP 服务器上的文件进行操作而不出错，在服务器上 incoming 文件夹里显示上传 user1.test 文件。删除匿名用户上传的 test.txt，如图 11-6 所示。

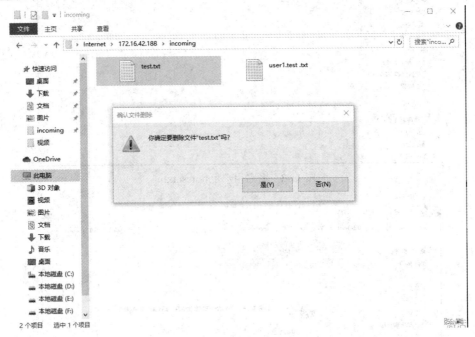

图 11-6　user1 用户上传、删除文件

用户 user1 拥有读写操作权限，可以删除文件，不会出错。如删除刚上传的文件，会出现提示是否要删除的对话框，而不是像匿名用户那样出现出错的对话框，

2. 使用命令

命令方式中最常用的是 ftp 命令，该命令在 Linux 和 Windows 下的使用方法基本相同。

语法：ftp <IP 地址>

FTP 登录成功后，将出现 FTP 的命令行提示符 ftp>，可以在这里键入 FTP 命令，实现相关的操作，常见的命令如下：

在 ftp>状态下键入 "?"，可获得使用的 ftp 命令帮助。

ftp> ascii：将文件传送类型设置为默认的 ASCII。FTP 支持两种文件传送类型，即 ASCII 码和二进制图像。在传送文本文件时应该使用 ASCII。

ftp>binary(或 bi)：将文件传送类型设置为二进制。

ftp>bell：切换响铃以在每个文件传送命令完成后响铃。默认情况下，铃声是关闭的。

ftp>bye：结束与远程计算机的 FTP 会话并退出 ftp。

ftp>cd：更改远程计算机上的工作目录。

ftp>delete：删除远程计算机上的文件。

ftp>dir：显示远程目录文件和子目录列表。

ftp>get：使用当前文件转换类型将远程文件复制到本地计算机。

ftp>mkdir：创建远程目录。

ftp>mput：使用当前文件传送类型将本地文件复制到远程计算机上。

ftp>pwd：显示远程计算机上的当前目录。

ftp>quit：结束与远程计算机的 FTP 会话并退出 ftp。

ftp>rename：重命名远程文件。

ftp>rmdir：删除远程目录。

ftp>status：显示 FTP 连接和切换的当前状态。

当执行不同命令时，会发现 FTP 服务器返回一组数字，不同的数字代表不同的信息。常见的数字及表示的信息如表 11-2 所示。

表 11-2   FTP 常见的状态信息

数 字	功 能 描 述	数 字	功 能 描 述
125	打开数据连接，传输开始	230	用户登录成功
200	命令被接受	331	用户名被接受，需要密码
211	系统状态，或者系统返回的帮助	421	服务不可用
212	目录状态	425	不能打开数据连接
213	文件状态	426	连接关闭，传输失败
214	帮助信息	452	写文件出错
220	服务就绪	500	语法错误，不可识别的命令
221	控制连接关闭	501	命令参数错误
225	打开数据连接，当前没有传输进程	502	命令不能执行
226	关闭数据连接	503	命令顺序错误
227	进入被动传输状态	530	登录不成功

使用命令访问服务器的操作如下：

(1) 匿名用户登录。在 Windows 下匿名用户访问 FTP 服务，如图 11-7 所示。

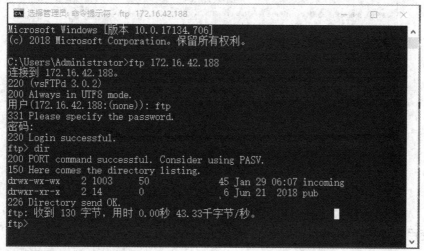

图 11-7   Windows 下匿名用户访问 FTP 服务

在 Linux 下匿名用户访问 FTP 服务，如图 11-8 所示。

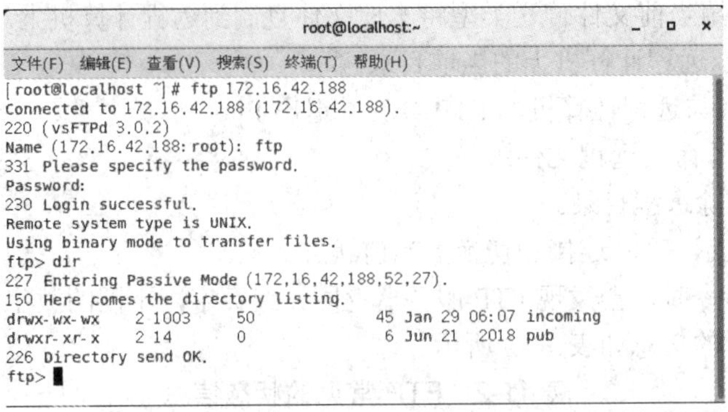

```
root@localhost:~
文件(F) 编辑(E) 查看(V) 搜索(S) 终端(T) 帮助(H)
[root@localhost ~]# ftp 172.16.42.188
Connected to 172.16.42.188 (172.16.42.188).
220 (vsFTPd 3.0.2)
Name (172.16.42.188:root): ftp
331 Please specify the password.
Password:
230 Login successful.
Remote system type is UNIX.
Using binary mode to transfer files.
ftp> dir
227 Entering Passive Mode (172,16,42,188,52,27).
150 Here comes the directory listing.
drwx-wx-wx    2 1003     50             45 Jan 29 06:07 incoming
drwxr-xr-x    2 14       0               6 Jun 21  2018 pub
226 Directory send OK.
ftp> 
```

图 11-8　Linux 下匿名用户访问 FTP 服务

(2) user1 用户登录 FTP 服务器。在 Windows 下 user1 访问 FTP 服务，如图 11-9 所示。

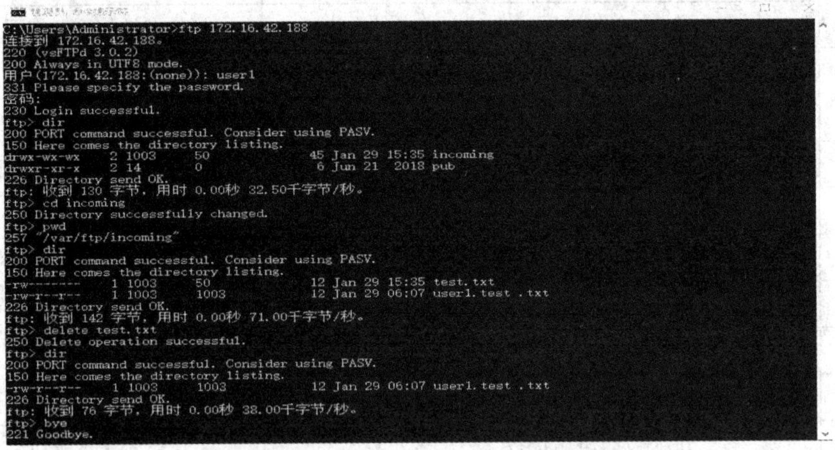

```
C:\Users\Administrator>ftp 172.16.42.188
连接到 172.16.42.188。
220 (vsFTPd 3.0.2)
200 Always in UTF8 mode.
用户(172.16.42.188:(none)): user1
331 Please specify the password.
密码:
230 Login successful.
ftp> dir
200 PORT command successful. Consider using PASV.
150 Here comes the directory listing.
drwx-wx-wx    2 1003     50             45 Jan 29 15:35 incoming
drwxr-xr-x    2 14       0               6 Jun 21  2018 pub
226 Directory send OK.
ftp: 收到 130 字节，用时 0.00秒 32.50千字节/秒。
ftp> cd incoming
250 Directory successfully changed.
ftp> pwd
257 "/var/ftp/incoming"
ftp> dir
200 PORT command successful. Consider using PASV.
150 Here comes the directory listing.
-rw-------    1 1003     50             12 Jan 29 15:35 test.txt
-rw-r--r--    1 1003     1003           12 Jan 29 06:07 user1.test .txt
226 Directory send OK.
ftp: 收到 142 字节，用时 0.00秒 71.00千字节/秒。
ftp> delete test.txt
250 Delete operation successful.
ftp> dir
200 PORT command successful. Consider using PASV.
150 Here comes the directory listing.
-rw-r--r--    1 1003     1003           12 Jan 29 06:07 user1.test .txt
226 Directory send OK.
ftp: 收到 76 字节，用时 0.00秒 38.00千字节/秒。
ftp> bye
221 Goodbye.
```

图 11-9　Windows 下 user1 用户访问 FTP 服务

在 Linux 下 user1 用户访问 FTP 服务，如图 11-10 所示。

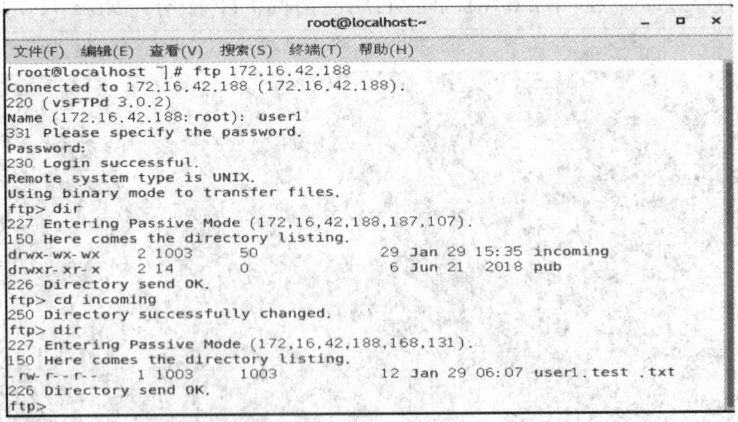

```
root@localhost:~
文件(F) 编辑(E) 查看(V) 搜索(S) 终端(T) 帮助(H)
[root@localhost ~]# ftp 172.16.42.188
Connected to 172.16.42.188 (172.16.42.188).
220 (vsFTPd 3.0.2)
Name (172.16.42.188:root): user1
331 Please specify the password.
Password:
230 Login successful.
Remote system type is UNIX.
Using binary mode to transfer files.
ftp> dir
227 Entering Passive Mode (172,16,42,188,187,107).
150 Here comes the directory listing.
drwx-wx-wx    2 1003     50             29 Jan 29 15:35 incoming
drwxr-xr-x    2 14       0               6 Jun 21  2018 pub
226 Directory send OK.
ftp> cd incoming
250 Directory successfully changed.
ftp> dir
227 Entering Passive Mode (172,16,42,188,168,131).
150 Here comes the directory listing.
-rw-r--r--    1 1003     1003           12 Jan 29 06:07 user1.test .txt
226 Directory send OK.
ftp>
```

图 11-10　Linux 下 user1 用户访问 FTP 服务

3. 使用 FTP 客户端软件

FTP 客户端软件主要是一些第三方工具软件，这些工具软件一般需要单独安装后才能使用，如 CuteFTP、FlashFXP 等。

11.3　反思与进阶

1. 项目背景

通过部署 FTP 服务便于师生上传、下载学院提供的相关资料。随着 FTP 系统的开放，使用的用户随之增多，很多 Linux 系统用户无意中也修改了系统中的其他文件。为了系统的安全，IT 协会决定对 FTP 服务器作如下设置：

(1) 单独设置登录 FTP 服务器的用户，该用户不能登录本地系统。

(2) 对于不同用户进行不同的权限限制。

基于虚拟用户的
FTP 服务器

2. 实施目的

(1) 掌握 FTP 服务的工作原理。

(2) 学会配置 vsftpd 服务器。

(3) 掌握配置基于虚拟用户的 FTP 服务器。

(4) 能够根据实际情况部署 FTP 服务。

3. 实施步骤

(1) 经分析需创建虚拟用户 aaa 和 bbb，并赋予它们不同的权限。

① 建立虚拟账户文件 /etc/vsftpd/vuser.list。

```
[root@localhost ~]# cd /etc/vsftpd/
[root@localhost vsftpd] # vim vuser.list
[root@localhost vsftpd] # cat vuser.list
aaa
123456
bbb
123456
```

② 通过 db_load 生成加密后的口令库。

```
[root@localhost vsftpd] # db_load   -T -t hash -f vuser.list vuser.db
[root@localhost vsftpd] # chmod 600 vuser.*
[root@localhost vsftpd] # ll
-rw-------. 1 root root 12288 1 月        29 20:27 vuser.db
-rw-------. 1 root root     22 1 月        29 20:26 vuser.list
```

(2) 创建虚拟用户登录验证使用的 PAM 配置文件。

编辑认证文件/etc/pam.d/ vsftpd.vu，将原来语句全部注释，再增加以下两句：

```
[root@localhost vsftpd] # vim /etc/pam.d/vsftpd.vu
[root@localhost vsftpd] # cat /etc/pam.d/vsftpd.vu
#%PAM-1.0
auth          required         pam_userdb.so db=/etc/vsftpd/vuser
account       required         pam_userdb.so db=/etc/vsftpd/vuser
```

(3) 创建虚拟用户映射的本地用户 vuftp，此账号无须设置密码及登录 Shell。设置该用户所要访问的目录，并设置虚拟用户访问的权限。

```
[root@localhost vsftpd] # mkdir -p /srv/ftp/virtual
[root@localhost vsftpd] # useradd -d /srv/ftp/virtual –s/sbin/nologin vuftp
[root@localhost vsftpd] # tail -1 /etc/passwd
vuftp:x:1003:1003::/srv/ftp/virtual/:/sbin/nologin
```

(4) 修改 vsftp 的主配置文件 /etc/vsftpd/vsftpd.conf。

```
[root@localhost vsftpd]# vim /etc/vsftpd/vsftpd.conf
guest_enable=YES              //启用虚拟用户
guest_username=vuftp          //指定虚拟用户映射到 vuftp 的本地用户
pam_service_name= vsftpd.vu   //使用 PAM 认证的文件名
userlist_enable=YES
tcp_wrappers=YES
```

(5) 启动 FTP 服务，并设置开机启动。在 Windows 下通过虚拟用户测试访问 FTP 服务的结果如图 11-11 和图 11-12 所示。测试中发现由于没有赋予权限，不能创建目录。

```
[root@localhost vsftpd] #systemctl start vsftpd
```

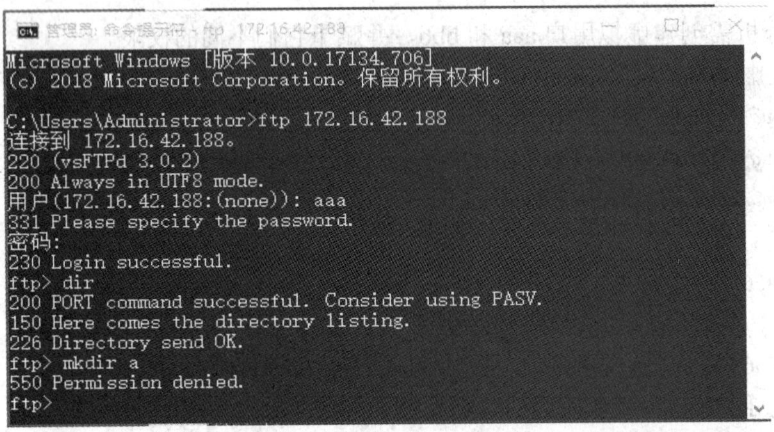

图 11-11　用户 aaa 登录

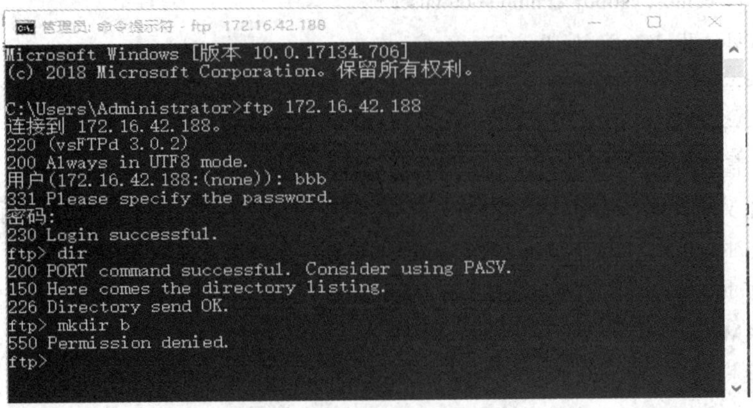

图 11-12　用户 bbb 登录

(6) 为不同的虚拟用户设置不同的权限。

① 在主配置文件/etc/vsftpd/vsftpd.conf 定义虚拟用户权限文件的保存路径。

　　user_config_dir=/user　　　　//指定每个虚拟用户配置文件的目录

注意：该目录为每个用户建立一个文件设置权限，文件名要和虚拟用户名一致。

② 创建虚拟用户 aaa 的配置文件。

```
[root@localhost ~]# mkdir /user
[root@localhost ~]# cd /user/
[root@localhost user] # vim aaa
[root@localhost user] # cat aaa
local_root=/srv/ftp/virtual/aaa
anon_mkdir_write_enable=YES
anon_upload_enable=YES
anon_other_write_enable=YES
anon_world_readable_only=YES
```

③ 创建虚拟用户 bbb 的配置文件。

```
[root@localhost user] # vim bbb
[root@localhost user] # cat bbb
local_root=/srv/ftp/virtual/bbb
anon_upload_enable=YES
anon_world_readable_only=NO
```

(7) 创建虚拟用户的登录目录。

```
[root@localhost ~]# cd /srv/ftp/virtual/
[root@localhost virtual] # mkdir aaa
[root@localhost virtual] # mkdir bbb
[root@localhost virtual] # ll
drwxr-xr-x. 2 root root 6 1 月    29 20:59 aaa
drwxr-xr-x. 2 root root 6 1 月    29 20:59 bbb
```

(8) 创建测试使用的文件。

```
[root@localhost virtual] # touch aaa/testa
[root@localhost virtual] # touch bbb/testb
```

(9) 重启 FTP 服务。

```
[root@localhost virtual] # systemctl restart vsftpd
```

(10) 分别使用用户 aaa、bbb 登录进行测试，如图 11-13 和图 11-14 所示。

4. 项目总结

(1) 使用 PAM 实现基于虚拟用户的 FTP 服务器关键是创建 PAM 用户数据库文件，修改 vsftp 的 PAM 配置文件。

(2) 通过带有 Web 管理界面的 pureftpd，也可以实现虚拟用户访问 FTP 服务。

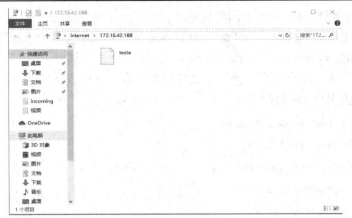

图 11-13　用户 aaa 登录

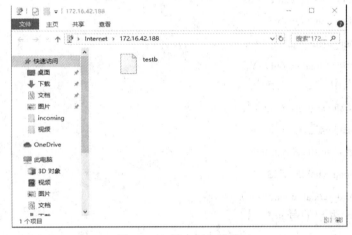

图 11-14　用户 bbb 登录

项 目 小 结

　　FTP 服务是互联网上的常见的服务之一，部署 FTP 服务首先需要了解 FTP 服务器的工作原理、传输模式和体系结构，了解常见的 FTP 软件，进而能够安装 FTP 服务器，掌握 Windows 和 Linux 客户端如何访问 FTP 服务。

　　通过项目实践，熟练掌握 vsftpd 服务器的配置。根据实际需要配置相关的 FTP 服务，稳定、安全地为用户提供资源共享，FTP 服务器的主配置文件 vsftpd.conf 参数较多，且在配置过程当中极易出现错误，建议一定要认真学习并思考。

练 习 题

一、选择题

1. ftp 命令的(　　)参数可以与指定的机器建立连接。

A. connect　　　　　　B. close　　　　　　C. cdup　　　　　　D. open

2. FTP 服务使用的端口是(　　)。

A. 21 　　　　　　　　B. 23 　　　　　　　　C. 25 　　　　　　　　D. 53

3. 下面(　　)不是 FTP 用户的类别。

A. real 　　　　　　　B. anonymous 　　　　　C. guest 　　　　　　　D. users

4. 通过修改文件 vsftpd.conf 的(　　)，可以实现 vsftpd 服务的独立启动。

A. listen=YES 　　　　　　　　　　　B. listen=NO

C. boot=standalone 　　　　　　　　　D. #listen=YES

5. 将用户加入(　　)文件中，可能会阻止用户访问 FTP 服务器。

A. vsftpd/ftpusers 　　　　　　　　　B. vsftpd/user_list

C. ftpd/ftpusers 　　　　　　　　　　D. ftpd/userlist

6. 关于 FTP，下面描述不正确的是(　　)。

A. FTP 使用多个端口号 　　　　　　　B. FTP 可以上传文件，也可以下载文件

C. FTP 报文通过 UDP 报文传送 　　　　D. FTP 是应用层协议

7. 匿名 FTP 是(　　)。

A. Internet 中一种匿名信的名称

B. 在 Internet 上没有主机地址的 FTP

C. 允许用户免费登录，并下载文件的 FTP

D. 用户之间能够进行传送文件的 FTP

二、填空题

1. FTP 服务就是＿＿＿＿＿服务，FTP 的英文全称是＿＿＿＿。

2. FTP 服务有两种工作模式：＿＿＿＿和＿＿＿＿。

三、操作题

1. 部署简单的 FTP 服务，其要求如下：

(1) 新建 var/ftp/Linux 目录和/var/ftp/gnu 目录。

(2) 目录的权限为可读、可写、可执行。

(3) 开放匿名访问，密码为空。

(4) 禁止本地用户登录。

(5) 在连接过程中，只要超过 60 秒没有回应，就强制 Client 断线。

(6) 只要 anonymous 超过十分钟没有动作，就予以中断。

(7) 最大同时上线人数为 50 人，且同一 IP 来源最大连接数为 5 人。

(8) 文件传输的速限为 30 Kb/s。

2. 配置一台 Linux 服务器，其 IP 地址是 192.168.4.10，子网掩码是 255.255.255.0，默认网关是 192.168.4.254。用此服务器来架设 FTP 服务器，使用默认端口 21，主要实现以下功能：

(1) 创建的两个账号分别为 zs 和 ls，zs 的密码是 123456，ls 的密码是 654321。

(2) 不允许匿名用户登录。zs 对自己的目录(/home/zs)有读写权限，ls 对自己的目录(/home/ls)有读写权限，但是都不能离开自己的目录。

项目 12　部署 DNS 服务

　　学院目前已部署 FTP 服务器、Samba 服务器及 Web 服务器，用户使用这些服务器的频率越来越高，但服务器的 IP 地址并不好记。经商议，IT 协会决定再部署一台 DNS 服务器，负责完成域名的解析，方便师生记忆。

需求分析

　　DNS 服务器可以完成域名到 IP 地址的解析，提高服务效率。为了部署 DNS 服务，需要做如下准备：
　　◇　了解 DNS 的工作原理及各类 DNS 服务器的特点。
　　◇　部署 DNS 服务所需的软件。
　　◇　掌握 DNS 服务的部署方法。
　　◇　能够根据工作实际部署需要的 DNS 服务器。

12.1　知　识　准　备

12.1.1　域名解析基本概念

　　互联网中的计算机之间进行通讯，数据传输，这些都需要根据 IP 地址来指引。再如，客户端访问服务器，客户端必须知道服务器的 IP 地址才能将数据正确地发送过去，这么重要的 IP 地址当然是必不可少的。现在的 IP 地址都是由 32 位的二进制数组成的，为了便于人们记忆，出现了十进制的表示方法，如 192.168.0.1，但是数字记忆太困难，更何况将来的 IPV6(128 位)时代，要记忆这些 IP 地址根本是不可能的，所以出现了用更便于人们记忆的域名来替代 IP 地址，如 www.baidu.com。计算机只需要将域名和 IP 转换，就可以通过域名来访问其他计算机。域名和 IP 转换工作就是由 DNS 完成的，由于 DNS 极其重要，所以 DNS 在计算机网络中不可缺少。

　　DNS(Domain Name System，域名系统)，是 Internet 上作为域名和 IP 地址相互映射的一个分布式数据库，能够使用户更方便地访问互联网，而不用去记住能够被机器直接读取的 IP 地址。通过域名最终得到该域名对应 IP 地址的过程叫做域名解析(或主机名解析)。DNS 协议运行在 UDP 协议之上，使用 53 号端口。

提供域名与 IP 地址解析的服务器称为域名服务器,其中存储有域名和 IP 地址的数据库。大多数具有 Internet 连接的组织都有一个域名服务器(Domain Name Server),众多的域名服务器采用分布式的方式进行管理,并形成了域名系统。

域名到 IP 地址的映射方式有两种:

静态映射:每台设备上都配置了域名到 IP 地址的映射,各种设备独立维护自己的映射表,而且仅供本主机使用。

动态映射:建立一套域名解析系统(DNS),只在专门的 DNS 服务器上配置域名到 IP 地址的映射,网络上使用域名通信的设备,需要到 DNS 服务器查询域名所对应的 IP 地址。

在解析域名时,首先可以采用静态域名解析的方法。如果静态域名解析不成功,再采用动态域名解析的方法。可以将一些常用的域名放入静态域名解析表中,这样可以大大提高域名解析的效率。

12.1.2 域名空间

在域名系统中,每台计算机的域名是由一系列用点分开的字母和数字组成的。FQDN(Full Qualified Domain Name, 全限定域名)同时拥有主机名和域名,是主机名的一种完全表示形式,如主机名是 dzx,域名是 zhiyuan.com,那么 FQDN 就是 dzx.zhiyuan.com。从全限定域名中包含的信息可以看出主机在域名树中的位置。

域名空间采用分层的结构,即采用类似树状结构的命名方式,由根域、顶级域、二级域、二级子域和主机名构成。在这棵倒状树中,每个节点有一个最多 63 个字符的标识。域名读取是从最底部节点到最顶部根节点的标识串联起来,不同节点的标识之间使用来分割,这样的一组标识就表示一个完整的域名(FQDN),如 www.baidu.com.。不过通常将最后的"."去掉,即 www.baidu.com,这是不完整域名。

1. 根域(Root Domain)

在 DNS 域名空间中,根域只有一个,它没有上级域,以圆点"."表示。全世界的 IP 地址和 DNS 域名空间都是由位于美国的 InterNIC(Internet Network Information Center,因特网信息管理中心)负责管理或授权管理的。目前全世界有 13 台根域服务器,其中 1 台主根服务器,其余 12 台为辅助根服务器。这些根域服务器位于美国,并由 InterNIC 管理。

在根域服务器中并没有保存全世界的因特网网址,仅保存着顶级域的"DNS 服务器—IP 地址"的对应数据。

2. 顶级域(Top-Level Domain, TLD)

顶级域是由 InterNIC 统一管理的。在 FQDN 中,顶级域位于最右边,包括 3 种类型:即"国家和地区顶级域""通用顶级域"和"新增通用顶级域"。国家顶级域名如 CN(中国)、US(美国)、JP(日本)、CA(加拿大)等。通用顶级域名如 com(公司企业)、net(网络服务机构)、org(非盈利性组织)、edu(教育机构)、gov(政府部门)、mil(军事部门)等。

3. 各级子域(Sub Domain)

在 DNS 域名空间中,除了根域和顶级域之外,其他域都称为子域。百度的域名空间如图 12-1 所示。其中,根域(root)是:"TLD 顶级域名(top-level domain)是 com, SLD 二级域名(second-level domain)是 baidu，用户可以注册 SLD，host 主机名(三级域名)为 www，用户可以任意分配。

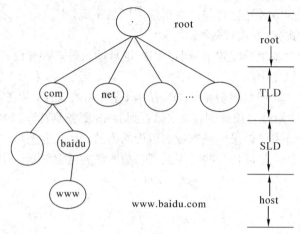

图 12-1　www.baidu.com 域名空间

12.1.3　域名解析过程

DNS 工作原理

1. 域名授权

DNS 一个重要特征就是域名授权，整个 DNS 系统中只有一个机构——网络信息中心 NIC，是有权负责顶级域名的分配和指派能够划分次级域名的授权机构。

一棵独立管理的 DNS 子树就是一个区域(zone)，它可以再划分为更小的区域。如 com. 就是一个区域，com. 下可以再划分 baidu.com. 子区域。一个区域被委派了授权机构之后，该机构需要搭建 DNS 服务器，记录该区域下的子域名和 IP 的对应关系，并且该授权机构可以再委派该区域下子区域的 DNS 系统，这样整个 DNS 结构会是这样的：根服务器记录授权的顶级域的域名和 IP 对应关系数据库，顶级域名服务器记录授权的次级域的域名和 IP 对应关系数据库，这样依次向下委派，就形成了阶梯式的管理结构，减轻了每个授权 DNS 服务器的负载。

2. 查询方式

对 DNS 查询有 4 种不同的方式：本地查询、直接查询、递归查询、迭代查询。

本地查询：就是客户端可以使用缓存信息就地应答，这些缓存信息是通过以前的查询获得的。

直接查询：就是直接由所设定的 DNS 服务器查询，使用的是该 DNS 服务器的资源记录缓存或者其权威回答。

递归查询：在该模式下 DNS 服务器接收到客户端请求，必须使用一个准确的查询结果回复客户端。如果 DNS 服务器本地没有存储需查询的 DNS 信息，那么该服务器会询问其他服务器，并将返回的查询结果提交给客户端。客户端和服务器之间的查询是递归查询。

迭代查询：DNS 服务器会向客户端提供其他能够查询请求的 DNS 服务器地址。当客户端发送查询请求时，DNS 服务器并不直接回复查询结果，而是告诉客户端另一台 DNS

服务器地址，客户机再向这台 DNS 服务器提交请求，依次循环直到返回查询的结果为止。服务器之间的查询就是迭代查询。

3. DNS 域名解析过程

当客户端程序要通过一个主机名称来访问网络中的一台主机时，首先它要得到这个主机名称对应的 IP 地址。通常可以从本机的 hosts 文件中得到主机名对应的 IP 地址，但如果 hosts 文件不能解析该主机名时，只能通过向客户端所设定的本地 DNS 服务器进行查询。具体解析过程如下：

(1) 客户端提出域名解析请求，并将该请求发送给本地的域名服务器。

(2) 本地的域名服务器收到请求后，先查询本地的缓存。如果有该记录项，则本地的域名服务器就直接把查询的结果返回。

(3) 如果本地的缓存中没有该记录，则本地域名服务器就直接把请求发给根域名服务器，然后根域名服务器再返回给本地域名服务器一个所查询域(根的子域)的主域名服务器的地址。

(4) 本地服务器向上一步返回的域名服务器发送请求，接受请求的服务器查询自己的缓存。如果没有该记录，则返回相关的下级域名服务器的地址。

(5) 重复第四步，直到找到正确的记录。

(6) 本地域名服务器将结果返回给客户端；同时把返回的结果保存到缓存，以备下次使用。

下面以请求解析主机名为 www.baidu.com 的 IP 地址为例，阐述域名解析过程。

① 客户端请求解析主机名为 www.baidu.com 的 IP 地址。

② 客户端的域名解析器发送递归查询的请求到本地的域名服务器，本地域名服务器如果无法由本身的数据库解析此域名，那它将会对主机名称进行解析，也就是将原本的主机名称分解为"www"、"baidu"和"com" 3 个部分，并且以自右向左的顺序逐步解析。本地的域名服务器会从本身缓存文件中找出根域网"."的域名服务器地址，然后请求根域网的域名服务器代为解析。

③ 根域网"."的域名服务器无法解析"www.baidu.com"的主机名称，但它可以解析"com"部分。因此，它会响应本地域名服务器的一份列表，在此列表中包含许多负责管理"com"域名区的服务器 IP 地址。

④ 本地域名服务器发送一个重复查询的请求到负责管理"com"域名区的服务器，并请求代为解析"www.baidu.com"的主机名称。

⑤ 负责管理"com"域名区的域名服务器无法解析 www.baidu.com 主机名称，但可以解析"baidu.com"的部分。因此，它会响应本地域名服务器的一份列表，在此列表中包含许多负责管理"baidu.com"域名区的服务器 IP 地址。

⑥ 本地域名服务器发送一个重复查询请求到负责管理"baidu.com"域名区的服务器，并请求代为解析"www.baidu.com"的主机名称。

⑦ "baidu.com"域名区的服务器可以解析 www.baidu.com 的主机名称，并会将解析后的主机 IP 地址传回本地的域名服务器。

⑧ 本地的域名服务器将解析出的 IP 地址传回客户端，同时把返回的结果保存到缓存中，以备下次使用，如图 12-2 所示。

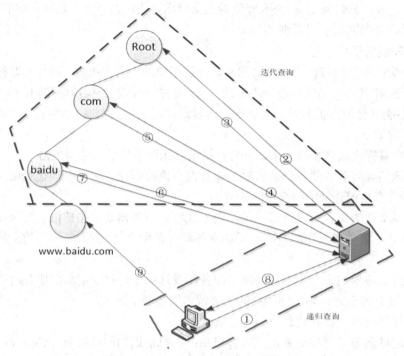

图 12-2　www.baidu.com 域名解析过程

DNS 中递归查询和迭代查询的重要区别是递归是查询者变化，迭代是查询者不变。

4．正向解析和反向解析

　　一般情况下，人们都认为 DNS 只是将域名转换成
IP 地址，然后再用查询到的 IP 地址去连接(即"正向
解析")所请求的服务。事实上，将 IP 地址转换成域
名(即"反向解析")的功能也是经常使用到的。

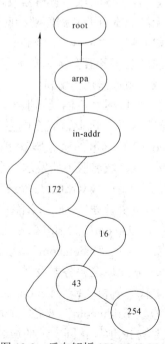

　　在顶级域中有一个特殊的域名 arpa，它有唯一的一
个子域 in-addr，其实 in-addr.arpa 域名是为反向解析做
准备的。当一个 DNS 系统获得域名授权之后，同时也
会获得 in-addr.arpa 的授权，假如某域名的 IP 地址为
172.16.43.254，在 DNS 域名树中会这样记录该 IP，
in-addr 下划分了 172 子域名，172 下划分了 16 子域名，
16 下划分了 43 子域名，43 记录了 254 的映射关系。由
于 DNS 的完整域名是从底往上串联的，因此就成了
254.43.16.172.in-addr.arpa.。当客户端反向解析
172.168.43.254 的时候，其实就是正向解析
254.43.16.172.in-addr.arpa.，然后就是正向解析的正常流
程，最后会访问到标识为 43 的 DNS 服务器获取该 IP
和域名的映射关系。总之，反向解析的本质还是正向解
析，如图 12-3 所示。

图 12-3　反向解析 172.16.43.254

12.1.4   DNS 服务器类型

DNS 服务器能够响应来自客户端的域名解析申请，通过查找本服务器中域名数据库，或到其他 DNS 服务器中进行查找，给客户端返回查询的结果。在 DNS 服务器中还有一个高速缓存，能够把解析的结果缓存下来，从而加快后续的查找速度。

域名服务器一般分为 3 类：主域名服务器、辅助域名服务器和 Cache-only 域名服务器。

1. 主域名服务器(Master)

每个区域有唯一的主域名服务器。在主域名服务器中包含有某个区域的区域数据文件，文件中包含了区域的所有资源记录。主域名服务器中的区域数据文件是由管理员负责创建并维护的，经过恰当的配置主域名服务器的区域数据文件可以传送到辅助域名服务器。

配置主域名服务器需要一整套配置文件，包括主配置文件(named.conf)、正向区域解析文件、反向区域解析文件、根区域文件(named.ca)和回送文件(named.local)。

2. 辅助域名服务器(Slave)

辅助域名解析是十分重要的 Internet 构成组件，负责一个域名的域名服务器可以只有一个主域名服务器，但是为了加强服务的可靠性，通常会为一个区域规划多台域名服务器。这些域名服务器既可以都是主域名服务器，也可以只有一台是主域名服务器，其他的都是辅助域名服务器。

辅助域名服务器中也有区域数据文件，也能够响应来自用户的域名解析请求，但是辅助域名服务器中不需要由管理员手工创建区域数据文件。辅助域名服务器的区域数据文件从主域名服务器中复制过来的。域名服务器之间的区域数据文件复制使用的端口是 TCP 5号。使用辅助域名服务器，可以提高域名服务的可靠性，降低维护工作量。

一般建立辅助服务器有以下两个优点：

(1) 冗余：当主域名服务器出现故障时，辅助域名服务器可以承担起服务的功能。为达到最大限度的容错，主域名服务器与作为备份的辅助域名服务器要做到尽可能的独立。

(2) 减负：当网络较大且服务较繁忙时，可以用辅助域名服务器来减轻主域名服务器的负担。

3. Cache-only 域名服务器

Cache-only 域名服务器可运行域名服务器软件，但它本身并不管理任何区域，而且不包含任何活跃的数据库文件。一个 Cache-only 域名服务器开始时没有任何关于 DNS 域结构的信息，必须依赖于其他域名服务器来得到这方面的信息。每次 Cache-only 服务器就将该信息存储到它的名字缓存(Name Cache)中。当另外的请求需要得到这方面的信息时，该 Cache-only 服务器就直接从高速缓存中取出答案并予返回。经过一段时间后该 Cache-only 服务器就包含了大部分常见的请求信息。

12.1.5   资源记录

1. 资源记录格式

DNS 之所以能够解析名称是因为在其数据库中包含了要解析名称的相关条目，称之资源记录。每个 DNS 数据库都由资源记录构成，资源记录包含与特定主机有关的信息。而每个资源记录通常包含以下 5 项。大多数情况下用 ACSII 文本显示，每条记录一行，格式如下：

Domain Time-to-live Record-type Class Record-data

(1) Domain(域名)：给出要定义的资源记录域名，该域通常用来作为域名查询时的关键字。

(2) Time-to-live(存活期)：在该存活期过后该记录不再有效。

(3) Class(类别)：该项说明网络类型。目前大部分的资源记录都采用"IN"，表明 Internet，该域的缺省值为"IN"。

(4) Record-data(记录数据)：说明与该资源记录相关的信息，通常由资源记录类型来决定。

(5) Record-type(记录类型)：说明资源记录的类型。

2. 资源记录类型

DNS 中的资源记录包括 SOA 记录、NS 记录、A 记录、CNAME 记录、MX 记录和 CNAME 记录。

(1) 始授权机构 SOA(start of autority)：DNS 名称服务器是 DNS 域中数据表的信息来源。该服务器是主机名字的管理者，创建新区域时该资源记录被自动创建，而且也是 DNS 数据库文件中的第一条记录。SOA 定义了域的全局参数，进行整个域的管理设置。一个区域文件只允许存在唯一的 SOA 记录。

(2) 名称服务器 NS(name server)：该区的授权服务器，即 SOA 资源记录中指定的该区的主服务器和辅助服务器，也表示了任何授权区的服务器。每个区在区根处至少包含一个 NS 记录。创建新区域时，该资源记录被自动创建。NS 记录格式如下：

区域名称　　IN　　NS　　FQDN

(3) 主机地址 A(adress)：与主机名映射到 DNS 区域中的一个 IP 地址，这是名称解析的重要记录。A 记录的格式如下：

FQDN　　IN　　A　　IP 地址

如：www IN A 172.16.43.1

ftp IN A 172.16.43.1

(4) 指针 PTR(Point)：是与主机记录类似的记录，不同的是主机记录将一个主机名映射到一个 IP 地址上；而指针记录恰好相反，是将一个 IP 地址映射到一个主机上。PTR 记录格式如下：

IP 地址 IN　PTR　FQDN

(5) 别名 CNAME(Canonical Name)：用来记录某台主机的别名。一台主机可以有多个别名，每一个别名代表一个应用。用户使用 CNAME 记录来隐藏用户网络的实现细节，使连接的客户机无法知道。CNAME 记录格式如下：

别名　IN　CNAME　对应的 A 记录

(6) 邮件交换器资源记录 MX(Mail Exchange)：为 DNS 域指定邮件交换服务器。邮件交换服务器是为 DNS 域处理或转发邮件的主机。处理邮件是指把邮件投递到目的地或转交另一不同类型的邮件传送者。转发邮件是指把邮件发送到最终的目的服务器，用简单邮

件传输协议(SMTP)把邮件发送给离最终目的地最近的邮件交换服务器,或使邮件经过一定时间的排队。MX 记录格式如下:

区域名 IN MX 优先级(数字) 邮件服务器 A 记录

12.2 项 目 实 施

为了提升学院服务器的工作效率,方便师生通过域名快速访问学院网络中心部署的各类网络服务,IT 协会需要部署 DNS 服务,为局域网中的计算机提供域名解析服务。DNS 服务器管理 zhiyuan.com 域的域名解析,DNS 服务器的域名为 dns.zhiyuan.com,IP 地址为 172.16.43.254,并要求分别能解析以下域名:web 服务(www.zhiyuan.com:172.16.43.253),邮件服务(mail.zhiyuan.com:172.16.43.252),并为 www.zhiyuan.com 设置别名 ftp.zhiyuan.com。

12.2.1 安装 DNS 服务

1. BIND 简介

目前 Internet 上绝大多数的 DNS 服务器主机都是使用 BIND 来进行域名解析的。BIND 是 Berkeley Internet Name Domain Service 的简写,是美国加利福尼亚大学伯克利分校开发的一个域名服务器软件包,Linux 使用这个软件包来提供域名服务。BIND 的服务端软件是被称作 named 的守护进程。

部署 DNS 服务

(1) BIND 的服务端软件是被称为 named 的守护进程,其主要功能如下:

◇ 若查询的主机名与本地区域信息中相应的资源记录匹配,则使用该信息来解析主机名,并为客户机做出应答(UDP:53)。

◇ 若本地区域信息中没有要查询的主机名,默认会以递归方式查询其他 DNS 服务器并将其响应结果缓存于本地。

◇ 执行“区传输(zone ransfer)”,在服务器之间复制 zone 数据(TCP:53)。

(2) 解析器库程序,联系 DNS 服务器实现域名解析。

(3) DNS 常用的命令行工具有 nlookup、host 和 dig。

2. chroot 功能

chroot 是 Change Root 的缩写,可以将文件系统中某个特定的子目录作为进程的虚拟根目录,即改变进程所引用的“/”根目录位置。chroot 对进程可以使用的系统资源、用户权限和所在目录进行严格控制,程序只在这个虚拟的根目录及其子目录具有权限,一旦离开该目录就没有任何权限。

DNS 服务器主要是用于域名解析,需要面对来自网络各个位置的大量访问,并且一般不限制来访者的 IP。因此,存在的安全隐患和被攻击的可能性相当大,使用 chroot 功能也就特别有意义。即使某些用户突破了 BIND 账号,也只能访问/var/named/chroot,能把对系统的攻击伤害降到最小。chroot 的安装包名为 bind-chroot*.rpm。

3. 安装 BIND 软件包

(1) 检查并安装 BIND 软件包。

在终端窗口输入："rpm -q bind"命令检查系统是否安装了 BIND 软件包。

> [root@localhost ~]# rpm -q bind
>
> 未安装软件包 BIND

Red Hat Enterprise Linux 7.6 中提供了 DNS 服务器的 RPM 包和 YUM 源。下面以使用 yum 命令安装 BIND 为例介绍 DNS 服务软件包的安装。

使用 yum 命令安装 BIND。

> [root@localhost ~]# yum install -y bind*

与 DNS 服务相关的 RPM 包有以下几个：

bind：bind 的主程序。

bind-chroot：bind 的 chroot 环境软件包。

bind-dyndb-ldap：bind 的 ldap 驱动程序。

(2) 安装完成后再次查询 BIND 的相关软件包，如图 12-4 所示。

> [root@localhost ~]# rpm -qa|grep bind

图 12-4　BIND 的相关软件包

(3) 进行其他准备工作。

配置 DNS 服务器 IP 地址为 172.16.43.254，关闭防火墙，设置系统的安全机制为 Permissive，并生效。

> [root@localhost ~]# vi /etc/sysconfig/network-scripts/ifcfg-ens33
>
> [root@localhost ~]# ifconfig ens33
>
> 　　ens33: flags=4163<UP,BROADCAST,RUNNING,MULTICAST>　mtu 1500
>
> 　　inet 172.16.43.254　netmask 255.255.0.0　broadcast 172.16.255.255
>
> 　　inet6 fe80::1550:c52f:892b:34db　prefixlen 64　scopeid 0x20<link>
>
> 　　ether 00:0c:29:87:37:6a　txqueuelen 1000　(Ethernet)
>
> 　　RX packets 1213　bytes 113684 (111.0 KiB)
>
> 　　RX errors 0　dropped 0　overruns 0　frame 0
>
> 　　TX packets 156　bytes 20566 (20.0 KiB)

```
              TX errors 0    dropped 0 overruns 0    carrier 0    collisions 0
    [root@localhost ~]# systemctl stop firewalld
    [root@localhost ~]# systemctl disable firewalld
    [root@localhost ~]# vi /etc/selinux/config
    [root@localhost ~]# setenforce 0
    [root@localhost ~]# getenforce
    Permissive
```

12.2.2   启动与停止 DNS 服务

在 Red Hat Enterprise Linux 7.6 中 DNS 程序被安装为服务，所以遵循服务的启动与停止规范，DNS 的守护进程为 named。

(1) 启动 DNS 服务。

```
    [root@localhost ~]# systemctl start named
```

(2) 停止 DNS 服务。

```
    [root@localhost ~]# systemctl stop named
```

(3) 重启 DNS 服务。

```
    [root@localhost ~]# systemctl restart named
```

(4) 查看 DNS 服务状态。

```
    [root@localhost ~]# systemctl status named
```

(5) 将 DNS 服务配置为开机自动运行。

```
    [root@localhost ~]# systemctl enable named
```

或者

```
    [root@localhost ~]#ntsysv
```

找到"named.service"，按下"空格键"，在其前面加上"*"号，这样 DNS 服务就会随系统启动而自动运行。

12.2.3   DNS 服务器的配置文件

安装 DNS 服务器后，虽然可以启动 DNS 服务，但它却不能正常工作，还必须编写 DNS 的配置文件，在 Red Hat Enterprise Linux7.6 中 DNS 的配置文件有全局配置文件、主配置文件和正、反向解析区域配置文件。

1. DNS 全局配置文件 named.conf

正常情况下，DNS 全局配置文件为/etc/named.conf，但是安装了 chroot 之后全局配置文件为 /var/named/chroot/etc/ named.conf。文件的具体内容如下：

```
    [root@localhost etc] # cat named.conf
    //
    // named.conf
    //
```

```
// Provided by Red Hat bind package to configure the ISC BIND named(8) DNS
// server as a caching only nameserver (as a localhost DNS resolver only).
//
// See /usr/share/doc/bind*/sample/ for example named configuration files.
//
// See the BIND Administrator's Reference Manual (ARM) for details about the
// configuration located in /usr/share/doc/bind-{version}/Bv9ARM.html
options {                                    # options 部分，指定 bind 服务的参数
    listen-on port 53 { 127.0.0.1; };        #bind 侦听 DNS 请求的本机 IP 地址及端口
    listen-on-v6 port 53 { ::1; };           #IPv6 下 bind 侦听 DNS 请求的主机及端口
    directory       "/var/named";            #区域配置文件所在的路径
    dump-file       "/var/named/data/cache_dump.db";
    statistics-file "/var/named/data/named_stats.txt";
    memstatistics-file "/var/named/data/named_mem_stats.txt";
    recursing-file  "/var/named/data/named.recursing";
    secroots-file   "/var/named/data/named.secroots";
    allow-query    { localhost; };       //指定接受 DNS 查询请求的客户端，多个客户端用分号隔开
    /*
    - If you are building an AUTHORITATIVE DNS server, do NOT enable recursion.
    - If you are building a RECURSIVE (caching) DNS server, you need to enable recursion.
    - If your recursive DNS server has a public IP address, you MUST enable access    control to limit
    queries to your legitimate users. Failing to do so will cause your server to become part of large
    scale DNS amplification attacks. Implementing BCP38 within your network would greatly
    educe such attack surface
    */
    recursion yes;
    dnssec-enable yes;
    dnssec-validation yes;
    /* Path to ISC DLV key */
    bindkeys-file "/etc/named.iscdlv.key";
    managed-keys-directory "/var/named/dynamic";
    pid-file "/run/named/named.pid";
    session-keyfile "/run/named/session.key";
};
logging {                                    #logging 部分，指定 bind 服务的日志参数
    channel default_debug {                  # channel 指定发送目标
        file "data/named.run";
        severity dynamic;
    };
```

```
};
zone "." IN {                              #指定根服务器的配置信息，一般不能动
    type hint;
    file "named.ca";
};
include "/etc/named.rfc1912.zones";        #指定主配置文件，根据实际情况可以修改
include "/etc/named.root.key";
```

2. 主配置文件 named.rfc1912.zones

正常情况下，DNS 主配置文件为/etc/named.rfc1912.zones，但是安装了 chroot 之后，主配置文件为 /var/named/chroot/etc/ named.rfc1912.zones。文件的具体内容如下：

```
[root@localhost etc] # cat named.rfc1912.zones
// named.rfc1912.zones:
//
// Provided by Red Hat caching-nameserver package
//
// ISC BIND named zone configuration for zones recommended by
// RFC 1912 section 4.1 : localhost TLDs and address zones
// and http://www.ietf.org/internet-drafts/draft-ietf-dnsop-default-local-zones-02.txt
// (c)2007 R W Franks
//
// See /usr/share/doc/bind*/sample/ for example named configuration files.
//
zone "localhost.localdomain" IN {          #正向解析区域
    type master;
    file "named.localhost";                #正向解析区域样本配置文件
    allow-update { none; };
};
zone "localhost" IN {
    type master;                           #指定区域类型
    file "named.localhost";                #指定区域配置文件
    allow-update { none; };                #指定可动态更新的辅助 DNS 服务器
};
zone "1.0.0.0.0.0.0.0.0.0.0.0.0.0.0.0.0.0.0.0.0.0.0.0.0.0.0.0.0.0.0.0.ip6.arpa" IN {
    type master;
    file "named.loopback";
    allow-update { none; };
};
zone "1.0.0.127.in-addr.arpa" IN {         #反向解析区域
```

```
        type master;
        file "named.loopback";                    #反向解析区域样本配置文件
        allow-update { none; };
    };
    zone "0.in-addr.arpa" IN {
        type master;
        file "named.empty";
        allow-update { none; };
    };
```

主配置文件通过 zone 定义了当前 BIND 可管辖的所有区域。在 BIND 中的区域会根据
DNS 服务器的类型划分为以下几种：

① master：主要区域，拥有该区域数据文件，并对此区域提供管理数据。

② slave：辅助区域，拥有主要区域数据文件的完全只读副本，辅助区域从主要区域
同步所有区域数据，同步过程被称为区域传输。

③ stub：存根区域，与辅助区域类似，但是 stub 区域只复制主要区域的 NS 记录及
NS 记录对应的 A 记录。

④ forward：转发区域，用于转发 DNS 客户端的递归查询。

⑤ hint：当 BIND 启动时使用 hint 区域中的信息来查找根域名服务器，并找到最近的
根域名服务器列表。如果没有，服务器应使用编译时默认的根服务器信息。

3. 区域配置文件

1) 正向区域 named.localhost

正向区域解析文件为/var/named/chroot/var/named/ named.localhost，实际工作中可以将
此文件复制为正向区域解析文件。复制时一定要加-a(或-p)，如果配置文件的拥有组不是
named 时，BIND 服务是无法运行的。

```
[root@localhost named] # cat named.localhost
$TTL 1D
@              IN SOA              @ rname.invalid. (
    0          ; serial
    1D         ; refresh
    1H         ; retry
    1W         ; expire
    3H )       ; minimum
NS             @
A              127.0.0.1
AAAA           ::1
```

其中：

;: 注释内容。

@: 表示当前域，这里的当前域是根据主配置文件中 zone 定义的区域名称。

()：允许数据跨行，通常用于 SOA 记录。

*：只能用于名称字段的通配符。

在这里重点分析 SOA 资源记录，其基本格式如下：

区域名称　记录类型 SOA 主域名服务器(FQDN)　管理员邮箱地址(序列号　刷新间隔　重试时间　过期时间　TTL)

各选项及含义如下：

主域名服务器：区域中主域名服务器的 FQDN。

管理员邮箱地址：管理员的邮箱地址中的"@"用"."代替。

序列号：区域复制依据，当辅助域名服务器的序列号小于主域名服务器时，才会复制区域。当管理员修改了主域名服务器的区域数据文件后，应增大序列号数字。

刷新间隔：辅助域名服务器请求与主域名服务器同步的等待时间。当刷新间隔到期时，辅助域名服务器请求主域名服务器的 SOA 记录副本。然后，辅助域名服务器将主域名服务器的 SOA 记录的序列号与其本地 SOA 记录的序列号比较。如果辅助域名服务器的序列号小于主域名服务器的序列号，则辅助域名服务器从主域名服务器请求区域传输。

重试时间：辅助域名服务器在请求失败后等待多长时间重试。这个时间应短于刷新时间。

过期时间：当过期时间到期时如辅助域名服务器还无法与主域名服务器进行区域传输，则辅助域名服务器会把它的本地数据当做不可靠数据。

TTL：区域的默认生存时间和缓存应答名称查询的最大间隔。

2) 反向区域 named.loopback

反向区域解析文件/var/named/chroot/var/named/ named.loopback，实际工作中可以将此文件复制为反向区域解析文件，复制时一定要加-a(或-p)，如果配置文件的拥有组不是 named 时，BIND 服务是无法运行的。

```
[root@localhost named] # cat named.loopback
$TTL        1D
@           IN SOA          @ rname.invalid. (
0           ; serial
1D          ; refresh
1H          ; retry
1W          ; expire
3H )        ; minimum
NS          @
A           127.0.0.1
AAAA        ::1
PTR         localhost.
```

经上述学习，根据学院 DNS 服务器的要求，需要做如下配置：

(1) 修改全局配置文件 named.conf。

把 options 选项中侦听 127.0.0.1 改为 any，把指定接受 DNS 查询请求的客户端改为 any。其他数据保持默认，修改内容如下：

```
[root@localhost etc] # vim named.conf
options {
listen-on port 53 { any; };
listen-on-v6 port 53 { ::1; };
directory              "/var/named";
dump-file              "/var/named/data/cache_dump.db";
statistics-file        "/var/named/data/named_stats.txt";
memstatistics-file     "/var/named/data/named_mem_stats.txt";
recursing-file         "/var/named/data/named.recursing";
secroots-file          "/var/named/data/named.secroots";
allow-query            { any; };
recursion yes;
(略)
```

(2) 修改主配置文件 named.rfc1912.zones。

定义区域文件，在 named.rfc1912.zones 后面增加如下内容：

```
[root@localhost etc] # vim   named.rfc1912.zones
(略)
zone "zhiyuan.com" IN {
    type master;
    file "zhiyuan.zheng";
    allow-update { none; };
};
zone "43.16.172.in-addr.arpa" IN {
    type master;
    file "zhiyuan.fan";
    allow-update { none; };
};
```

(3) 创建正向区域解析文件 zhiyuan.zheng。

复制正向区域解析文件 named.localhost 为 zhiyuan.zheng，并修改相关内容。

```
[root@localhost chroot] # cd /var/named/chroot/var/named
[root@localhost named] #cp -p named.localhost zhiyuan.zheng
[root@localhost named] #vim zhiyuan.zheng
$TTL 1D
@          IN SOA   zhiyuan.com. root.zhiyuan.com. (
    0              ; serial
    1D             ; refresh
    1H             ; retry
    1W             ; expire
    3H )           ; minimum
```

@	IN	NS	dns.zhiyuan.com.
@	IN	MX 5	mail.zhiyuan.com.
www	IN	A	172.16.43.253
dns	IN	A	172.16.43.254
mail	IN	A	172.16.43.252
ftp	IN	CNAME	www.zhiyuan.com.

保存退出。

(4) 创建反向区域解析文件 zhiyuan.fan。

复制反向区域解析文件 named.loopback 为 zhiyuan.fan，并修改相关内容。

[root@localhost named] #cp   -p named.loopback   zhiyuan.fan

[root@localhost named] #vim zhiyuan.fan

$TTL 1D

@   IN SOA   zhiyuan.com. root.zhiyuan.com. (

    0   ; serial

    1D   ; refresh

    1H   ; retry

    1W   ; expire

    3H)   ; minimum

@	IN	NS	dns.zhiyuan.com.
@	IN	MX 5	mail.zhiyuan.com.
254	IN	PTR	dns.zhiyuan.com.
253	IN	PTR	ftp.zhiyuan.com.
252	IN	PTR	mail.zhiyuan.com.

注意：如果在复制的过程中忘记了参数 -p，BIND 后续将无法启动，这时可修改正反向区域解析文件的所有者和所属组为 named 或者修改文件的权限为 644。

[root@localhost ~]# chown named.named /var/named/chroot/var/named/*

或者[root@localhost ~]#chmod 644 /var/named/chroot/var/named/*

(5) 配置文件编辑完成，先检查配置文件的语法是否正确。

[root@localhost ~]# named-checkconf /etc/named.conf

[root@localhost ~]# named-checkconf   /etc/named.rfc1912.zones

[root@localhost ~]# named-checkzone   zhiyuan.com /var/named/zhiyuan.zheng

[root@localhost ~]# named-checkzone 43.16.172.in-addr.arpa /var/named/zhiyuan.fan

12.2.4 DNS 客户端配置

1. Windows 中 DNS 客户端的配置

在 Windows 下打开 "Interne 协议版本 4(TCP/IPv4)" 中 "属性"，将 DNS 服务器指定为 IT 协会部署的 DNS 服务器 172.16.43.254，如图 12-5 所示。

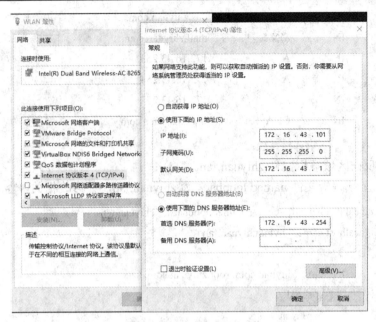

图 12-5　Windows 系统中 DNS 客户端配置

2. Linux 系统 DNS 客户端的配置。

(1) 通过/etc/resolv.conf 设置 DNS 服务器。

[root@localhost ~]# vim /etc/resolv.conf

　　　　　# Generated by NetworkManager

search zhiyuan.com

nameserver 172.16.43.254

(2) 在图形界面下，利用网络配置工具进行 DNS 服务器的设置，如图 12-6 所示，单击"应用"后，系统会自动将 DNS 服务器写入文件 /etc/resolv.conf 中。

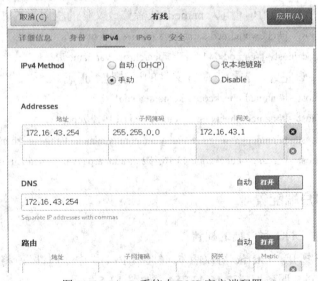

图 12-6　Linux 系统中 DNS 客户端配置

12.2.5 DNS 服务测试

使用命令行工具 nslookup、dig 或 host 中的任意一个校验 DNS 服务器的配置。

1. nslookup

(1) 正向查询 www.zhiyuan.com、dns.zhiyuan.com 对应的 IP 地址。

```
[root@localhost ~]# nslookup
> www.zhiyuan.com
Server:          172.16.43.254
Address:         172.16.43.254#53
Name:            www.zhiyuan.com
Address:         172.16.43.253
> dns.zhiyuan.com
Server:          172.16.43.254
Address:         172.16.43.254#53
Name:            dns.zhiyuan.com
Address:         172.16.43.254
> mail.zhiyuan.com
Server:          172.16.43.254
Address:         172.16.43.254#53
Name:            mail.zhiyuan.com
Address:         172.16.43.252
> ftp.zhiyuan.com
Server:          172.16.43.254
Address:         172.16.43.254#53
ftp.zhiyuan.com   canonical name = www.zhiyuan.com.
Name:            www.zhiyuan.com
Address:         172.16.43.253
```

(2) 反向查询 172.16.43.254、172.16.43.252 对应的域名。

```
[root@localhost ~]# nslookup
> 172.16.43.254
Server:          172.16.43.254
Address:         172.16.43.254#53
254.43.16.172.in-addr.arpa     name = dns.zhiyuan.com.
> 172.16.43.252
Server:          172.16.43.254
Address:         172.16.43.254#53
252.43.16.172.in-addr.arpa     name = mail.zhiyuan.com.
```

(3) 查询 zhiyuan.com 中 MX 邮件记录。

```
[root@localhost ~]# nslookup
> set type=mx
> zhiyuan.com
Server:          172.16.43.254
Address:         172.16.43.254#53
zhiyuan.com      mail exchanger = 5 mail.zhiyuan.com.
> 172.16.43.253
Server:          172.16.43.254
Address:         172.16.43.254#53
253.43.16.172.in-addr.arpa    name = ftp.zhiyuan.com.
```

2. dig

dig 是域信息搜索器(Domain Information Groper)的简称，是一个用来灵活探测 DNS 的工具，会打印出 DNS name server 的回应。DNS 管理员习惯利用 dig 作为 DNS 问题的故障诊断，因为它灵活性好、易用、输出清晰。

(1) 正向查询。

```
[root@localhost ~]# dig dns.zhiyuan.com
; <<>> DiG 9.9.4-RedHat-9.9.4-72.el7 <<>> dns.zhiyuan.com    // dig 命令的版本
;; global options: +cmd
;; Got answer:     //服务返回的详情信息，status 为：NOERROR 说明返回正常
;; ->>HEADER<<- opcode: QUERY, status: NOERROR, id: 30489
;; flags: qr aa rd ra; QUERY: 1, ANSWER: 1, AUTHORITY: 1, ADDITIONAL: 1
;; OPT PSEUDOSECTION:
; EDNS: version: 0, flags:; udp: 4096
;; QUESTION SECTION:
;dns.zhiyuan.com.        IN    A              #这里查询的是域名 dns.zhiyuan.com 的 A 记录
;; ANSWER SECTION:
dns.zhiyuan.com. 86400   IN    A    172.16.43.254        #指定域名对应的 IP 地址
;; AUTHORITY SECTION:
zhiyuan.com.     86400   IN    NS   dns.zhiyuan.com.     #名称服务器
;; Query time: 1 msec                                   #查询的一些统计信息
;; SERVER: 172.16.43.254#53(172.16.43.254)
;; WHEN: 四 1 月 30 12:45:28 CST 2020
;; MSG SIZE   rcvd: 74
```

(2) 反向查询。

```
[root@localhost ~]# dig -x 172.16.43.252
; <<>> DiG 9.9.4-RedHat-9.9.4-72.el7 <<>> -x 172.16.43.252
```

;; global options: +cmd

;; Got answer:

;; ->>HEADER<<- opcode: QUERY, status: NOERROR, id: 42393

;; flags: qr aa rd ra; QUERY: 1, ANSWER: 1, AUTHORITY: 1, ADDITIONAL: 1

;; OPT PSEUDOSECTION:

; EDNS: version: 0, flags:; udp: 4096

;; QUESTION SECTION:

;252.43.16.172.in-addr.arpa.　IN　　PTR

;; ANSWER SECTION:

252.43.16.172.in-addr.arpa. 86400 IN　　PTR　mail.zhiyuan.com.

;; AUTHORITY SECTION:

43.16.172.in-addr.arpa. 86400　　　IN　　NS　zhiyuan.com.

;; Query time: 0 msec

;; SERVER: 172.16.43.254#53(172.16.43.254)

;; WHEN: 四　1 月　30 12:49:13 CST 2020

;; MSG SIZE　rcvd: 99

(3) 邮件交换器查询。

[root@localhost ~]# dig -t MX zhiyuan.com

-t：查询类型，可以是 A，MX，NS 等。

(4)　SOA 查询。

[root@localhost ~]# dig -t NS　　zhiyuan.com

3. host

host 用于简单的主机名信息查询，测试域名系统工作是否正常。

(1) 正向查询。

[root@localhost ~]# host www.zhiyuan.com

www.zhiyuan.com has address 172.16.43.253

(2) 反向查询。

[root@localhost ~]# host 172.16.43.252

252.43.16.172.in-addr.arpa domain name pointer mail.zhiyuan.com.

(3) SOA 查询。

[root@localhost ~]# host -t soa zhiyuan.com

zhiyuan.com has SOA record zhiyuan.com. root.zhiyuan.com. 0 86400 3600 604800 10800

(4) MX 查询。

[root@localhost ~]# host -t mx zhiyuan.com

zhiyuan.com mail is handled by 5 mail.zhiyuan.com.

(5) NS 迭代查询。

[root@localhost ~]# host -rt ns zhiyuan.com

zhiyuan.com name server dns.zhiyuan.com.

12.2.6　辅助 DNS 服务器

辅助 DNS 服务器

配置辅助 DNS 服务器相对比较简单，只需要在配置辅助域名服务器的计算机上对全局配置文件 named.conf 和主配置文件 named.rfc1912.zones 进行修改，不需要再次配置正反向区域解析文件，正反向区域解析文件将从主域名服务器上自动获得。但是需要注意的是，不能在同一台计算机上同时配置同一个域的主域名服务器和辅助域名服务器。

配置辅助域名服务器的步骤如下：

在主域名服务器主配置文件 named.rfc1912.zones 的正向和反向 zone 中添加 also-notify{f辅助 DNS 的 IP 地址；}；或者在全局 options 中使用 notify yes 来声明。这样只要主服务器重启 DNS 服务则发送 notify 值，辅助域名服务器就会立即更新区域文件数据。

在辅助域名服务器上修改主配置文件 named.rfc1912.zones，在 zone 中设置 type 为 slave，设置 file 指定区域文件的存放位置，通过 masters{主 DNS 服务器的 IP 地址；}；设置主域名服务器的地址。

上述设置完成后重启 DNS 服务，就可以看到 file 指定的目录下已经同步过来了区域文件。

为了数据的安全，在主域名服务器上指定由哪台服务器能够从主域名服务器上复制区域文件信息。具体方法是在全局配置文件的 option 里面添加 allow -transfer{辅助域名的 IP 地址或者是 IP 的范围；}；，表示当前域名服务器的所有主要区域都可以将数据传输到指定的域名服务器。如果只是希望将某个区域的数据传输到指定域名服务器，可以将 allow -transfer{}; 放到主配置文件对应的区域 zone 中，这样别的服务器就不能复制到本服务器的区域信息了。

说明：只有在主域名服务器允许区域传输的情况下，辅助域名服务器才能进行区域复制操作。且只有在主域名服务器的 options 声明中添加了 allow-transfer{};语句，辅助域名服务器才能够从主域名服务器进行区域复制。

12.2.7　DNS 转发器

当 DNS 客户端向指定的域名服务器要求进行域名解析时，而此域名服务器无法解析，将用缓存中的信息帮助定位能解析的其他服务器，通常会找到一个根域服务器进行递归查询。为了减少根域服务器的负担，可以设置域名转发器(Forwarder)。

当定义了域名转发器后，本地域名服务器将使用域名转发器清单中的域名服务器，取代缓存中的根域服务器来响应客户的查询请求。配置了域名转发器清单的域名服务器会把不能直接从自己缓存响应的请求，发送给定义的转发服务器。

转发器是在 named.conf 文件中的 options 区段设置的。主要用到两个配置选项：

(1) forwarders 指令用于设置将 DNS 请求转发到哪个服务器，可以指定多个服务器的 IP 地址。

```
forwarders {
    DNS_IP_1;
```

```
        DNS_IP_2;
    };
```

(2) forward 指令用于设置 DNS 转发模式。

语法：forward first | only;

forward first：设置优先使用 forwarders DNS 服务器做域名解析，如果查询不到再使用本地 DNS 服务器做域名解析。

forward only：设置只使用 forwarders DNS 服务器做域名解析，如果查询不到则返回 DNS 客户端查询失败。

例　在学院某台主机上设置 DNS 域名转发器。

① 在需要进行域名转发的主机上安装 BIND。

② 修改全局配置文件 named.conf。修改全局配置文件 named.conf 中的 options 段，使用 forwarders 和 forward 指令设置 DNS 转发，需要转发的远程 DNS 服务器为 172.16.43.254。修改内容如下：

```
options {
    forwarders {
        172.16.43.254;
    };
    forward first;
};
```

12.3　反思与进阶

1. 项目背景

随着学院客户端的增多，访问量也随之增多，为了提高 DNS 解析的速度和可靠性，IT 协会在原有的主 DNS 服务器的基础上部署辅助 DNS 服务器。辅助 DNS 服务器的 IP 地址为 172.16.43.250。

2. 实施目的

(1) 明确 DNS 服务器的各种角色及操作。

(2) 掌握主 DNS 服务器的安装与配置。

(3) 掌握辅助 DNS 服务器的配置。

部署辅助 DNS 服务器

3. 实施步骤

(1) 配置主机 IP 地址为 172.16.43.250，关闭防火墙，设置 SELinux 为 Permissive。

```
[root@localhost ~]# ifconfig ens33
ens33: flags=4163<UP,BROADCAST,RUNNING,MULTICAST>    mtu 1500
    inet 172.16.43.250      netmask 255.255.255.0      broadcast 172.16.43.255
    inet6 fe80::a67d:2c19:db5b:39ce    prefixlen 64      scopeid 0x20<link>
    ether 00:0c:29:02:4f:ac    txqueuelen 1000      (Ethernet)
    RX packets 2886      bytes 898331      (877.2 KiB)
```

RX errors 0	dropped 0	overruns 0	frame 0	
TX packets 228	bytes	25689	(25.0 KiB)	
TX errors 0	dropped 0	overruns 0	carrier 0	collisions 0

[root@localhost ~]# systemctl stop firewalld

[root@localhost ~]# systemctl disable firewalld

[root@localhost ~]# vi /etc/selinux/config

[root@localhost ~]# setenforce 0

[root@localhost ~]# getenforce

Permissive

(2) 安装 BIND 软件包。

[root@localhost ~]# yum install -y bind*

(3) 在 IP 地址为 172.16.43.254 的主 DNS 服务器上作如下配置：

① 修改全局配置文件 named.conf。

在全局配置文件 named.conf 中增加 allow-transfer{172.16.43.250;};指定本区域传输辅助 DNS 服务器，如图 12-7 所示。

[root@localhost ~]# vim /etc/named.conf

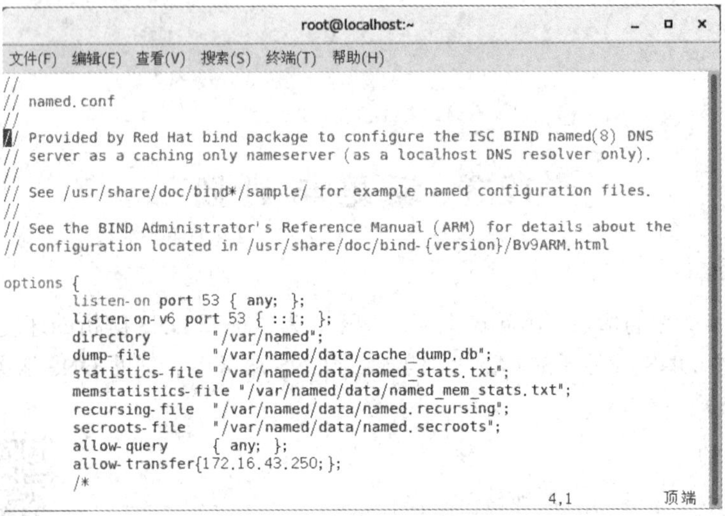

图 12-7　在 named.conf 中增加辅助 DNS 服务器

② 修改主配置文件 named.rfc1912.zones。

[root@localhost ~]# vim /etc/named.rfc1912.zones

zone "zhiyuan.com" IN {

　　type master;

　　file "zhiyuan.zheng";

　　also-notify { 172.16.43.250;}};

};

zone "43.16.172.in-addr.arpa" IN {

　　type master;

```
            file "zhiyuan.fan";
            also-notify{172.16.43.250;};
    };
```

(4) 在 IP 地址为 172.16.43.250 的辅助 DNS 服务器上作如下配置：

① 修改辅助 DNS 服务器的全局配置文件 named.conf。

```
[root@localhost ~]# cat /etc/named.conf
options {
    listen-on port 53 { any; };
    listen-on-v6 port 53 { ::1; };
    directory       "/var/named";
    dump-file       "/var/named/data/cache_dump.db";
    statistics-file "/var/named/data/named_stats.txt";
    memstatistics-file "/var/named/data/named_mem_stats.txt";
    allow-query     { any; };
    recursion yes;
(略) };
```

② 修改辅助 DNS 服务器的主配置文件 named.rfc1912.zones。

```
[root@localhost ~]# vim /etc/named.rfc1912.zones
zone "zhiyuan.com" IN {
    type slave;
    file "/slaves/zhiyuan.zheng";
    masters{172.16.43.254;};
};
zone "43.16.172.in-addr.arpa" IN {
    type slave;
    file "slaves/zhiyuan.fan";
    masters{172.16.43.254;};
};
```

将辅助区域的配置文件放在 slaves 目录下不是必需的，也可以放在其他目录中，但必须保证存放的目录的所有者和所属的组群是 named，否则 BIND 将无法从主要区域传输 DNS 信息写入文件。

(5) 分别启动主 DNS 服务器和辅助 DNS 服务器。

```
[root@localhost ~]# systemctl start named
```

(6) 在辅助 DNS 服务器上进入 slaves 目录，查看同步的区域解析文件。

```
[root@localhost ~]# cd /var/named/slaves/
[root@localhost slaves] # ls
```

(7) 测试。

① 分别在主 DNS 服务器和辅助 DNS 服务器中设置域名服务器。

```
[root@localhost ~]# vim /etc/resolv.conf
```

```
search zhiyuan.com
nameserver 172.16.43.254
nameserver 172.16.43.250
```

② 在主 DNS 服务器中关闭 named。

```
[root@localhost ~]# systemctl stop named
```

③ 在任意一台主机中测试。

```
[root@localhost ~]# nslookup
> www.zhiyuan.com
```

Server:	172.16.43.250
Address:	172.16.43.250#53
Name:	www.zhiyuan.com
Address:	172.16.43.253

```
> 172.16.43.252
```

Server:	172.16.43.250
Address:	172.16.43.250#53

252.43.16.172.in-addr.arpa　　name = mail.zhiyuan.com.

4. 项目总结

(1) 注意部署主 DNS 服务器和辅助 DNS 服务器的要点。

(2) 在测试过程中要关闭主 DNS 服务器。

(3) 能够根据实际工作的需要部署不同的 DNS 服务器。

项 目 小 结

　　为了方便学院师生快捷地访问网络资源，IT 协会通过为师生部署 DNS 服务，了解了 DNS 的工作原理、域名解析过程，能熟练运用 BIND 软件完成 DNS 服务器配置。

　　DNS 域名解析不仅包含正向的域名解析，还包含反向的域名解析。DNS 配置的难点在于主配置文件的设置，由于参数较多，易出现错误，一定要认真学习。DNS 服务器分为主域名服务器、辅助域名服务器和转发服务器等类型，能够根据网络中的实际情况部署相关的域名服务器。

练 习 题

一、选择题

1. 启动 DNS 服务的守护进程是(　　)。

A. httpd start　　　　B. httpd stop　　　　　C. named start　　　　D. named stop

2. DNS 别名记录的标志是 (　　)。

A. A　　　　　　　　B. PTR　　　　　　　　C. CNAME　　　　　　D. MX

3. DNS 域名系统主要负责主机名和(　　)之间的解析。

A. IP 地址　　　　　B. MAC 地址　　　　　　C. 网络地址　　　　　　　D. 主机别名

4. 以下关于 DNS 服务器的叙述中，错误的是(　　)。

A. 用户只能使用本网段内 DNS 服务器进行域名解析

B. 主域名服务器负责维护这个区域的所有域名信息

C. 辅助域名服务器作为主域名服务器的备份服务器，提供域名解析服务

D. 转发域名服务器负责非本地域名的查询

5. 以下有关域名空间正确的是(　　)。

A. DNS 的域名空间是一个逻辑空间

B. http://www.doczj.com/doc/01a008eef5335a8103d22012.html 是一个 FQDN 名

C. DNS 的域名空间一共只有三层

D. DNS 名称解析必须依靠 DNS 服务器

6. 利用 IP 地址来查询其主机名的功能是(　　)。

A. 正向查询　　　B. 反向查询　　　　　C. 反向区域　　　　　　D. 辅助区域

7. 以下(　　)是 DNS 服务器。

A. Cache only server　　　　　　　　　B. Forwarder server

C. Slave server　　　　　　　　　　　　D. Proxy server

8. 以下(　　)为 DNS 的记录类型。

A. 记录　　　　　B. PTR 记录　　　　　C. NS 记录　　　D. SOA 记录

二、简答题

假设客户机使用电信 ADSL 接入 Internet，电信为其分配的 DNS 服务器地址为 210.111.110.10，请描述其访问 www.163.com 时域名解析的过程。

三、配置题

配置一台 Linux 环境下的 DNS 服务器，服务器的 IP 地址是 192.168.0.5，子网掩码是 255.255.255.0，默认网关是 192.168.0.1。客户机分别是 Linux 和 Windows。具体要求为：

① 正向解析域名 www.liu.org 和域名 ftp.liu.org 的 IP 地址为 192.168.0.5。

② 设置 server.liu.org 为 www.liu.org 的别名。

③ 反向解析 IP 地址 192.168.0.5 的域名为 ftp.liu.org。

项目 13　部署 Web 服务

为了展示学院的办学理念、办学条件，方便校内外交流，IT 协会决定部署 Web 站点，同时也为每位教师开通个人主页服务，为教师与学生之间建立沟通的平台。

通过对校内外的调研分析，需要选择合适的软件部署 Web 服务，能根据实际情况配置安全可靠的 Web 环境。

◇ 了解 Web 服务器的工作流程。

◇ 掌握网站开发技巧。

◇ 掌握同一主机中多个站点的配置方法。

◇ 掌握网站中用户身份认证方法。

13.1　知 识 准 备

部署 Web 服务

13.1.1　Web 服务器简介

WWW 是环球信息网的缩写，(亦作"Web"、"WWW"、"'W3'"，英文全称为"World Wide Web")，中文名字为"万维网"、"环球网"等，常简称为 Web，是一个基于 Internet 的全球连接的、分布的、动态的、多平台的交互式图形，综合了信息发布技术和超文本技术的信息系统。WWW 上的信息可以有多种格式，不仅能够传输文本和目录，还能传输图像、声音和动画等多种信息。

Web 服务器，又称 WWW 服务器，其主要的功能是利用应用层提供的 HTTP 协议、HTML 文档格式、浏览器统一资源定位器(URL)等技术提供网上信息浏览服务。Web 服务是 Internet 上最热门的服务之一。

Web 服务采用客户端/服务器结构，分为 Web 客户端和 Web 服务器。用户使用浏览器或其他程序建立客户端与服务器连接。具体工作流程如下：

(1) 用户启动浏览器，在浏览器地址栏中指定一个 URL，浏览器便向该 URL 所指定的 Web 服务器发出请求。

(2) Web 服务器接到浏览器的请求后，把 URL 转换成网页所在服务器上的文件路径名。

(3) Web 服务器执行 Web 应用程序的服务端代码，对数据库进行操作。

(4) 数据库将执行的结果返回给 Web 服务器。

(5) Web 服务器将服务端代码执行的结果嵌入到客户端请求的文档中。

(6) Web 服务器向客户端发送页面。

(7) 客户端浏览显示页面。

下面介绍 Linux 下常用的几种 Web 服务器。

1) Nginx

Nginx (engine x)在近几年异军突起，不仅是一个小巧且高效的 HTTP 服务器，也可以做一个高效的负载均衡的反向代理。通过它接受用户的请求并分发到多个 Mongrel 进程，可以极大地提高 Rails 应用的并发能力。其特点是占有内存少，并发能力强，事实上 Nginx 的并发能力确实在同类型的网页服务器中表现较好，我国使用 Nginx 网站的用户有百度、京东、新浪、网易、腾讯、淘宝等。

2) Lighttpd

Lighttpd 是一个德国人领导的团队开发的开源 Web 服务器软件，其根本目的是提供一个专门针对高性能网站，安全、快速、兼容性好且灵活的 Web Server 环境，具有非常低的内存开销、cpu 占用率低、效能好及丰富的模块等特点。

Lighttpd 是众多 OpenSource 轻量级的 Web Server 中较为优秀的一个。支持 FastCGI、CGI、Auth、输出压缩(output compress)、URL 重写、Alias 等重要功能；而 Apache 之所以流行，很大程度也是因为功能丰富，在 Lighttpd 上很多功能都有相应的实现。这点对于 Apache 的用户是非常重要的，因为迁移到 Lighttpd 就必须面对这些问题。

3) Apache

Netcraft 公司官网公布的调研数据(Web Server Survey)已成为当今人们了解全球网站数量及服务器市场份额情况的主要参考依据。Netcraft 发布的 2017 年 Web 服务器调查报告显示，从活跃网站和 Web 计算机数据来看，Apache 继续领先市场，如图 13-1 所示。

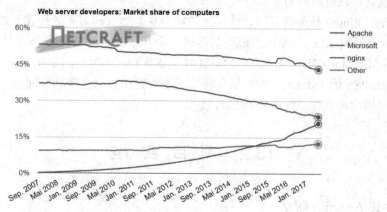

图 13-1　Netcraft 发布的服务器排名

Apache HTTP Server(简称 Apache)是 Apache 软件基金会的一个开放源码的网页服务器，可以在大多数计算机操作系统中运行，由于其跨平台和安全性被广泛使用，是最流行的 Web 服务器端软件之一，可快速、可靠且可通过简单的 API 扩展，将 Perl/Python 等解释器编译到服务器中。

Apache 的工作性能和稳定性远远领先于其他同类产品，其特性为：

◇ 简单而强有力的基于文件的配置过程。

◇ 支持 PHP、CGI、Java Servlets 和 FastCGI。

◇ 开放源代码、跨平台应用。

◇ 模块化设计、运行稳定、安全性良好。

◇ 实现了动态共享对象(DSO)，允许在运行时动态装载功能模块。

◇ 支持最新的 HTTP 1.1 协议。

◇ 支持虚拟主机，支持 HTTP 认证，集成了代理服务，支持安全 Socket 层(SSL)。

◇ 支持通用网关接口 CGI、FastCGI 及服务器端包含命令(SSI)。

◇ 支持第三方软件开发商提供的大量功能模块。

13.1.2　LAMP 模型

LAMP(Linux+Apache+Mysql/MariaDB+Perl/PHP/Python)网站架构是目前国际流行的 Web 框架，如图 13-2 所示为其标志。该框架包括：Linux 操作系统，Apache 网络服务器，MySQL 数据库，Perl、PHP 或 Python 编程语言。和 Java/J2EE 架构相比，LAMP 具有 Web 资源丰富、轻量、开发快速等特点。与微软的 .NET 架构相比，LAMP 具有通用、跨平台、高性能、低价格的优势。因此，LAMP 无论是性能、质量还是价格，都是企业搭建网站的首选平台。从网站的流量上来说，70%以上的访问流量是 LAMP 来提供的，LAMP 是最强大的网站解决方案，也是现在运行效率最高的。

图 13-2　LMAP 标志

LAMP 包含的软件组件有：

◇　Linux：Linux 是免费开源软件，这意味着它是源代码可用的操作系统。

◇　Apache：Apache 是使用中最受欢迎的一个开放源码的 Web 服务器软件。

◇　MySQL、MariaDB：MySQL、MariaDB 是多线程、多用户的 SQL 数据库管理系统。

◇　PHP、Perl 或 Python：PHP 是一种编程语言最初设计生产动态网站，是主要用于服务器端的应用程序软件。Perl 和 Python 类似。

13.2　项 目 实 施

13.2.1　安装 Apache 服务

Red Hat Enterprise Linux 7.6 中提供了 Apache 服务器的 RPM 包和 YUM 源，软件包以 httpd 开头。下面以 YUM 的安装为例介绍 Apache 服务软件包的安装。httpd 是 Apache 服务器的一个守护进程，用于具体实现 Apache 服务器的功能。

(1) 查询系统是否安装 Apache。

在终端窗口输入："rpm -q httpd"命令检查系统是否安装了 httpd 软件包。

    [root@localhost ~]# rpm -q httpd

    未安装软件包 httpd

使用 yum 命令安装 Apache。

    [root@localhost ~]# yum install httpd　–y

(2) 安装完成后再次进行查询。

    [root@localhost ~]# rpm -qa|grep httpd

    httpd-tools-2.4.6-88.el7.x86_64

    httpd-2.4.6-88.el7.x86_64

(3) 进行其他准备工作。

配置 Web 服务器 IP 地址为 172.16.43.253，关闭防火墙，设置系统的安全机制为 Permissive，并生效。

    [root@localhost ~]# vi /etc/sysconfig/network-scripts/ifcfg-ens33

    [root@localhost ~]# ifconfig ens33

    ens33: flags=4163<UP,BROADCAST,RUNNING,MULTICAST>　mtu 1500

    inet 172.16.43.253　　　　　　　　netmask 255.255.255.0 broadcast 172.16.43.255

    inet6 fe80::a67d:2c19:db5b:39ce　　prefixlen 64　　　　scopeid 0x20<link>

    ether 00:0c:29:02:4f:ac　　　　　　txqueuelen 1000　　(Ethernet)

    RX packets 4861　　　bytes　　　　　487660　　　　　　(476.2 KiB)

    RX errors 0　　　　　dropped 0　　　overruns 0　　　　　frame 0

    TX packets 666　　　 bytes　　　　　100590 (98.2 KiB)

    TX errors 0　　　　　dropped 0 overruns 0　　carrier 0　　　　collisions 0

    [root@localhost ~]# systemctl stop firewalld

    [root@localhost ~]# systemctl disable firewalld

    [root@localhost ~]# vi /etc/selinux/config

    [root@localhost ~]# setenforce 0

    [root@localhost ~]# getenforce

    Permissive

(4) Apache 的默认配置有以下 4 项。

◇ 服务器的根目录：/etc/httpd

◇ 运行 Apache 的用户：apache

◇ 运行 Apache 的组：apache

◇ 监听端口：80(http)，443(https)

13.2.2　启动与停止 Apache 服务

(1) 启动 httpd 服务。

    [root@localhost ~]# systemctl start httpd

启动 Apache 服务之后，在浏览器中通过 IP 地址可以访问 Apache 的默认首页，如图 13-3 所示。

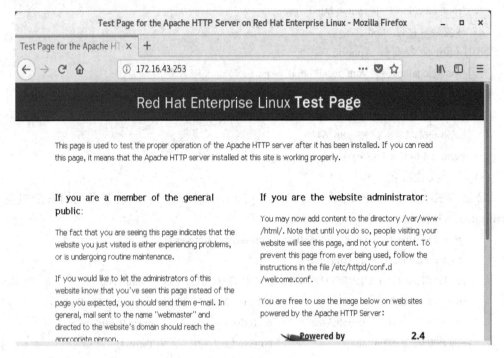

图 13-3　Apache 的默认首页

(2) 重启 httpd 服务。

[root@localhost ~]# systemctl restart httpd

(3) 停止 httpd 服务。

[root@localhost ~]# systemctl stop httpd

(4) 查看 httpd 服务器的状态。

[root@localhost ~]#systemctl status httpd

(5) 将 httpd 服务配置为开机自动运行。

打开"终端"窗口输入"ntsysv"命令，找到"httpd.service"，并在它前面加上"*"号。也可以通过如下命令实现开机自启动。

[root@localhost ~]# systemctl enable httpd

13.2.3　修改主配置文件 httpd.conf

httpd.conf 是 Apache 最核心的配置文件，位于/etc/httpd/conf/目录下，几乎绝大部分的设置都需要修改该配置文件来完成。在 Apache 启动时，会自动读取配置文件的内容。配置文件内容改变后，只有重启 httpd 服务或者重新启动 Linux 才会生效。

httpd.conf 文件不区分大小写，以"#"开始的行为注释行。除了注释和空行外，其他是行为指令，指令又分为类似于 Shell 的命令和伪 HTML 标记。httpd.conf 文件主要由以下 3 部分组成。

1. 全局环境配置

这一部分的指令将影响整个 Apache 服务器。

(1) ServerRoot：设置 Apache 的配置文件、错误文件和日志文件的存放目录，且该目录是整个目录树的根节点。在默认情况下根路径为/etc/httpd，可根据需要进行修改。

(2) Listen：设置 Apache 服务监听的 IP 和端口。一般在使用非 80 的端口时设置。

(3) LoadModule：设置动态加载模块。

(4) Include conf.d/*.conf：将由 Serverroot 参数指定的目录中子目录 conf.d 中的*.conf 文件包含进来，即将/etc/httpd/conf.d 目录中的*.conf 文件包含进来。

(5) User：指定运行 Apache 服务的用户名，默认为 apache。

(6) Group：指定运行 Apache 服务的组名，默认为 apache。

(7) KeepAlive Off：设置是否允许在同一个连接上传输多个请求，取值为 on/off。

(8) MaxKeepAliveRequests：设置一次连接可以进行的 HTTP 请求的最大次数。如果将此值设置为 0，将不限制请求的数目。

(9) KeepAliveTimeout：设置持续作用中服务器在两次请求之间等待的最大时间间隔，默认值是 15 秒。如果服务器已经完成了一次请求，但在超过了该指令设置的时间间隔后，还没有收到下一次请求，那么服务器就断开连接。

2. 主服务器配置

(1) ServerAdmin：设置服务器管理员的电子邮箱地址。如果客户端在访问服务器时出现错误，就把错误信息返回给客户端的浏览器，以便 Web 用户和管理员取得联系。

(2) ServerName：服务器用于辨识自己的主机名和端口号。如果没有申请域名，使用 IP 地址就可以，主要用于创建转向 URL，默认情况下是不需要设置这个参数的。

(3) DocumentRoot：网站数据的存放目录，默认为/var/www/html。

(4) Directory 目录容器：Apache 服务器可以利用 Directory 容器设置对指定目录进行访问控制。

　　◇ <Directory />

　　AllowOverride none

　　Require all denied

　　</Directory>　　　　　　　　#设置 Apache 根目录的访问权限和访问方式

　　◇ <Directory "/var/www/html">

　　Options Indexes FollowSymLinks

　　AllowOverride None

　　Require all granted　　　　　　#允许所有请求访问资源

　　</Directory>　　　　　　　　#设置 Apache 主服务器网页文件存放目录的访问权限

其中，Indexes 表示在目录中找不到 DirectoryIndex 列表中指定的文件，就生成当前目录的文件列表。FollowSymLinks 表示允许符号链接跟随，访问不在本目录下的文件。AllowOverride 控制哪些指令可以放在.htaccess 文件中。当 AllowOverride 设置为 None 时，.htaccess 文件将被完全忽略。当 AllowOverride 设置为 All 时，所有具有.htaccess 作用域的指令都允许出现在.htaccess 文件中。

（5）防止用户看到以.ht 开头的文件，保护.htaccess 和.htpasswd 的内容。主要是为了防止其他人看到预设，可以访问相关内容的用户名和密码。

　　　　<Files ".ht*">

　　　　Require all denied

　　　　</Files>

（6）TypesConfig：指定存放 MIME 文件类型的文件。

（7）LogLevel：指定错误日志的记录级别。

（8）ServerSignature：设置为 On，由于服务器出错所产生的网页会显示 Apache 的版本号、主机、连接端口等信息。

（9）AddDefaultCharset：设置服务器的编码。在默认情况下服务器编码采用 UTF-8。而汉字的编码一般是 GB2312，国家强制标准是 GB18030。

（10）ErrorLog：存放错误日志的位置。

（11）CustomLog：访问日志文件的位置。

3．虚拟主机配置

通过配置虚拟主机，可以在单个服务器上运行多个 Web 站点。虚拟主机可以是基于 IP 地址、主机名或端口号的。

（1）基于 IP 地址的虚拟主机，需要计算机上配有多个 IP 地址，并为每个 Web 站点分配一个唯一的 IP 地址。

（2）基于主机名的虚拟主机，要求拥有多个主机名，并且为每个 Web 站点分配一个主机名。

（3）基于端口号的虚拟主机，要求不同的 Web 站点通过不同的端口号监听，这些端口号只要系统不用就可以。

4．Apache 的主要工作目录和文件

在 Apache 中存在多个目录，具体用途如下：

/etc/httpd：服务器守护进程 httpd 的工作目录。

/etc/httpd/conf/httpd.conf：Apche 服务的主配置文件。

/etc/httpd/conf.d/：存放主配置文件包含的子配置文件的目录，如个人主页配置文件 userdir.conf。

/var/www/html/：网站数据的存放目录。

/var/log/httpd/ access_log：主服务器的访问日志文件。

/var/log/httpd/error_log：主服务器的错误日志文件。

13.2.4　配置用户个人主页

现在许多网站都提供了个人主页，用户可以方便地管理自己的主页空间。利用 Apache 服务可以实现用户的个人主页配置，一般分为以下几步：

配置用户个人主页

（1）使拥有用户账号的每个用户都能够架设自己单独的 Web

站点。

(2) 在 RHEL7.6 中默认没有开启这个功能，需要编辑个人主页的配置文件。

```
[root@localhost ~]# vim /etc/httpd/conf.d/userdir.conf
<IfModule mod_userdir.c>
//
// UserDir is disabled by default since it can confirm the presence
// of a username on the system (depending on home directory
// permissions).
//
//UserDir disabled        #注释掉，就可以开启个人主页功能
//
// To enable requests to /~user/ to serve the user's public_html
// directory, remove the "UserDir disabled" line above, and uncomment
// the following line instead:
//
UserDir public_html          #启用网站数据在家目录中的保存路径
</IfModule>
```

(3) 使用 mod_userdir 模块，可以用如下的 URL：

http://IP or FQDN/~username 访问系统用户 username 的 Web 站点。

例　在 IP 地址为 172.16.43.253 的 Apache 服务器中，为系统中的 hz 用户设置个人主页空间。该用户的家目录为/home/hz，个人主页空间所在的目录为 public_html。

① 启用用户个人主页功能。

② 修改用户的家目录权限，使其他用户具有读和执行的权限。

```
[root@localhost ~]# chmod 755 /home/hz
[root@localhost ~]# ll /home
drwxr-xr-x. 4 hz        hz              4096 11 月  10 16:48 hz
```

③ 创建存放用户个人主页空间的目录。

```
[root@localhost ~]# cd /home/hz
[root@localhost hz] # mkdir public_html
[root@localhost hz] # ll
drwxr-xr-x. 2 root root 4096 11 月  16 16:48 public_html
```

④ 创建个人主页空间的默认首页文件。

```
[root@localhost public_html] # echo "hello I am hz">>index.html
[root@localhost public_html] # cat index.html
hello I am hz
```

⑤ 重启 httpd 服务。

```
[root@localhost ~]# systemctl restart httpd
```

⑥ 测试。

在浏览器的地址栏输入 http://172.16.36.254/~hz，访问 hz 用户个人主页，如图 13-4 所示。

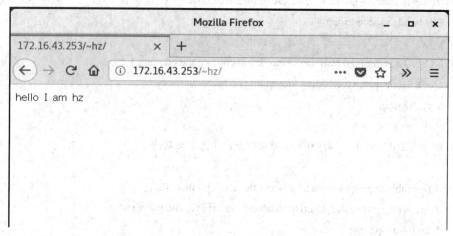

图 13-4　hz 用户个人主页

13.2.5　配置虚拟目录

一般情况下，网站的资源需要放置在 Apache 的主目录中才可以发布在网页当中，默认主目录的路径是/var/www/html，要从 Apache 主目录以外的其他目录发布站点，可以使用虚拟目录实现。

虚拟目录是一个位于 Apache 服务器主目录之外的目录，不包含在 Apache 服务器的主目录中，但在访问 Web 站点的用户看来，它与位于主目录中的子目录是一样的。每一个虚拟目录都有一个别名，客户端可以通过此别名来访问虚拟目录，并且使用虚拟目录还具有以下优点：

(1) 方便快捷。虚拟目录的名称和路径均不受真实目录名称和路径的限制，因此在使用虚拟目录的时候可以让设置更加方便、快捷，而且用户完全感觉不到在访问虚拟目录。

(2) 灵活性强。当 Apache 文档所在的磁盘空间不足时，可以迅速通过虚拟目录将某些内容定义到其他磁盘上，从而变相地扩大了硬盘空间。

(3) 安全性高。虚拟目录可以隐藏站点中真正的目录结构，从而防范黑客通过猜测的方法破解。

(4) 方便移动。如果目录移动了，那么相应的 URL 路径也会发生改变，而只要虚拟目录的名称不变，实际路径不论发生任何改变都不会影响用户访问。

每一个虚拟目录都有一个别名，可以为每个虚拟目录分别设置不同的访问权限，因此非常适合于不同用户对不同目录拥有不同的权限。只有知道虚拟目录名的用户才可以访问此虚拟目录，除此之以其他用户无法访问该虚拟目录。

在 Apache 中使用 Alias 字段可以创建虚拟目录，用于访问不在 DocumentRoot 下的内容。

语法：Alias 虚拟目录 实际路径

在默认情况下 Apach 的主配置文件中建立了如下的虚拟目录，该目录是被注释的。

Alias /webpath   /full/filesystem/path

例 在 IP 地址为 172.16.43.253 的 Apache 服务器中，创建/test 虚拟目录，对应的物理路径是 "/var/www/test/"，并在客户端测试。

① 创建物理路径/var/www/test/。

    [root@localhost ~]#mkdir -p /var/www/test

② 创建虚拟目录中的默认首页文件。

    [root@localhost ~]#cd /var/www/test

    [root@localhost test] #echo "hello, this is virtual directory ">>index.html

③ 修改默认首页文件的权限，使其他用户具有读和执行权限。

    [root@localhost test] #chmod 705 index.html

④ 修改 httpd.conf 文件。

    [root@localhost test]#vim /etc/httpd/conf/httpd.conf

    Alias /test/   "/var/www/test/"   #定义虚拟目录 "/test/"，物理路径为 "/var/www/test/"

    <Directory "/var/www/test/">

    Options Indexes MultiViews FollowSymLinks

    AllowOverride None

    Require all granted

    </Directory>

⑤ 重启 httpd 服务。

    [root@localhost ~]# systemctl   restart   httpd

⑥ 测试。

在浏览器的地址栏输入 http://172.16.36.254/test/访问网站，如图 13-5 所示。

图 13-5 /test 虚拟目录的访问效果

当 Options 选项中有 indexes 属性时，允许目录浏览，即当主文档目录中没有 DiretoryIndex 参数指定的网页文件 index.html 时，会列出目录中的文件清单。

13.2.6 配置虚拟主机

在一台 Web 服务器上通过设置虚拟主机(Virtual Host)就可以运行多个网络站点，如 www.test1.com 和 www.test2.com。

基于 IP：需要在服务器上绑定多个 IP 地址，然后配置 Apache，把多个网站绑定在不同的 IP 地址上，访问服务器上不同的 IP 地址，就可以访问不同的网站。

基于域名：所有的虚拟主机可以共享同一个 IP 地址，使用不同的域名来访问不同的网站。同时，基于域名的虚拟主机技术也可以缓解 IP 地址不足的问题。

基于端口：所有的虚拟主机可以共享同一个 IP 地址，各虚拟主机之间通过不同的端口号进行区分。在设置基于端口号的虚拟主机的配置时，需要利用 Listen 语句设置所监听的端口。

无论是配置何种虚拟主机，都需要在 VirtualHost 容器进行如下设置：

```
<VirtualHost *:80>
 ServerAdmin webmaster@dummy-host.example.com
#指定虚拟主机管理员的电子邮箱地址
 ServerName domain.com              #指定虚拟主机名称和端口号
 DocumentRoot "/home/www"           #指定虚拟主机中网站数据的目录
 DirectoryIndex index.html index.php  #指定虚拟主机的默认主页
 ErrorLog logs/dummy-host.example.com-error_log
#指定虚拟主机的错误日志存放路径
 CustomLog logs/dummy-host.example.com-access_log common
#指定虚拟主机的访问日志存放路径
 <Directory "/home/www">            #网站目录的访问权限
 Options Indexes FollowSymLinks
 AllowOverride All
 Require all granted
 </Directory>
 </VirtualHost>
```

例 1　在 IP 地址为 192.168.43.253 的 Apache 服务器中配置基于不同端口的网站，具体要求为：

在 /home 目录下创建网页 ceshi1.html，内容为 this is first web，通过端口号 8888 访问。

在 /var/www 目录下创建网页 ceshi2.html，内容为 this is second web，通过端口号 6666 访问。

具体配置过程为：

① 分别创建网站默认首页文件。

```
[root@localhost ~]#echo " this is first web ">>/home/ceshi1.html
[root@localhost ~]#echo " this is second web ">>/var/www/ceshi2.html
```

② 分别修改首页文件的权限，使其他用户具有读和执行权限。

```
[root@localhost ~]#chmod   705   /home/ceshi1.html
[root@localhost ~]#chmod   705   /var/www/ceshi2.html
```

③ 修改 Apache 的主配置文件 httpd.conf。

```
[root@localhost ~]#vim /etc/httpd/conf/httpd.conf
Listen 80
Listen 8888#添加端口号 8888
Listen 6666#添加端口号 6666
```

④ 在/etc/httpd/conf.d 创建虚拟主机文件。8888.conf 和 6666.conf。

[root@localhost ~]# cd /etc/httpd/conf.d/

[root@localhost conf.d] # ls

autoindex.conf　　README　　userdir.conf　　welcome.conf

[root@localhost conf.d] # vim 8888.conf

[root@localhost conf.d] # cat 8888.conf

\<VirtualHost 172.16.43.253:8888\>

　　DocumentRoot "/home"

　　ServerName 172.16.43.253:8888

　　DirectoryIndex ceshi1.html

\<Directory "/home"\>

　　Options Indexes FollowSymLinks

　　AllowOverride None

　　Require all granted

\</Directory\>

\</VirtualHost\>

[root@localhost conf.d] # vim 6666.conf

[root@localhost conf.d] # cat 6666.conf

\<VirtualHost 172.16.43.253:6666\>

　　DocumentRoot "/var/www"

　　ServerName 172.16.43.253:6666

　　DirectoryIndex ceshi2.html

\<Directory "/var/www"\>

　　Options Indexes FollowSymLinks

　　AllowOverride None

　　Require all granted

　　\</Directory\>

\</VirtualHost\>

⑤ 重启 httpd 服务。

[root@localhost ~]# systemctl restart httpd

⑥ 测试。

首先使用 curl 命令测试虚拟主机的开启情况。

[root@localhost conf.d] # curl 172.16.43.253:8888

this is first web

[root@localhost conf.d]# curl 172.16.43.253:6666

this is second web

然后,在 Windows 和 Linux 下分别打开浏览器,在地址栏输入 http://172.16.43.253:8888,
页面自动跳转到 ceshi1.html,在地址栏输入 http://172.16.43.253:6666,页面自动跳转到

ceshi2.html，如图 13-6 和图 13-7 所示。

图 13-6 访问 http://172.16.43.253:8888

图 13-7 访问 http://172.16.43.253:6666

例 2 在例 1 的基础上配置基于不同 IP 的网站，网络规划如表 13-1 所示。

表 13-1 基于不同 IP 和不同端口的虚拟主机的网络规划

虚拟主机	IP 地址	端　口	主目录	主　页
ceshi1_8888	172.16.43.253	8888	/home	ceshi1.html
ceshi2_6666	172.16.43.253	6666	/var/www	ceshi2.html
index_ip	172.16.43.249	80	/var/www/html	index.html

具体配置过程为：

① 在例 1 的基础上为 ens33 绑定虚拟网卡地址 172.16.43.249。

[root@localhost ~]# ifconfig ens33:1 172.16.43.249 netmask 255.255.255.0

[root@localhost ~]# ifconfig

ens33: flags=4163<UP,BROADCAST,RUNNING,MULTICAST>　mtu 1500

inet 172.16.43.253　netmask 255.255.255.0　broadcast 172.16.43.255

inet6 fe80::a67d:2c19:db5b:39ce　prefixlen 64　scopeid 0x20<link>

ether 00:0c:29:02:4f:ac　txqueuelen 1000　(Ethernet)

RX packets 9543　bytes 2224648 (2.1 MiB)

RX errors 0　dropped 0　overruns 0　frame 0

TX packets 731　bytes 108577 (106.0 KiB)

TX errors 0　dropped 0 overruns 0　carrier 0　collisions 0

ens33:1: flags=4163<UP,BROADCAST,RUNNING,MULTICAST>　mtu 1500

inet 172.16.43.249　netmask 255.255.255.0　broadcast 172.16.43.255

ether 00:0c:29:02:4f:ac　txqueuelen 1000　(Ethernet)

② 增加创建网站默认首页文件。

[root@localhost ~]#echo " this is default web ">>/var/www/html/index.html

③ 修改首页文件的权限，使其他用户具有读和执行权限。

[root@localhost ~]# chmod 705 /var/www/html/index.html

④ 按照例 1 修改主配置文件 httpd.conf。

⑤ 在例 1 的基础上，增加虚拟主机 index_ip 的配置，创建虚拟主机文件 index-ip.conf。

```
[root@localhost ~]# cd /etc/httpd/conf.d/
[root@localhost conf.d] # ls
6666.conf  8888.conf  autoindex.conf  README  userdir.conf  welcome.conf
[root@localhost conf.d] # cp 6666.conf   index_ip.conf
[root@localhost conf.d] # vim index_ip.conf
[root@localhost conf.d] # cat index_ip.conf
<VirtualHost 172.16.43.249>
DocumentRoot "/var/www/html"
ServerName 172.16.43.249
</VirtualHost>
```

⑥ 重启 httpd 服务。

```
[root@localhost conf.d] # systemctl restart httpd.service
```

⑦ 测试。

```
[root@localhost conf.d]# curl 172.16.43.249
this is default web
```

在 Windows 和 Linux 下分别打开浏览器，在地址栏输入 172.16.43.253:8888，页面自动跳转到 ceshi1.html，在地址栏输入 172.16.43.253:6666，页面自动跳转到 ceshi2.html，在地址栏输入 172.16.43.249，页面自动跳转到 index.html，如图 13-8 所示。

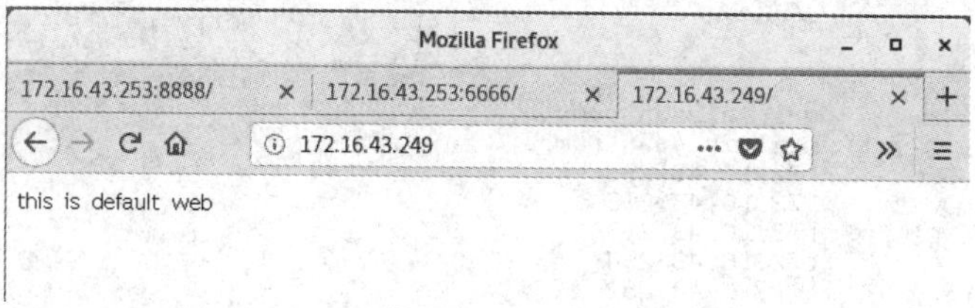

图 13-8　基于不同 IP 和不同端口的虚拟主机

例 3　在 IP 地址为 172.16.43.253 的 Apache 服务器中配置基于不同域名的网站，网络规划如表 13-2 所示。

表 13-2　基于不同域名的虚拟主机的网络规划

虚拟主机	IP 地址	端　口	主目录	主　页
www.zhiyuan.com	172.16.43.253	80	/home	ceshi1.html
xy.zhiyuan.com	172.16.43.253	80	/var/www	ceshi2.html
oa.zhiyuan.com	172.16.43.253	80	/var/www/html	index.html

具体配置过程为：

① 配置 DNS 服务器，添加正向、反向解析区域。

修改全局配置文件 named.conf

```
[root@dns ~]# vim /etc/named.conf
listen-on port 53          { any; };
```

基于不同域名的
虚拟主机

allow-query　　　　　　　{ any; };

修改主配置文件 named.rfc1912.zones，定义区域文件，修改内容如下：

[root@dns ~]# vim /etc/named.rfc1912.zones

在末尾添加：

zone "zhiyuan.com" IN {

type master;

file "zhiyuan.zheng";

allow-update { none; };

};

zone "43.16.172.in-addr.arpa" IN {

type master;

file "zhiyuan.fan";

allow-update { none; };

};

编辑正向区域解析文件 zhiyuan.zheng，如图 13-9 所示。

[root@dns ~]# vim /var/named/zhiyuan.zheng

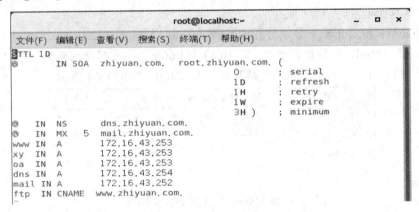

图 13-9　编辑正向区域解析文件

编辑反向区域解析文件 zhiyuan.fan，如图 13-10 所示。

[root@dns ~]# vim /var/named/zhiyuan.fan

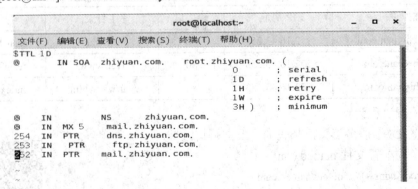

图 13-10　编辑反向区域解析文件

② 启动 DNS 服务。

```
[root@dns ~]# systemctl    restart named
```

③ 按照规划表在相应的目录下创建网页。

```
[root@localhost ~]#echo " this is first web ">>/home /ceshi1.html
[root@localhost ~]#echo " this is second web ">>/var/www /ceshi2.html
[root@localhost ~]#echo " this is default web ">>/var/www/ html/index.html
```

④ 修改页面权限。

```
[root@localhost ~]# cd /home
[root@localhost home] # chmod 705 ceshi1.html
[root@localhost home]# cd /var/www
[root@localhost www]# chmod 705 ceshi2.html
[root@localhost www]# cd /var/www/html
[root@localhost www]# chmod 705 index.html
```

⑤ 修改主配置文件/etc/httpd/conf/httpd.conf。

```
Listen 80
```

⑥ 在/etc/httpd/conf.d 创建虚拟主机文件 www.conf、xy.conf 和 oa.conf。

```
[root@localhost ~]# cd /etc/httpd/conf.d/
[root@localhost conf.d]# vim www.conf
[root@localhost conf.d]# cat www.conf
<VirtualHost 172.16.43.253:80>
DocumentRoot "/home"
ServerName www.zhiyuan.com
DirectoryIndex ceshi1.html
<Directory "/home">
Options Indexes FollowSymLinks
AllowOverride None
Require all granted
</Directory>
</VirtualHost>
[root@localhost conf.d]# vim xy.conf
[root@localhost conf.d]# cat xy.conf
<VirtualHost 172.16.43.253:80>
DocumentRoot "/var/www"
ServerName xy.zhiyuan.com
DirectoryIndex ceshi2.html
<Directory "/var/www">
Options Indexes FollowSymLinks
AllowOverride None
Require all granted
```

```
</Directory>
</VirtualHost>
[root@localhost conf.d]# vim oa.conf
[root@localhost conf.d]# cat oa.conf
<VirtualHost 172.16.43.253:80>
DocumentRoot "/var/www/html"
ServerName oa.zhiyuan.com
</VirtualHost>
```

⑦ 重启 httpd 服务。

```
[root@localhost conf.d]# systemctl restart httpd
```

⑧ 测试。

```
[root@localhost conf.d]# curl www.zhiyuan.com
this is first web
[root@localhost conf.d]# curl xy.zhiyuan.com
this is second web
[root@localhost conf.d]# curl oa.zhiyuan.com
this is default web
```

可以在 Windows 和 Linux 下分别打开浏览器，在地址栏分别输入 http:// www.zhiyuan.com、http://xy.zhiyuan.com 及 http://oa.zhiyuan.com，结果如图 13-11 所示。

图 13-11　基于不同域名的虚拟主机

13.2.7　访问控制

Apache 对于访问控制权限的设置有两种方式：一种是在其配置文件 httpd.conf 中直接进行，主要是使用<Directory >、</Directory>容器来设置；另一种是在.htaccess 文件中设置。这两种方式都可以用于控制浏览器的访问，但是使用 httpd.conf 配置文件，每次改动都需要重新启动服务器才会生效，灵活性较差，而使用.htaccess 文件设置具体的目录访问控制则比较灵活。

在 Apache2.2 版本中访问控制是基于客户端的主机名、IP 地址及客户端请求中的其他特征，使用 Order(排序)、Allow(允许)、Deny(拒绝)指令来实现。在 Apache2.4 版本中使用 mod_authz_host 这个新的模块来实现访问控制和其他的授权检查。原来在 Apache2.2 版本下用以实现网站访问控制的 Order、Allow 和 Deny 指令，需要替换为新的 Require 访问控制指令。

1. 目录的访问控制

例 1　所有请求都被拒绝，命令如下：

Require all denied

例 2　所有请求都被允许，命令如下：

Require all granted

例 3　zhiyuan.com 域中所有请求都被允许，其他拒绝，命令如下：

Require host zhiyuan.com

例 4　拒绝 IP 地址为 192.168.1.26 和 test.net 的客户端访问，其他客户端都可以正常访问，命令如下：

Require all granted

Require not ip 192.168.1.26

Require not host test.net

例 5　仅允许 192.168.0.0/24 网段，IP 为 172.16.43.254 的客户端访问，但其中 192.168.0.100 不能访问，命令如下：

Require ip 192.168.0 172.16.43.254

Require not ip 192.168.0.100

Options 指令是 Apache 配置文件中一个比较常见且重要的指令，Options 指令可以在 Apache 服务器核心配置(Server Config)、虚拟主机配置(Virtual Host)、特定目录配置 (Directory)及.htaccess 文件中使用。

Options 指令主要是控制特定目录将启用哪些服务器特性。常见的配置示例代码如下：

<Directory "/var/www/html">　#指定目录"启用 Indexes、FollowSymLinks 两种特性

Options Indexes FollowSymLinks

AllowOverride None

Require all granted

</Directory>

容器选项配置(Options)可以出现在主配置文件容器内，或.htaccess 配置文件中。

Options [+ | -]Option1 [+ | -]Option2 …

选项之前添加加号(+)表示添加此特性。

选项之前添加减号(-)表示去掉此特性。

简而言之，Options 指令后可以附加指定多种服务器特性，特性之间以空格分隔。常用服务器特性如下：

All：表示除 MultiViews 之外的所有特性，这也是 Options 指令的默认设置。

None：表示不启用任何的服务器特性。

FollowSymLinks：服务器允许在此目录中使用符号连接。

Indexes：允许目录浏览。如果输入的网址对应服务器上的一个文件目录，而此目录中又没有 DirectoryIndex 指令(如 DirectoryIndex index.html index.php)，那么服务器会返回目录列表。

　　MultiViews：允许使用 mod_negotiation 模块提供内容协商的"多重视图"。简而言之，如果客户端请求的路径可能对应多种类型的文件，那么服务器将根据客户端请求的具体情况自动选择一个最匹配客户端要求的文件。例如，在服务器站点的 file 文件夹下中存在名为 hello.jpg 和 hello.html 的两个文件，此时用户输入 Http://localhost/file/hello。如果在 file 文件夹下并没有 hello 子目录，那么服务器将会尝试在 file 文件夹下查找形如 hello.*的文件，然后根据用户请求的具体情况返回最匹配要求的 hello.jpg 或 hello.html。

　　SymLinksIfOwnerMatch：服务器仅在符号连接与目标文件或目录的所有者具有相同的用户 ID 时才使用它。简而言之，只有当符号连接和符号连接指向的目标文件或目录的所有者是同一用户时，才会使用符号连接。如果该配置选项位于<Location>配置段中，将会被忽略。

　　ExecCGI：允许使用 mod_cgi 模块执行 CGI 脚本。

　　Includes：允许使用 mod_include 模块提供的服务器端包含功能。

　　IncludesNOEXEC：允许服务器端包含，但禁用 "#exec cmd" 和 "#exec cgi"，可以从 ScriptAlias 目录使用 "#include virtual" 虚拟 CGI 脚本。

　　例 6　禁止 Apache 显示/Apa 目录列表，命令如下：

```
<Directory "D:/Apa ">
Options FollowSymLinks
AllowOverride None
Require all granted
</Directory>
```

　　Options 指令语法允许在配置选项前加上符号 "+" 或者 "-"。如果一个目录被多次设置了 Options，则指定特性数量最多的一个 Options 指令会被完全接受(其他的则被忽略)。但是如果在可选配置项前加上了符号 "+" 或 "-"，那么表示该选项将会被合并。所有前面加有 "+" 号的选项将强制覆盖当前的选项设置，而所有前面有 "-" 号的选项将强制从当前选项设置中去除。例如：

```
<Directory/web/file>
Options Indexes FollowSymLinks
</Directory>
<Directory /web/file/image>
Options Includes
</Directory>
```

　　此时，目录/web/file/image 只会被设置 Includes 特性。例如：

```
<Directory/web/file>
Options IndexesFollowSymLinks
</Directory>
<Directory /web/file/image>
Options +Includes -Indexes
</Directory>
```

　　最终，目录/web/file/image 将会被设置为 Includes 和 FollowSymLinks 两种特性。

注意：混合使用前面带"+"/"-"和前面不带"+"/"-"的同一选项，可能会导致出现意料之外的结果。使用-IncludesNOEXEC 或-Includes 时，不论前面如何设置，都会完全禁用服务器端包含。

例 7　在原有的基础上禁止 Apache 显示 /var/www/test/目录，命令如下：

> \<Directory .htaccess \>
>
> Options -Indexes
>
> \</Directory\>

2.　.htaccess

在 httpd.conf 相应目录中的 AllowOverride 主要用于控制.htaccess 中允许进行的设置。.htaccess 文件是一个访问控制文件，用来配置相应目录的访问方法。.htaccess 文件通过一个特定的文档目录中放置一个包含一个或多个指令的文件(如.htaccess 文件)，来作用于此目录及其所有子目录。.htaccess 文件的功能包括设置网页密码、设置发生错误时出现的文件、改变首页的文件名(如 index.html)、禁止读取文件名、重新导向文件、加上 MIME 类别、禁止列目录下文件等。

> \<Directory /\>
>
> Options FollowSymLinks
>
> AllowOverride None
>
> \</Directory\>

如上所示，\<Directory \>等容器中 AllowOverride 默认为"none"，完全忽略了 .htaccess 文件，所以是不会读取相应目录下的.htaccess 文件来进行访问控制的。如果要启用.htaccess 文件，需要将 AllowOverride 的值设置为"AuthConfig"，这样就可以在需要进行访问控制的目录下创建一个 .htaccess 文件。

AllowOverride 参数功能描述如表 13-3 所示。

表 13-3　AllowOverride 参数功能描述

参　数	功　能　描　述
AuthConfig	允许使用与认证授权相关的指令 (AuthDBMGroupFile, AuthDBMUserFile, AuthGroupFile, AuthName, AuthType, AuthUserFile, Require)
FileInfo	允许使用控制文档类型的指令 (DefaultType, ErrorDocument, ForceType, LanguagePriority, SetHandler, SetInputFilter, SetOutputFilter, mod_mime 中的 Add* 和 Remove* 指令等)、控制文档元数据的指令 (Header, RequestHeader, SetEnvIf, SetEnvIfNoCase, BrowserMatch, CookieExpires, CookieDomain, CookieStyle, CookieTracking, CookieName)、mod_rewrite 中的指令(RewriteEngine, RewriteOptions, RewriteBase, RewriteCond, RewriteRule)和 mod_actions 中的 Action 指令
Indexes	允许使用控制目录索引的指令(AddDescription, AddIcon, AddIconByEncoding, AddIconByType, DefaultIcon, DirectoryIndex, FancyIndexing, HeaderName, IndexIgnore, IndexOptions, ReadmeName)
Limit	允许使用控制主机访问的指令(Allow, Deny, Order)
All	所有具有 .htaccess 作用域的指令都允许出现在.htaccess 文件中
None	禁止处理.htaccess 文件

注意：.htaccess 是一个完整的文件，上传 .htaccess 文件时必须使用 ASCII 模式，并使用 chmod 命令改变权限为 644(rw-r--r--)。每一个放置.htaccess 文件的目录及其子目录都会被 .htaccess 影响。

13.2.8　用户身份认证

Apache 默认是不需要密码就能访问的，为了安全起见，需要进行身份认证。用户身份认证是防止非法用户使用资源的有效手段，现在很多网站都使用用户身份认证来管理用户资源，对用户的访问权限进行严格限制。Apache 服务器允许在主配置文件 httpd.conf 文件或 .htaccess 文件中对相应的目录进行强制口令保护。当用户访问这些受保护的站点时，必须输入合法的用户名和密码才能登录。

语法：htpasswd　[-cmdpsD]　passwordfile　username

功能：创建.htaccess 文件身份认证所使用的密码。

各选项及含义如下：

-m：可以生成 MD5 算法的加密口令(CentOS7 中为默认参数)。

-c：创建密码文件 passwdfile。如果 passwdfile 已经存在，那么它会重新写入并删去原有内容。

-n：不更新 passwordfile，直接显示密码。

-d：使用 CRYPT 加密(默认)。

-p：使用普通文本格式的密码。

-s：使用 SHA 加密。

-b：命令行中一并输入用户名和密码而不是根据提示输入密码，可以看见明文，不需要交互。

-D：删除指定的用户。

对网站进行身份验证时，需要进行下列设置：

(1) 用户身份认证，必须将 AllowOverride 设置为 AuthConfig 启用认证。

(2) 创建密码文件 passwdfile。

(3) 创建.htaccess 文件，指示服务器允许哪些用户访问，并向用户索取密码。文件内容如下：

```
AuthType Basic
AuthName "Restricted Files"
AuthUserFile passwdfile
Require user 用户名
```

其中：

AuthType：选择对用户实施认证的方法，最常用的是由 mod_auth_basic 提供的 Basic。

AuthName：设置使用认证的域(Realm)，它有两个作用：首先，此域会出现在显示给用户的密码提问对话框中；其次，帮助客户端程序确定应该发送哪个密码。

AuthUserFile：设置了密码文件的位置，即刚才我们用 htpasswd 建立的文件。

当使用认证指令配置了认证之后，还需要使用 Require 指令为指定的用户或组进行授

权。Require 指令有如下 3 种使用格式:

Require user 用户名[用户名] ……: 授权给指定的一个或多个用户。

Require group 组名[组名]……: 授权给指定的一个或多个组。

Require valid-user: 授权给认证口令文件中的所有用户。

例　只有 user1 和 user2 可以访问,命令如下:

　　Require user user1 user2

如果想允许多人访问,那么就必须建立一个组文件 groupfile 以确定组中的用户。其格式为: GroupName: rbowen dpitts sungo rshersey

它只是每组一行的一个用空格分隔的组成员列表。

综上所述,需要将.htaccess 文件修改成如下内容:

　　AuthType Basic

　　AuthName "By Invitation Only"

　　AuthUserFile passwdfile

　　AuthGroupFile groupfile

　　Require group GroupName

现在 GroupName 组中的成员都在 password file 文件中有一个相应的记录,从而允许其输入正确的密码进行访问。

13.3 反 思 与 进 阶

1. 项目背景

为了对学院网站文件目录进行保护,IT 协会决定隐藏真实的网站目录,同时只允许特定用户访问网站。具体要求为:

(1) 站点采用虚拟目录来访问,主文档目录真实路径为(/var/www/test/)。

(2) 只允许 test1 登录访问,密码是 123456。

(3) 网站无主页,浏览网站目录列表。

2. 实施目的

(1) 熟练运用 Apache 访问控制的设置。

(2) 能够通过.htaccess 设置用户对网站的访问。

(3) 根据实际需求部署 Web 服务。

部署基于用户认
证的 Web 服务

3. 实施步骤

(1) 配置 Apache 服务器的 IP 地址为 172.16.43.253,关闭防火墙,设置 SELinux 为 Permissive。

　　[root@localhost ~]# ifconfig   ens33

　　ens33: flags=4163<UP,BROADCAST,RUNNING,MULTICAST>   mtu 1500

　　inet 172.16.43.253   netmask 255.255.255.0   broadcast 172.16.43.255

　　inet6 fe80::a67d:2c19:db5b:39ce   prefixlen 64   scopeid 0x20<link>

　　ether 00:0c:29:02:4f:ac   txqueuelen 1000   (Ethernet)

　　RX packets 16884   bytes 4935007 (4.7 MiB)

```
RX errors 0    dropped 0    overruns 0    frame 0
TX packets 2280    bytes 269570 (263.2 KiB)
TX errors 0    dropped 0 overruns 0    carrier 0    collisions 0
[root@localhost ~]# systemctl stop firewalld
[root@localhost ~]# systemctl disable firewalld
[root@localhost ~]# vi /etc/selinux/config
[root@localhost ~]# getenforce    0
[root@localhost ~]# getenforce
Permissive
```

(2) 创建物理路径/var/www/test/，并在其中创建目录 aa 和 bb。

```
[root@localhost ~]# mkdir -p /var/www/test
[root@localhost ~]# cd /var/www/test/
[root@localhost test] # mkdir aa
[root@localhost test] # mkdir bb
```

(3) 在当前目录下的密码文件.htpasswd 中添加用户 test1。

```
[root@localhost test] # htpasswd -c .htpasswd test1
New password:
Re-type new password:
Adding password for user test1
[root@localhost test]# ls -a
.    ..    .htpasswd    aa    bb
```

(4) 修改主配置文件 httpd.conf。

```
[root@localhost test] #vim /etc/httpd/conf/httpd.conf
Alias /test/    "/var/www/test/"
<Directory "/var/www/test">
Options Indexes MultiViews FollowSymLinks
AllowOverride AuthConfig
Require all granted
</Directory>
```

(5) 在当前目录下创建访问控制文件.htaccess。

```
[root@localhost test] # vim .htaccess
[root@localhost test] # cat .htaccess
AuthName "Test"
AuthType basic
AuthUserFile /var/www/test/.htpasswd
require user test1
[root@localhost test]# ls -a
.    ..    aa    bb    .htaccess    .htpasswd
```

(6) 重启 httpd 服务。

[root@localhost test] # systemctl restart　　httpd

(7) 测试。

在浏览器的地址栏输入 http://172.16.43.253/test/，如图 13-12 和图 13-13 所示。

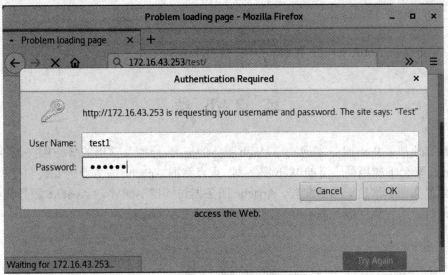

图 13-12　输入用户名和密码

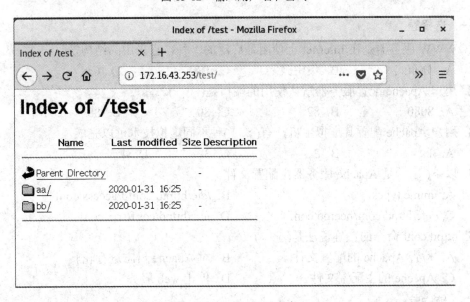

图 13-13　访问网站内容

4. 项目总结

(1) 将访问控制写在<Directory></Directory>容器中。

　　<Directory "/var/www/test">

　　Options Indexes MultiViews FollowSymLinks

　　AllowOverride All

　　Require all granted

```
AuthName "Test"
AuthType basic
AuthUserFile /var/www/test/.htpasswd
require user test1
</Directory>
```

(2) 重点掌握 AuthUserFile 和 require 命令的使用。

项 目 小 结

要熟练地部署 Web 服务，需要了解 Web 服务的概况、原理及常用的 Web 服务器。Apache 是在 Linux 平台下应用最广泛的 Web 服务器。重点掌握 Apache 服务器的安装和简单配置，了解主配置文件中常用选项的配置，Apache 服务器访问控制配置，Apache 服务器虚拟主机配置，对于配置高性能、高可靠性的服务器还需要不断总结经验。

练 习 题

一、选择题

1. WWW 服务器是在 Internet 上使用最广泛的一种，它采用的结构是(　　)。
　　A. 分布式　　　　　B. 集中式　　　　C. B/C　　　　　D. C/S

2. 用户 Apache 配置服务器默认使用的端口是(　　)。
　　A. 8080　　　　　B. 82　　　　　C. 80　　　　　D. 88

3. 用户 Apache 配置其虚拟主机，有(　　)种不同虚拟技术可以完成。
　　A. 1　　　　　B. 2　　　　　C. 3　　　　　D. 4

4. 以下(　　)是 Apache 服务器主配置文件。
　　A. mime.types　　　　　　　　　B. /etc/httptd/confd/access.conf/
　　C. /etc/httpd/conf/heetpd.conf　　D. /etc/httpd/conf/srm.conf

5. httpd.conf 命令的正确说法是(　　)。
　　A. 检查 Apache 的配置文件　　　B. 对 Apache 日志进行轮转
　　C. Apache 的主配置文件　　　　　D. 停止 web 服务

二、填空题

1. Apache 服务器是实现_____服务器功能的应用程序，即通常所说的 web 服务器，为用户提供浏览_____的就是 Apache 应用程序。

2. web 服务使用_____协议。

3. 使用_____命令能启动 Apache 服务。

4. 使用_____可以对 Apache 服务器的性能进行测试。

三、简答题

1. Apache 服务器默认使用的端口是多少?
2. Apache 服务器的主配置文件的存放路径是什么?
3. 在 Apache 服务器上配置虚拟主机有哪几种方式?
4. 解释指令"Deny from 202.196.6.024"的功能。

项目 14　部署电子邮件服务

近年来咨询学院各专业的学生越来越多，为了让每位学生快速、及时了解到学院专业设置、实训条件及就业等情况，也为了提高学院内部一些资料的转发速度，IT 协会决定在学院内部部署一台电子邮件服务器，为大家提供邮件服务。

为了部署稳定、安全的电子邮件服务，IT 协会决定在 Linux 系统中部署电子邮件服务，需要了解电子邮件的传输过程和使用的网络协议等内容，能够根据实际情况部署电子邮件服务。

◇　掌握电子邮件服务的原理。
◇　掌握 SMTP 和 POP3 协议原理。
◇　能够使用 sendmail 和 Postfix 部署邮件服务。

14.1　知　识　准　备

电子邮件服务概述

14.1.1　电子邮件服务简介

Internet 最基本、最重要的服务之一，就是电子邮件服务。据统计，Internet 上百分之三十以上的业务量是电子邮件(Electronic mail)，仅次于 WWW 服务。与传统的邮政信件服务类似，电子邮件可以用来在 Internet 或 Intranet 上进行信息的传递和交流，但电子邮件服务还具有快速、经济的特点。

每个电子邮箱有一个唯一的电子邮件地址(E-mail address)。完整的电子邮件地址由两部分组成，即用户名和邮件服务器地址。其中用户名必须是唯一的，不允许重复。用户名和邮件服务器地址之间用 "@" 分隔开，如 test@zhiyuan.com。

邮件格式上包括两个部分，中间用一个空行分隔。第一部分是一个头部(header)，包括发送方、接收方、发送日期和内容格式等文本；第二部分是正文(body)，包括信息的文本，由用户编写。

电子邮件的工作过程遵循客户端/服务器模式。每份电子邮件的发送都要涉及发送方与接收方，发送方构成客户端，而接收方构成服务器，服务器含有众多用户的电子信箱。发送方通过邮件客户程序将编辑好的电子邮件向邮局服务器(即 SMTP 服务器)发送。邮局服务器识别接收者的地址，并向管理该地址的邮件服务器(即 POP3 服务器)发送消息。邮件服务器是将消息存放在接收者的电子信箱内，并告知接收者有新邮件到来。接收者通过邮件客户程序连接到服务器后就会看到服务器的通知，进而打开自己的电子信箱来查收邮件。

1. 电子邮件系统的构成

一个邮件系统的传输包含了邮件用户代理(Mail User Agent，MUA)、邮件传送代理(Mail Transfer Agent，MTA)及电子邮件协议三大部分。

1) 邮件用户代理(Mail User Agent，MUA)

是用户与电子邮件系统的接口，负责用户和邮件服务器之间的交互。大多数情况下，MUA 就是运行在客户端上的应用程序，其作用是将邮件发送到邮件服务器上和从邮件服务器上接收邮件。目前常用的 Outlook、Outlook Express、Foxmail 、Eudora、Thunderbird 等都属于 MUA。

邮件通过网络发送给对方主机，并从网络接收邮件，这一过程具有以下两个功能：

◇ 发送和接收用户的邮件。

◇ 向发信人报告邮件传送的情况(如已交付、被拒绝、丢失等)。

2) 邮件传送代理(Mail Transfer Agent，MTA)

电子邮件在传输过程中，联网的计算机系统会把消息像接力棒一样在一系列网点间传送，直至到达对方的邮箱。这个传输过程往往要经过很多站点，进行多次转发，因此每个网络站点上都要安装邮件传输代理程序，以便进行邮件转发。Internet 中的 MTA 集合构成了整个报文传输系统(Message Transfer System，MTS)，最常用的 MTA 是 Sendmail、Postfix、Qmail 等。

3) 电子邮件协议

电子邮件客户端和服务器端的种类很多，它们通过电子邮件协议进行邮件传送，如 SMTP、POP、IMAP4、Webmail 等。

2. SMTP 协议简介

SMTP(Simple Mail Transfer Protocol，简单邮件传输协议)是维护传输秩序、规定邮件服务器之间进行哪些工作的协议，其目标是可靠、高效地传送电子邮件。使用 SMTP 时，收信人可以是和发信人连接在同一个本地网络上的用户，也可以是 Internet 上其他网络的用户，或者是与 Internet 相连但不是 TCP/IP 网络上的用户。

SMTP 目前已是 Internet 传输电子邮件的标准，是一个相对简单的基于文本的协议。在其之上指定了一条消息的一个或多个接收者(在大多数情况下被确定是存在的)，然后消息文本就可以传输了，该协议默认在 TCP 25 端口上工作。

SMTP 是个请求/响应协议，请求和响应都是基于 ASCII 文本，并以 CR 和 LF 符结束。

响应包括一个表示返回状态的三位数字代码。SMTP 协议的工作原理为：

(1) 建立 TCP 连接。

(2) 客户端发送 helo 命令以标识发件人自己的身份，然后客户端发送 mail 命令；服务器端以 OK 作为响应，表明准备接收。

(3) 客户端发送 rcpt 命令，以标识该电子邮件的计划接收人，可以有多个 rcpt 行；服务器端则表示是否愿意为收件人接收邮件。

(4) 协商结束用命令 data 发送邮件。

(5) 以 "." 号表示结束输入内容，用 quit 命令退出。

SMTP 独立于特定的传输子系统，且只需要可靠、有序的数据流信道支持。SMTP 的重要特性之一是其能跨越网络传输邮件，即 "SMTP 邮件中继"。

3. POP3 协议

POP 适用于客户端/服务器结构的脱机模型的电子邮件协议，目前已发展到第三版，称 POP3(Post Office Protocol version3　邮局协议版本 3)，允许用户在不同的地点访问服务器上电子邮件，并决定是把电子邮件存放在服务器邮箱上，还是存入本地邮箱内。每一个 POP3 账号都有自己的密码，不论你在世界的任何一个地方，连上互联网都可以检查你的邮件。该协议默认工作在 TCP 110 端口上。

在 POP3 协议中有三种状态，即认可状态、处理状态和更新状态。

当客户端与服务器建立联系时，一旦客户端提供了自己身份并成功确认，即由认可状态转入处理状态，在完成相应的操作后客户端发出 quit 命令，则进入更新状态，更新之后重返认可状态。

4. IMAP4 协议

IMAP4 提供了在远程邮件服务器上管理邮件的手段，能为用户有选择地提供从邮件服务器接收邮件、基于服务器的信息处理和共享信箱等功能。IMAP4 使用户可以在邮件服务器上建立任意层次结构的保存邮件的文件夹，并且可以灵活地在文件夹之间移动邮件，随心所欲地组织自己的信箱，而 POP3 只能在本地依靠用户代理的支持来实现这些功能。如果用户代理支持，那么 IMAP4 甚至还可以实现选择性下载附件的功能。假设一封电子邮件中含有 5 个附件，用户可以选择下载其中的 2 个，而不是所有。

与 POP3 类似，IMAP4 仅提供面向用户的邮件收发服务。邮件在因特网上的收发还是依靠 SMTP 服务器来完成，该协议默认工作在 TCP 143 端口上。

5. 电子邮件传输过程

(1) 用户在各自的 POP 服务器注册登记，由网络管理员为授权用户，并取得一个 POP 信箱，获得 POP 和 SMTP 服务器的地址信息。假设两个服务器的域名分别为 example.com 和 163.com，注册用户分别为 liu 和 chen，E-mail 地址分别为 liu@example.com 和 chen@163.com，如图 14-1 所示。

(2) 当 example.com 服务器上的用户 liu 向 chen@163.com 发送 E-mail 时，E-mail 首先从客户端被发送至 example.com 的 SMTP 服务器。

(3) example.com 的 SMTP 服务器根据目的 E-mail 地址查询 163.com 的 SMTP 服务器，并转发该 E-mail。

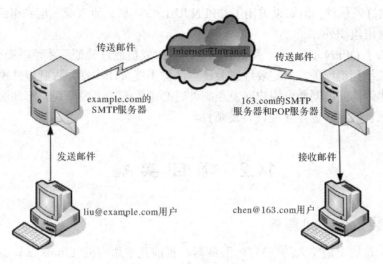

图 14-1   电子邮件传输过程

(4) 163.com 的 SMTP 服务器收到转发该 E-mail，并保存。

(5) 163.com 的 chen 用户利用客户端登录至 163.com 的 POP 服务器，从其信箱中下载并浏览 E-mail。

14.1.2   邮件中继

实际上邮件服务器在接收到邮件以后，会根据邮件的目的地址判断该邮件是发送至本域还是外部，然后再分别进行不同的操作。常见的处理方法有以下两种：

1. 本地邮件发送

当邮件服务器检测到邮件是发送本地邮箱时，如 aa@zhiyuan.com 发送至 bb@zhiyuan.com，处理方法比较简单，会直接将邮件发送指定的邮箱。

2. 邮件中继

中继是指要求服务器向其他的服务器传递邮件的一种请求。一个服务器处理的邮件只有两类，一类是外发的邮件，一类是接收的邮件。前者是本域用户通过服务器要向外部转发的邮件，后者是发给本域用户的。

一个服务器不应该处理过路的邮件，就是既不是自己用户发送的，也不是发给自己用户的，而是一个外部用户发给另一个外部用户的，这一行为称为第三方中继。如果是不需要经过验证就可以中继到组织外，称为 OPEN RELAY(开放中继)。"第三方中继"和"开放中继"是要禁止的，但中继是不能关闭的。

中继：用户通过服务器将邮件传递到组织外。

OPEN RELAY：不受限制的组织外中继，即无验证的用户也可提交中继请求。

第三方中继：由服务器提交的 OPEN RELAY 不是从客户端直接提交的。比如用户的域是 A，通过服务器 B(属于 B 域)中转邮件到 C 域。这时在服务器 B 上看到的是连接请求来源于 A 域的服务器(不是客户)，而邮件既不是服务器 B 所在域用户提交的，也不是发送到 B 域的，这就属于第三方中继。如果用户通过直接连接服务器发送邮件，这是无法阻止的，比如群发软件。但如果关闭了 OPEN RELAY，那么他只能发信到组织内用户，无法将邮件中继出组织外。

如果关闭了 OPEN RELAY，那么必须是该组织成员通过验证后才可以提交中继请求。即用户要发邮件到组织外，一定要经过验证。注意不能关闭中继，否则邮件系统只能在组织内使用。邮件认证机制要求用户在发送邮件时必须提交账号及密码，邮件服务器验证该用户属于该域合法用户后，才允许转发邮件。

14.2　项 目 实 施

14.2.1　安装 sendmail 服务

sendmail 是历史最悠久的 SMTP 服务器，目前几乎所有的 Linux 发行版中都安装了 sendmail。实际上，sendmail 几乎已成为 Linux 操作系统中电子邮件服务器的代名词。

sendmail 的功能是接收 SMTP 邮件、为邮件选择路由、传输 SMTP 邮件、使用邮件别名，从而允许使用邮件列表、错误检测以及速度和代价优化。

部署 sendmail 服务

sendmail 在发展中出现过很多著名的安全漏洞，因而有被其他邮件服务器软件(如 Postfix)取代的趋势。

(1) 检查并安装 sendmail 软件包。

在终端窗口输入："rpm -q sendmail"命令检查系统是否安装了 sendmail 软件包。

　　[root@localhost ~]# rpm -q sendmail

　　未安装软件包 sendmail

使用 yum 命令安装 sendmail。

　　[root@localhost ~]# yum install sendmail –y

(2) 安装完成后再次进行查询。

　　[root@localhost ~]# rpm -qa|grep sendmail

　　sendmail-8.14.7-5.el7.x86_64

(3) 进行其他准备工作。

配置电子邮件服务器 IP 地址为 172.16.43.252，关闭防火墙，设置系统的安全机制为 Permissive，并生效。

　　[root@localhost ~]# vi /etc/sysconfig/network-scripts/ifcfg-ens33

　　[root@localhost ~]# ifconfig ens33

　　ens33: flags=4163<UP,BROADCAST,RUNNING,MULTICAST> mtu 1500

　　inet 172.16.43.252 netmask 255.255.255.0 broadcast 172.16.43.255

　　inet6 fe80::a67d:2c19:db5b:39ce prefixlen 64 scopeid 0x20<link>

　　ther 00:0c:29:02:4f:ac txqueuelen 1000 (Ethernet)

　　RX packets 4833 bytes 487367 (475.9 KiB)

```
RX errors 0    dropped 0    overruns 0    frame 0
TX packets 671    bytes 100811 (98.4 KiB)
TX errors 0    dropped 0 overruns 0    carrier 0    collisions 0
[root@localhost ~]# systemctl stop firewalld
[root@localhost ~]# systemctl disable firewalld
[root@localhost ~]# vi /etc/selinux/config
[root@localhost ~]# setenforce 0
[root@localhost ~]# getenforce
Permissive
```

14.2.2　启动与停止 sendmail 服务

(1) Red Hat Enterprise Linux 7.6 中默认已经安装了 Postfix，所以需要执行如下命令切换 MTA。

```
[root@localhost ~]# alternatives --config mta
共有两个提供"mta"的程序。

选项              命令
-----------------------------------------------
   1              /usr/sbin/sendmail.postfix
*+ 2              /usr/sbin/sendmail.sendmail
按 Enter 键保存当前选择[+]，或键入选择号码 2
```

(2) 为了不影响 sendmail 服务的使用，需要关闭 Postfix 服务。

```
[root@localhost ~]# systemctl stop Postfix.service
```

(3) 设置开机不启动 Postfix。

```
[root@localhost ~]# systemctl disable postfix.service
```

(4) 启动 sendmail 服务。

```
[root@localhost ~]# systemctl start sendmail
```

(5) 停止 sendmail 服务。

```
[root@localhost ~]# systemctl stop sendmail
```

(6) 重启 sendmail 服务。

```
[root@localhost ~]# systemctl restart sendmail
```

(7) 查看 sendmail 服务状态。

```
[root@localhost ~]# systemctl status sendmail
```

(8) 将 sendmail 服务配置为开机自行运行。

```
[root@localhost ~]# systemctl enable sendmail
```

14.2.3　sendmail 的配置文件

1. 配置文件

与 sendmail 相关的配置文件有以下几个：

/etc/mail/sendmail.cf：sendmail 服务器的主配置文件。所有 sendmail 的配置都保存在这个文件中，不过这个文件的语法复杂，最好不要直接对其修改。通常利用宏文件 sendmail.mc 生成 sendmail.cf。

/etc/mail/access.db：访问数据库配置文件，用来定义允许访问本地邮件服务器的主机、IP 地址及访问的类型。

/etc/mail/aliases.db：别名数据库，主要用来定义用户别名。

/etc/mail/sendmai.mc：sendmail 文件模板，通过编辑此文件后，再使用 m4 工具将结果导入 sendmail.cf，完成 sendmail 的核心配置文件，以降低配置复杂度。

/etc/mail/local-host-name：定义收发邮件服务器的域名和主机别名。

etc/mail/ virtusertable virtusertable.db：定义虚拟用户和域列表。

2. 部署 sendmail 服务流程

部署 sendmail 服务，除了需要理解其工作原理外，还需要清楚整个部署流程及在整个流程中每个步骤的作用。

(1) 检查是否安装 sendmail。

(2) 配置好 DNS 的 MX 记录。

(3) 修改/etc/mail/sendmail.mc。

(4) 使用 m4 工具编译产生 sendmail.cf 文件，启动 sendmail 服务器。

(5) 修改/etc/mail/access 文件。

(6) 编译生成 access.db。

(7) 修改/etc/mail/local-host-names。

(8) 修改 dovecot 配置文件。

(9) 测试。

14.2.4　部署 sendmail 服务

1. 配置 DNS 服务器中的 MX 记录

(1) 修改全局配置文件 named.conf。

```
[root@dns ~]# vim /etc/named.conf
listen-on port 53 { any; };
allow-query        { any; };
```

(2) 修改主配置文件 named.rfc1912.zones。

```
[root@dns ~]# vim /etc/named.rfc1912.zones
zone "zhiyuan.com" IN {
        type master;
        file "zhiyuan.zheng";
        allow-update { none; };
};
```

```
zone "43.16.172.in-addr.arpa" IN {
        type master;
        file "zhiyuan.fan";
        allow-update { none; };
};
```

(3) 正向区域解析文件 zhiyuan.zheng 和反向区域解析文件 zhiyuan.fan，分别如图 14-2 和图 14-3 所示。

[root@dns ~]# vim /var/named/zhiyuan.zheng

[root@dns ~]# vim /var/named/zhiyuan.fan

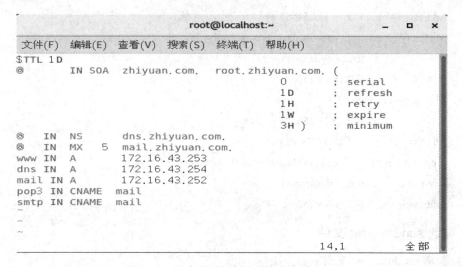

图 14-2　正向区域解析文件 zhiyuan.zheng

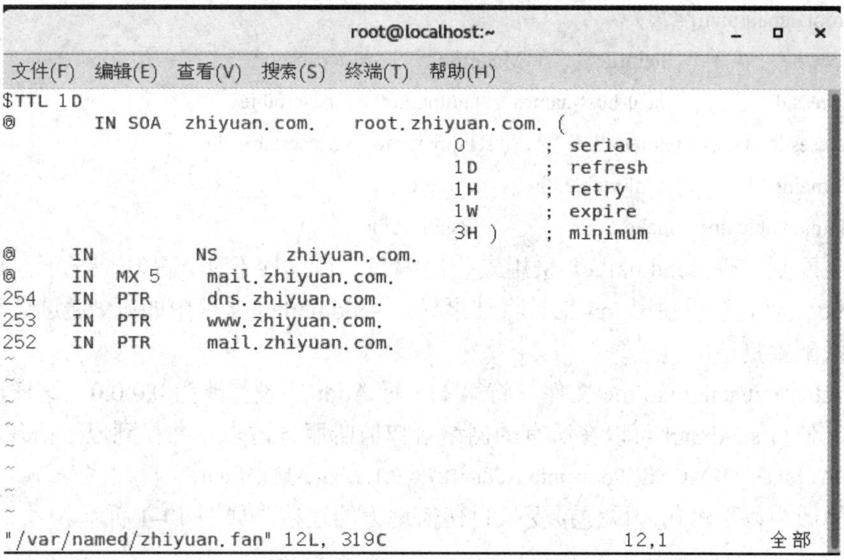

图 14-3　反向区域解析文件 zhiyuan.fan

(4) 在邮件服务器上测试域名服务。

```
[root@mail ~]# nslookup
> mail.zhiyuan.com
Server:          172.16.43.254
Address:         172.16.43.254#53
Name:            mail.zhiyuan.com
Address:         172.16.43.252
> pop3.zhiyuan.com
Server:          172.16.43.254
Address:         172.16.43.254#53
pop3.zhiyuan.com       canonical name = mail.zhiyuan.com.
Name:            mail.zhiyuan.com
Address:         172.16.43.252
> smtp.zhiyuan.com
Server:          172.16.43.254
Address:         172.16.43.254#53
smtp.zhiyuan.com       canonical name = mail.zhiyuan.com.
Name:            mail.zhiyuan.com
Address:         172.16.43.252
```

2. 修改 sendmail.mc 文件

(1) 编辑 sendmail.mc 文件。

```
[root@mail ~]# cd /etc/mail
[root@mail mail] # ls
access            helpfile        Makefile         trusted-users
access.db         local-host-names  sendmail.cf    virtusertable
aliasesdb-stamp   mailertable       sendmail.mc    virtusertable.db
domaintable       mailertable.db    submit.cf
domaintable.db    make              submit.mc
```

由于主配置文件 sendmail.cf 采用宏代码编写，可读性不强。默认情况下，通过编辑 sendmail.mc 文件，然后使用 m4 工具将结果导入 sendmail.cf 文件中即可。通过这种方法可以大大降低配置复杂度。

修改 /etc/mail/sendmail.mc 文件，将第 118 行 Addr 字段修改为 0.0.0.0，这样可以扩大侦听范围，使得 sendmail 可以在所有的网络端口监听服务请求，并找到以下语句：

```
DAEMON_OPTIONS(`Port=smtp,Addr=127.0.0.1, Name=MTA')dnl
```

将其修改为以下语句，以便接受来自任何地方的连接，如图 14-4 所示。

```
DAEMON_OPTIONS(`Port=smtp, Addr=0.0.0.0, Name=MTA')dnl
[root@mail mail]# vim sendmail.mc
```

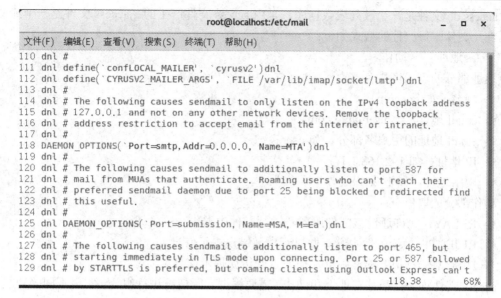

图 14-4　编辑 sendmail.mc 文件

(2) 编译产生 sendmail.cf 文件。

① 备份原有的 sendmail.cf 文件。

> [root@mail mail]# cp sendmail.cf　sendmail.cf.bak

② 使用 rpm -q 查看系统是否安装 m4 工具。如果没有安装，需要先安装 m4 工具，再进行配置。

> [root@mail mail]# rpm -q m4
>
> 未安装软件包 m4
>
> [root@mail mail]# yum install -y m4
>
> [root@mail mail]# rpm -q m4
>
> m4-1.4.16-10.el7.x86_64

③ 使用 m4 命令将 /etc/mail/sendmail.mc 文件编译为 /etc/mail/sendmail.cf。

> [root@mail mail]# m4 sendmail.mc > sendmail.cf
>
> m4:sendmail.mc:10: cannot open `/usr/share/sendmail-cf/m4/cf.m4': No such file or directory

宏编译出错，没有/usr/share/sendmail-cf 目录，原因是没有安装 sendmail-cf 软件。首先安装 sendmail-cf，然后再使用 m4 工具重新生成 sendmail.cf 文件。

> [root@mail mail]# yum install -y sendmail-cf
>
> [root@mail mail]# m4 sendmail.mc > sendmail.cf

3. 设置邮件中继

当需要把邮件从一个 MTA 传送到另一个 MTA 时，这个邮件中转的动作称为邮件中继。sendmail 使用 /etc/mail/access.db 文件实现邮件中继的功能。sendmail 缺省情况下直接禁止其他不明身份的主机利用本地服务器投递邮件。这种情况下，一个非本地的机器使用本地服务器进行投递时会产生 "550 relay denied" 错误。在需要使用邮件中继代理时，可以利用/etc/mail/access.db 文件或 SMTP 验证来实现该功能。

access.db 文件是一个散列表数据库，是由 access 文件产生的。access 文件是一个纯文本文件，文件中每一行的格式如下：

　　　<地址>　<动作>

地址部分的表示格式有：

◇ 域名，如 jyg.com。

◇ email 地址，如 user@jyg.com。

◇ email 地址的用户名部分，如 user@。

◇ IP 地址，如 192.168.1.1。

◇ 网络地址，如 192.168.1。

动作部分的取值有：

◇ RELAY：允许通过该邮件服务器进行邮件中继。

◇ REJECT：拒绝邮件中继，并显示内部错误提示信息。

◇ DISCARD：拒绝邮件中继，但不返回错误提示信息。

access 文件每一行都具有地址和动作，需要根据实际情况进行组合，实现不同的功能。查看 access 文件，默认允许本地客户端使用 mail 服务器收发邮件，修改允许 172.16.43.0/24 网段和 zhiyuan.com 域内客户端自由发送邮件。

　　　[root@mail mail]# vim access

其结果如图 14-5 所示。

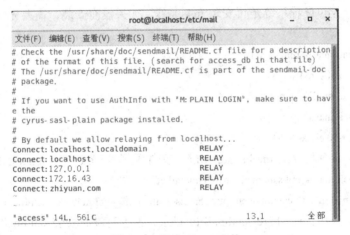

图 14-5　修改 access 文件

使用 makemap 编译生成 access.db 数据库。

　　　[root@mail mail]# makemap hash access.db<access

　　　[root@mail mail]# ls

access	mailertable	submit.cf
access.db	mailertable.db	submit.mc
aliasesdb-stamp	make	trusted-users
domaintable	Makefile	virtusertable
domaintable.db	sendmail.cf	virtusertable.db
helpfile	sendmail.cf.bak	

```
local-host-names    sendmail.mc
```

4. 设置本地邮件服务器投递的域

local-host-names 主要用来处理一个主机同时拥有多个主机名称收发邮件问题，如某台主机拥有名称 mail.test.com 和 mail.zhiyuan.com，而且这两个 hostname 都希望可以接收电子邮件，那么必须将这两个名字都写进 local-host-names 文件中，其中一个主机名字占用一行。

只允许 mail.zhiyuan.com 收发电子邮件，打开 local-host-names 配置文件并修改，如图 14-6 所示。

```
[root@mail mail]# vim local-host-names
# local-host-names - include all aliases for your machine here.
zhiyuan.com
```

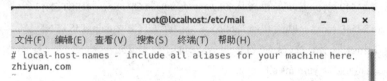

图 14-6　设置本地邮件服务投递的域

14.2.5　配置 Dovecot POP3 服务

sendmail 只能实现 SMTP 服务，也就是邮件的发送服务。如果客户端使用 Outlook 或 Foxmail 接收邮件，必须使用 POP3 协议来连接邮件服务器，所以在服务器上还需要安装并启用支持 POP3 协议的服务器软件。

Dovecot 是一个开源的 IMAP4 和 POP3 邮件服务器，支持 Linux/Unix 系统。Dovecot 所支持的 POP3 和 IMAP4 协议能够使客户端从服务器接收邮件。

(1) 安装 Dovecot。

在 Red Hat Enterprise Linux 7.6 中，默认并不会自动安装 Dovecot，需要手动安装。

```
[root@mail mail]# yum install -y dovecot*
```

(2) 修改主配置文件第 24 行和 48 行，使 Dovecot 支持 POP3 和 IMAP4 协议。

```
[root@mail mail]# vim /etc/dovecot/dovecot.conf
```

将 protocols 前面的 "#" 去掉，支持 pop3 和 imap 等邮件接收服务。

```
protocols = imap pop3 lmtp
```

指定允许登录的网段为 172.16.43.0/24。

```
login_trusted_networks =172.16.43.0/24
```

(3) 修改 mail_location。

取消文件/etc/dovecot/conf.d/10-mail.conf 中第 25 行注释。

```
[root@mail mail]# vim /etc/dovecot/conf.d/10-mail.conf
mail_location = mbox:~/mail:INBOX=/var/mail/%u
```

(4) 启动 Dovecot 使配置生效。

```
[root@mail mail]# systemctl start dovecot.service
```

将 Dovecot 服务配置为开机自动运行。

```
[root@mail mail]# systemctl enable dovecot.service
```

(5) 利用下列命令查看 110、143 端口的监听状态。

使用 lsof -i:110 列出在 110 端口运行的进程，命令如下：

```
[root@mail mail]# lsof -i:110
COMMAND    PID USER    FD    TYPE DEVICE SIZE/OFF NODE NAME
dovecot 72549 root    24u   IPv4 186936      0t0  TCP *:pop3 (LISTEN)
dovecot 72549 root    25u   IPv6 186937      0t0  TCP *:pop3 (LISTEN)
```

使用 lsof -i:143 列出在 143 端口运行的进程，命令如下：

```
[root@mail mail]# lsof -i:143
COMMAND    PID USER    FD    TYPE DEVICE SIZE/OFF NODE NAME
dovecot 72549 root    39u   IPv4 186962      0t0  TCP *:imap (LISTEN)
dovecot 72549 root    40u   IPv6 186963      0t0  TCP *:imap (LISTEN)
```

(6) 安装 Telnet 服务，测试 SMTP 服务，端口号为 25。

```
[root@mail mail]# yum install -y telnet
[root@mail mail]# telnet 172.16.43.252 25
Trying 172.16.43.252...
Connected to 172.16.43.252.
Escape character is '^]'.
220 mail.zhiyuan.com ESMTP Sendmail 8.14.7/8.14.7; Fri, 31 Jan 2020 21:41:11 +0800
quit
221 2.0.0 mail.zhiyuan.com closing connection
Connection closed by foreign host.
```

(7) 测试 POP3 服务，端口号为 110。

```
[root@mail mail]# telnet 172.16.43.252    110
Trying 172.16.43.252...
Connected to 172.16.43.252.
Escape character is '^]'.
+OK [XCLIENT] Dovecot ready.
quit
+OK Logging out
Connection closed by foreign host.
```

(8) 为邮件申请账号 aa 和 bb，设置密码，邮件地址为 aa@zhiyuan.com 和 bb@zhiyuan.com。

```
[root@mail mail]# useradd aa
[root@mail mail]# passwd aa
[root@mail mail]# useradd bb
[root@mail mail]# passwd bb
[root@mail mail]# tail -2 /etc/passwd
aa:x:1012:1012::/home/aa:/bin/bash
```

bb:x:1013:1013::/home/bb:/bin/bash

(9)　在客户端 Win10 中使用 Foxmail 进行测试，如图 14-7 所示。

图 14-7　添加邮箱 aa@zhiyuan.com

14.2.6　sendmail 认证

添加邮件的认证机制，通过验证邮件使用者的账号和密码，能够有效地拒绝非法用户邮件服务器中继功能。

Cyrus SASL 是 Cyrus Simple Authentication and Security Layer，即简单身份验证和安全层，它为应用程序提供认证函数库，而应用程序通过该函数库所提供的功能定义认证方式，让 SASL 通过与邮件服务器主机的沟通实现认证，并完成用户级别的认证。

(1)　安装 SASL 认证包。

在默认情况下，Red Hat Enterprise Linux 7.6 已经安装了 SASL 认证包，可以通过以下命令检查系统是否已经安装了 SASL 认证包。

[root@mail ~]#　rpm -q cyrus-sasl

cyrus-sasl-2.1.26-23.el7.x86_64

查看系统安装的有关 SASL 的软件包。

[root@mail ~]#　rpm -qa|grep sasl

cyrus-sasl-lib-2.1.26-23.el7.x86_64

cyrus-sasl-md5-2.1.26-23.el7.x86_64

cyrus-sasl-scram-2.1.26-23.el7.x86_64

cyrus-sasl-gssapi-2.1.26-23.el7.x86_64

cyrus-sasl-plain-2.1.26-23.el7.x86_64

cyrus-sasl-2.1.26-23.el7.x86_64

(2) 配置 sendmail.cf。

```
[root@mail ~]# cd /etc/mail
[root@mail mail]# vim sendmail.mc
```

编辑 sendmail.mc，删除以下 3 行开始的 dnl 字段，开启 sendmail 的认证功能。

TRUST_AUTH_MECH(`EXTERNAL DIGEST-MD5 CRAM-MD5 LOGIN PLAIN')dnl

define(`confAUTH_MECHANISMS', `EXTERNAL GSSAPI DIGEST-MD5 CRAM-MD5 LOGIN PLAIN')dnl

DAEMON_OPTIONS(`Port=submission, Name=MSA, M=Ea')dnl

各行含义解释如下：

第一行：使用 sendmail 不管 access 文件中如何设置，都能 relay 那些通过 login，plain 或 degest-md5 方法验证的邮件。

第二行：确定系统认证方式。

第三行：开启认证，并予以进程运行 MSA，实现邮件的账户和密码的验证。

(3) 重新生成 sendmail.cf 文件。

```
[root@mail mail]# m4 sendmail.mc>sendmail.cf
```

(4) 重新启动 sendmail 服务，使设置生效。

```
[root@mail mail]# systemctl restart sendmail
```

(5) 启动 saslauthd 服务，生效 sendmail 认证。

```
[root@mail mail]# systemctl start saslauthd.service
```

14.3　反　思　与　进　阶

14.3.1　Postfix 简介

Postfix(原名为 VMailer)是 Wietse Zweitze Venema 博士到 IBM 公司的 T.J.Watson 研究中心做学术休假的 1998 年时启动的 Postfix 项目："设计一个可以取代 Sendmail 的软件，可以为网站管理员提供一个更快速、更安全，而且完全兼容于 Sendmail 的邮件服务器软件！"

Postfix 的设计目标就是成为 sendmail 的替代者，其特点归纳为以下几方面：

高性能：比同类的服务器产品速度快 3 倍以上。

兼容性：保持与 sendmail 的兼容性。

健壮性：在过量负载情况下仍然保证程序的可靠性。

灵活性：结构上由十多个小的子模块组成，每个子模块完成特定的任务。

安全性：使用多层防护措施防范攻击者来保护本地系统。

开放性：遵从 IBM 的开放源代码版权许可证。

配置 Postfix 服务之前，需要关闭 sendmail 服务，具体操作为：

(1) 关闭并禁用 sendmail 服务，并设置开机不启动。

```
[root@mail mail]# systemctl stop sendmail
[root@mail mail]# systemctl disable sendmail
```

Removed symlink /etc/systemd/system/multi-user.target.wants/sendmail.service.

Removed symlink /etc/systemd/system/multi-user.target.wants/sm-client.service.

(2) 安装 Postfix。

[root@mail mail]# yum install -y postfix

(3) 配置 Postfix。

Postfix 实现了 SMTP 服务(即邮件发送服务)，其主配置文件为/etc/postfix/main.cf。该文件中每一行指定一个参数的值，Postfix 提供了 800 多个可供配置的参数。常用的参数如表 14-1 所示。

表 14-1　Postfix 常用参数及功能描述

参　　数	功　能　描　述
inet_interfaces	指定 Postfix 监听的网络接口，all 表示所有网络接口
myhostname	指定运行 Postfix 服务的邮件主机名称(FQDN 名)
mydomain	指定运行 Postfix 服务的邮件主机的域名
myorigin	指定由本台邮件主机寄出的每封邮件中 mail from 的地址
mydestination	指定可接收邮件的主机名或域名，只有当发来的邮件的收件人地址与该参数值相匹配时，Postfix 才会将该邮件接收下来
mynetworks	设置可转发(Relay)哪些邮件的 IP 网段
relay_domains	设置可转发(Relay)哪些邮件的网域

14.3.2　使用 Postfix 部署邮件服务器

使用 Postfix 部署
邮件服务器

1. 项目背景

使用 Postfix 来部署学院邮件服务系统，统一为师生设置学院的邮箱，实现邮件传输。具体要求为：

(1) 邮件服务器 Postfix 的 IP 地址为 172.16.43.254，域名为 mail.zhiyuan.com。

(2) 学院所在的域名为 zhiyuan.com。

2. 实施目的

(1) 掌握部署邮件服务的流程。

(2) 掌握邮件服务器部署的流程。

(3) 能够使用 Postfix 部署邮件服务器。

(4) 感受 Postfix 与 sendmail 的不同。

3. 实施步骤

(1) 设置服务器的 IP 地址为 172.16.43.254，关闭防火墙，设置 SELinux 为 Permissive。

(2) 配置 DNS 服务器(请参考文中 DNS 的配置)。

(3) 重启 DNS 服务。

[root@localhost ~]#service named restart

(4) 禁止 sendmail 服务。

[root@dns~]# systemctl stop sendmail

(5) 修改/etc/postfix/main.cf 配置文件。

[root@mail mail]# cd /etc/postfix/

[root@mail postfix]# ls

access　　　generic　　　　　main.cf　　　relocated　　virtual

canonical　header_checks　master.cf　transport

[root@mail postfix]# vim main.cf

myhostname = mail.zhiyuan.com　　　　#指定邮件系统的主机名

mydomain = zhiyuan.com　　　　　　　#指定域名

myorigin = zhiyuan.com　　　　　　　#指定发件人所在的域名

inet_interfaces = all　　　　　　　　　#监听的接口

mydestination = $mydomain　　　　　　#接收邮件时收件人的域名

mynetworks = 172.16.43.0/24, 127.0.0.0/8　#所在网络的网络地址

(6) 启动 Postfix 服务。

[root@mail postfix]# systemctl restart postfix.service

(7) 修改 /etc/dovecot/dovecot.conf 配置文件，使得 Dovecot 支持 POP3 和 IMAP4 协议。

protocols = imap pop3 lmtp

(8) 重启 Dovecot 服务。

[root@mail dovecot]# systemctl restart dovecot.service

(9) 测试。

创建用户 aa 和 bb(查看 14.2.5)，让 aa 给 bb 发送邮件，如图 14-8 所示。

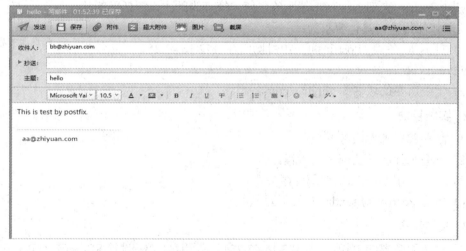

图 14-8　aa 给 bb 发送邮件

4. 项目总结

(1) 掌握 Postfix 主配置文件常用参数及含义。

(1) 能够使用 /car/log/maillog 文件进行排错。

项目小结

sendmail 和 postfix 的简介和区别

通过学习掌握电子邮件的构成和工作原理，理解常见 SMTP、POP、IMAP 协议的功能及使用的场景。通过项目实施理解目前常用部署电子邮件服务器软件 sendmail 和 Postfix 的使用，以及客户端 Dovecot 的配置等。注重理论结合实践，根据实际工作的需要设置并管理企业邮件服务器。

练 习 题

一、选择题

1. 通过(   )工具可以生成 sendmail.cf 文件。

A. makemap   B. m4

C. access   D. mv

2. Linux 下可用的 MTA 服务器为(   )。

A. sendmail   B. qmail

C. imap   D. postfix

3. sendmail 的主配置文件是(   )。

A. sendmail.cf   B. sendmail.mc

C. access   D. aliases

4. 客户端需要下载邮件需要(   )软件。

A. sendmail   B. qmail

C. imap   D. dovecot

二、 填空题

1. 电子邮件地址的格式是 aa@zhiyuan.com。一个完整的电子邮件由 3 部分组成，第 1 部分代表_____，第 2 部分是@分隔符，第 3 部分是_____。

2. 下载电子邮件使用_____协议。

3. SMTP 默认端口为_____, POP3 默认端口为_____, IMAP 默认端口为_____。

三、面试题

1. SMTP 与 POP3 在功能上有何不同？

2. Postfix 比起 Sendmail 有何优势？

项目 15　部署 MariaDB 服务

项目引入

　　随着购物网站的兴起，"双 11"和"双 12"已经成为全民网购的盛会。网购离不开网站的支持，网站上的用户注册、登录、商品的浏览、结算、商品管理、以及公告等功能的实现更是离不开数据库的支持，在安全、稳定的平台上应用数据库来做开发已经成为一种趋势。

需求分析

　　在 Linux 平台上安装数据库，掌握数据库的基本操作后能够完成 LAMP 网站的部署，掌握数据库在实际中的应用。为此，需要用户满足下列要求：
　　◇　了解 Linux 下数据的部署方式。
　　◇　理解 MySQL 与 MariaDB 的区别和联系。
　　◇　能够完成 MariaDB 的日常运维。
　　◇　能够部署 LAMP 网站。

15.1　知 识 准 备

15.1.1　数据库的相关概念

　　数据库是数据管理的有效形式，也是计算机收集和存储数据的仓库或容器。数据库中的数据具有结构化形式存储、冗余度小，以及独立于应用程序、易于扩充、为多个用户所共享等众多优点。因此，作为信息系统核心和基础的数据库技术得到越来越广泛的应用。从小型事务处理到大型信息系统，从一般企业管理到计算机辅助设计与制造、办公信息系统、地理信息系统等，越来越多新的应用领域采用数据库存储并处理它们的信息资源。

　　数据库中的数据如何科学地组织和管理要靠数据库管理系统来实现。数据库在建立、运行和维护时由数据库管理系统统一管理和控制。数据库管理系统使用户能够方便地定义和操纵数据，并且能够保证数据的安全性、完整性，实现多用户对数据的并发使用及发生故障后的系统恢复。

　　关系数据库管理系统是现代流行的数据库系统中应用最为普遍的一种，也是有效的数据组织方式之一。在 Linux 环境下，可以运行大多数的关系型数据库管理系统，其中常用的有以下五种：

(1) MySQL：广泛使用 LAMP(Linux, Apache, MySQL, Perl/PHP/Python)的重要组件，是网络应用中的常用系统。一些流行的开源软件项目，比如 WordPress、MyBB、Drupal 和 Joomla 都使用 MySQL。MySQL 使用 C & C++语言写成，SQL 解析器用 yacc 写成。MySQL 的主要特点包括支持 SSL、查询缓存及嵌入数据库文件等。

(2) Apache Derby：一款开源的关系型数据库管理系统，基于 Java、JDBC 和 SQL 标准。项目的目标是致力于提供安装简便、运维简易的服务，可以通过标准的 DRDA 协议链接 TCP/IP，也支持 JDBC、ODBC/CLI、Perl 和 PHP。

(3) PostgreSQL：一款由 Ingres 项目演变来的开源和免费的对象关系型数据库管理系统(ORDBMS)。它支持多版本并发控制、时间点恢复、在线备份、高级查询优化等。

(4) HSQLDB：一款支持 SQL-92 和 SQL:2008 标准的关系型数据库管理系统，提供一个小而快速的数据库引擎，同时支持命令行、图形界面管理工具和小型化网络服务器。从版本 1.1 开始，可以运行在 Java Runtime 上。

(5) Ingres：一个关系型数据库管理系统，支持大规模企业和政府应用。

15.1.2 MariaDB 简介

MariaDB 数据库管理系统是 MySQL 的一个分支，主要由开源社区进行维护，采用 GPL 授权许可 MariaDB 的目的是完全兼容 MySQL(包括 API 和命令行)，使之能轻松成为 MySQL 的替代品。在存储引擎方面，使用 XtraDB 来代替 MySQL 的

MariaDB 简介

InnoDB。MariaDB 是目前最受关注的 MySQL 数据库衍生版，也被视为开源数据库 MySQL 的替代品。

MariaDB 由 MySQL 的创始人 Michael Widenius 主导开发。MariaDB 跟 MySQL 在绝大多数方面是兼容的。对于开发者来说，几乎感觉不到任何不同。目前 MariaDB 是发展最快的 MySQL 分支版本，新版本发布速度已经超过了 Oracle 官方的 MySQL 版本。

MariaDB 直到 5.5 版本，均依照 MySQL 的版本。因此，使用 MariaDB 5.5 的人会从 MySQL 5.5 中了解到 MariaDB 的所有功能。从 2012 年 11 月 12 日起发布的 10.0.0 版开始，不再依照 MySQL 的版本号。10.0.x 版以 5.5 版为基础，加上移植自 MySQL 5.6 版的功能和自行开发的新功能。

MariaDB 不仅仅是 MySQL 的一个替代品，其主要目的是创新和提高 MySQL 的技术，并在扩展功能、存储引擎及一些新的功能改进方面都强过 MySQL。

由于 MariaDB 跟 MySQL 在绝大多数方面是兼容的，从 MySQL 迁移到 MariaDB 也是非常简单的，其原因主要有以下几方面：

(1) 数据和表定义文件(.frm)是二进制兼容的。

(2) 所有客户端 API、协议和结构都是完全一致的。

(3) 所有文件名、二进制、路径、端口等都是一致的。

(4) 所有的 MySQL 连接器(如 PHP、Perl、Python、Java、.NET、MyODBC、Ruby 及 MySQL C connector 等) 在 MariaDB 中都保持不变。

(5) mysql-client 包在 MariaDB 服务器中也能够正常运行。

(6) 共享的客户端与 MySQL 也是二进制兼容的。

在大多数情况下，完全可以卸载 MySQL 后再安装 MariaDB，然后就可以像之前一样正常运行 MariaDB。对于大部分的 MySQL 用户来说，从现在主流的 MySQL 转到 MariaDB 是没有什么难度的。

LAMP 架构盛极一时，这离不开 MySQL 的免费与易用，但是在 Oracle 收购了 Sun 之后，很多公司开始担忧 MySQL 的开源前景，开始寻求 MySQL 的替代方案。因为 MySQL 创始人的介入，MariaDB 备受关注，Drupal、MediaWiki、phpMyAdmin 及 WordPress 等众多应用都宣布支持 MariaDB。

15.2　项　目　实　施

15.2.1　安装 MariaDB 数据库

(1) 检查并安装 MariaDB 数据库服务器。

在终端窗口输入："rpm -q mariadb"命令，检查系统是否安装了 MariaDB 软件包。

```
[root@localhost ~]# rpm -q mariadb
未安装软件包 mariadb
```

使用 yum 命令安装 MariaDB。

```
[root@localhost ~]# yum install -y mariadb*
```

(2) 安装完成后再次进行查询。

```
[root@localhost ~]# rpm -qa|grep mariadb
mariadb-bench-5.5.60-1.el7_5.x86_64
mariadb-libs-5.5.60-1.el7_5.x86_64
mariadb-5.5.60-1.el7_5.x86_64
mariadb-test-5.5.60-1.el7_5.x86_64
mariadb-devel-5.5.60-1.el7_5.x86_64
mariadb-server-5.5.60-1.el7_5.x86_64
```

(3) 进行其他准备工作。

配置 MariaDB 数据库服务器 IP 地址为 172.16.43.254，关闭防火墙，设置系统的安全机制为 Permissive，并生效。

```
[root@localhost ~]# vi /etc/sysconfig/network-scripts/ifcfg-ens33
[root@localhost ~]# ifconfig ens33
ens33: flags=4163<UP,BROADCAST,RUNNING,MULTICAST>    mtu 1500
inet 172.16.43.254   netmask 255.255.0.0   broadcast 172.16.255.255
inet6 fe80::1550:c52f:892b:34db   prefixlen 64   scopeid 0x20<link>
ether 00:0c:29:87:37:6a   txqueuelen 1000   (Ethernet)
RX packets 2594   bytes 784966 (766.5 KiB)
RX errors 0   dropped 0   overruns 0   frame 0
TX packets 142   bytes 19420 (18.9 KiB)
```

TX errors 0　dropped 0 overruns 0　carrier 0　collisions 0

[root@localhost ~]# systemctl stop firewalld

[root@localhost ~]# systemctl disable firewalld

[root@localhost ~]# vi /etc/selinux/config

[root@localhost ~]# setenforce 0

[root@localhost ~]# getenforce

Permissive

15.2.2　启动与停止 MariaDB 数据库

在 Red Hat Enterprise Linux 7.6 中，MariaDB 数据库被安装为服务，所以遵循服务的启动与停止规范。

(1) 启动 MariaDB 服务。

　　[root@localhost ~]# systemctl start mariadb.service

　　或者[root@localhost ~]# systemctl start mariadb

注意：安装完成 MariaDB 后需要先启动 MariaDB。

(2) 停止 MariaDB 服务。

　　[root@localhost ~]# systemctl stop mariadb

(3) 重启 MariaDB 服务。

　　[root@localhost ~]# systemctl restart mariadb

(4) 查看 MariaDB 服务状态。

　　[root@localhost ~]# systemctl status mariadb

(5) 将 MariaDB 服务配置为开机自动运行。

　　[root@localhost ~]# systemctl enable mariadb

　　或者[root@localhost ~]#ntsysv

找到"mariadb.service"，按下空格键，在其前面加上"*"号，这样 MariaDB 服务就会随系统启动而自动运行，如图 15-1 所示。

图 15-1　设置 MariaDB 开机自动运行

（6）禁止 MariaDB 服务开机启动。

　　[root@localhost ~]# systemctl disable mariadb

15.2.3　初始化 MariaDB

　　安装并启动 MariaDB 数据库之后，先对其进行初始化。初始化数据库后在 mysql 目录下就会出现系统的数据库 MySQL 和 test。

　　（1）初始化数据库。

　　执行下述命令后会出现如图 15-2 所示结果，表示数据库初始化成功。

　　　　[root@localhost ~]# mysql_install_db

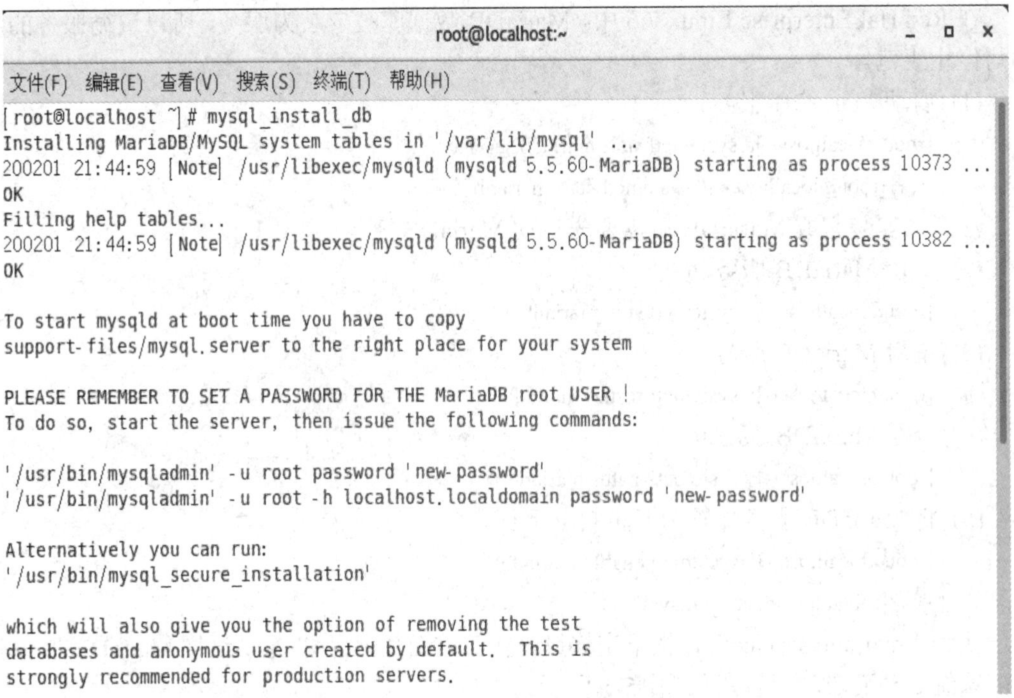

```
                              root@localhost:~                    _   □   ×
文件(F)  编辑(E)  查看(V)  搜索(S)  终端(T)  帮助(H)
[root@localhost ~]# mysql_install_db
Installing MariaDB/MySQL system tables in '/var/lib/mysql' ...
200201 21:44:59 [Note] /usr/libexec/mysqld (mysqld 5.5.60-MariaDB) starting as process 10373 ...
OK
Filling help tables...
200201 21:44:59 [Note] /usr/libexec/mysqld (mysqld 5.5.60-MariaDB) starting as process 10382 ...
OK

To start mysqld at boot time you have to copy
support-files/mysql.server to the right place for your system

PLEASE REMEMBER TO SET A PASSWORD FOR THE MariaDB root USER !
To do so, start the server, then issue the following commands:

'/usr/bin/mysqladmin' -u root password 'new-password'
'/usr/bin/mysqladmin' -u root -h localhost.localdomain password 'new-password'

Alternatively you can run:
'/usr/bin/mysql_secure_installation'

which will also give you the option of removing the test
databases and anonymous user created by default. This is
strongly recommended for production servers.
```

图 15-2　MariaDB 数据库初始化

　　（2）查看 mysql 目录内容。

　　　　[root@localhost ~]# cd /var/lib/mysql/

　　　　[root@localhost mysql] # ls

　　　　aria_log.00000001　aria_log_control　mysql　performance_schema　test

　　（3）查看 mysql 目录的权限，确认其所有者及用户组为 mysql。

　　　　[root@localhost ~]# ll /var/lib/ |grep mysql

　　　　drwxr-xr-x. 5 mysql　　　　　mysql　　　　　106 2 月　　1 21:44 mysql

　　注意：需将 mysql 目录所有者及用户组修改为 mysql，默认就是 mysql。

　　（4）查看 mariadb 主配置文件 my.cnf。

　　如果/etc/目录下没有 my.cnf 配置文件，需要在/usr/share/mysql 下找到*.cnf 文件进行复制。

　　　　[root@localhost ~]# cd /usr/share/mysql/

```
[root@localhost mysql] # ll
-rw-r--r--. 1 root root    4920 6 月    5 2018 my-huge.cnf
-rw-r--r--. 1 root root   20438 6 月    5 2018 my-innodb-heavy-4G.cnf
-rw-r--r--. 1 root root    4907 6 月    5 2018 my-large.cnf
-rw-r--r--. 1 root root    4920 6 月    5 2018 my-medium.cnf
-rw-r--r--. 1 root root    2846 6 月    5 2018 my-small.cnf
```

MySQL 安装成功后有几个默认的配置模板,其含义为:

my-huge.cnf :用于高端产品服务器,包括 1~2GB RAM,主要运行 MySQL。

my-innodb-heavy-4G.cnf:用于只有 innodb 的安装,最多有 4GB RAM,支持大的查询和低流量。

my-large.cnf :用于中等规模的产品服务器,包括大约 512MB RAM。

my-medium.cnf :用于低端产品服务器,包括很少内存(少于 128MB)。

my-small.cnf :用于最低设备的服务器,只有一点内存(少于 512MB)。

根据实际情况选择其中一个.cnf 文件到 /etc/,并改名为 my.cnf。

```
[root@localhost ~]# cp /usr/share/mysql/my-small.cnf   /etc/my.cnf
```

cp:是否覆盖"/etc/my.cnf"？   y

执行下述命令查看 my.cnf 文件内容,如图 15-3 所示,具体内容需要根据数据库的用途进行修改。

```
[root@localhost ~]# vim /etc/my.cnf
```

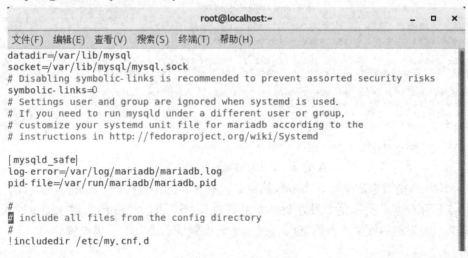

图 15-3   my.cnf 文件内容

15.2.4   MariaDB 的安全设置

在已经安装好 MariaDB 数据库的 Linux 系统中,用户可以使用 MariaDB 二进制方式进入到 MariaDB 命令提示符下,连接 MariaDB 数据库。

1. MariaDB 数据库的初始登录

如果刚安装好 MariaDB,使用超级用户 root 登录时是没有密码的,故直接回车即可进入 MariaDB 数据库。MariaDB 的提示符是 MariaDB [(none)]>，MariaDB 环境中的命令后面都带一个分号作为命令结束符。

登录 MariaDB 数据库的命令如下：

格式：mysql -u 用户名

例　使用用户 root 登录 MariaDB 数据库。

```
[root@localhost ~]# mysql -uroot
Welcome to the MariaDB monitor.  Commands end with ; or \g.
Your MariaDB connection id is 2
Server version: 5.5.60-MariaDB MariaDB Server
Copyright (c) 2000, 2018, Oracle, MariaDB Corporation Ab and others.
Type 'help;' or '\h' for help. Type '\c' to clear the current input statement.
MariaDB [(none)]> exit
Bye
```

注意：Exit (回车)表示退出 MariaDB。

2. MariaDB 数据库的安全设置

没有密码的数据库是不安全的，所以需要对其进行安全配置。

(1) 第一次安装完 MariaDB，执行下面的命令进行安全设置，如图 15-4 所示。

```
[root@localhost ~]# mysql_secure_installation
```

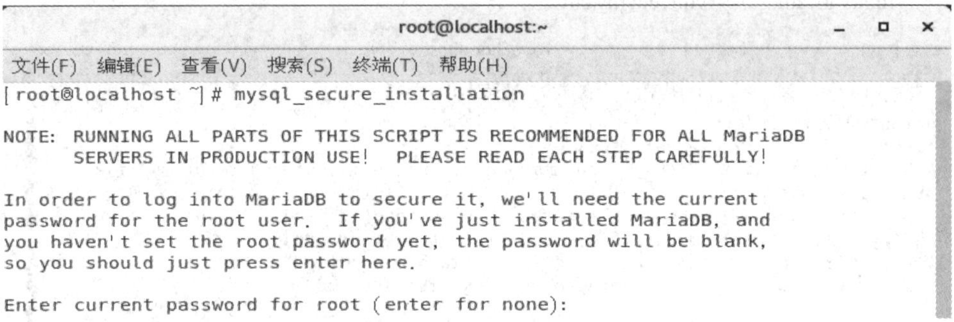

```
root@localhost:~
文件(F) 编辑(E) 查看(V) 搜索(S) 终端(T) 帮助(H)
[root@localhost ~]# mysql_secure_installation

NOTE: RUNNING ALL PARTS OF THIS SCRIPT IS RECOMMENDED FOR ALL MariaDB
      SERVERS IN PRODUCTION USE!  PLEASE READ EACH STEP CAREFULLY!

In order to log into MariaDB to secure it, we'll need the current
password for the root user.  If you've just installed MariaDB, and
you haven't set the root password yet, the password will be blank,
so you should just press enter here.

Enter current password for root (enter for none):
```

图 15-4　MariaDB 数据库安全配置

提示输入当前数据库密码，当前数据库是没有密码的，直接按“Enter”键，此时出现如图 15-5 所示信息。提示是否设置数据库密码输入“y”并按“Enter”键，提示输入新密码，按“Enter”键后继续输入新密码，提示密码设置成功进入下一步设置。

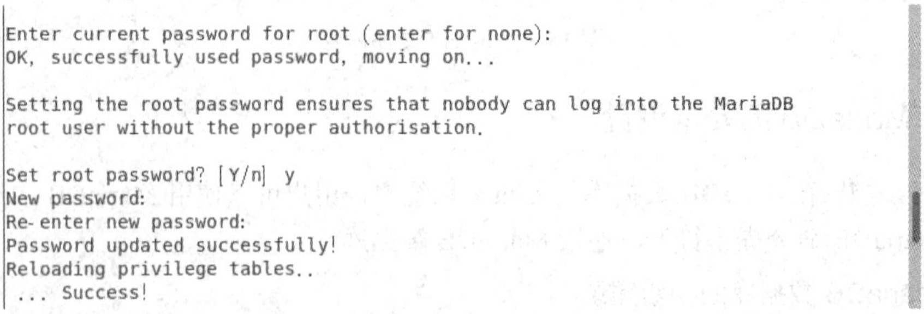

```
Enter current password for root (enter for none):
OK, successfully used password, moving on...

Setting the root password ensures that nobody can log into the MariaDB
root user without the proper authorisation.

Set root password? [Y/n] y
New password:
Re-enter new password:
Password updated successfully!
Reloading privilege tables..
 ... Success!
```

图 15-5　设置 MariaDB 数据库密码

　　此时提示是否要删除匿名用户，输入"y"并按"Enter"键后，提示删除匿名用户成功。接着提示是否不允许 root 用户远程登录，输入"n"并按"Enter"键，如图 15-6 所示。

```
Reloading privilege tables..
 ... Success!


By default, a MariaDB installation has an anonymous user, allowing anyone
to log into MariaDB without having to have a user account created for
them.  This is intended only for testing, and to make the installation
go a bit smoother.  You should remove them before moving into a
production environment.

Remove anonymous users? [Y/n] y
 ... Success!

Normally, root should only be allowed to connect from 'localhost'.  This
ensures that someone cannot guess at the root password from the network.

Disallow root login remotely? [Y/n] n
 ... skipping.
```

图 15-6　删除匿名用户并禁用 root 远程登录

　　这时系统提示是否删除"test"数据库，输入"y"并按"Enter"键，提示是否现在重载权限表。输入"y"并按"Enter"键，如图 15-7 所示，表示数据库的安全配置已完成。

```
Remove test database and access to it? [Y/n] y
 - Dropping test database...
 ... Success!
 - Removing privileges on test database...
 ... Success!

Reloading the privilege tables will ensure that all changes made so far
will take effect immediately.

Reload privilege tables now? [Y/n] y
 ... Success!

Cleaning up...

All done!  If you've completed all of the above steps, your MariaDB
installation should now be secure.

Thanks for using MariaDB!
```

图 15-7　删除 test 数据库并重载权限表

(2) 通过用户名密码登录 MariaDB 数据库。

登录命令格式如下：

　　　　[root@localhost ~]# mysql -uroot -p000000

注意：-u 与 root 之间可以不用空格，但是 -p 与密码之间不能有空格。

15.2.5　MariaDB 的基本操作

　　数据库的基本操作一般包括创建、删除用户并授权给数据库，创建、删除、查看数据库和表，以及备份和恢复数据库等操作。

1. mysqladmin 的使用

(1) 修改用户密码。

格式：mysqladmin -u 用户名 -p 旧密码 password 新密码

将用户 root 的密码设为 111111，并使用新密码登录，命令如下：

```
[root@localhost ~]# mysqladmin -uroot –p000000 password 111111
[root@localhost ~]# mysql -uroot -p111111
```

(2) 创建一个名为 xueyuan 的数据库，命令如下：

```
[root@localhost ~]# mysqladmin -uroot -p111111 create xueyuan
```

2. 数据库操作

(1) 显示系统中的数据库列表，命令如下：

```
MariaDB [(none)]> show databases;
+--------------------+
| Database           |
+--------------------+
| information_schema |
| mysql              |
| performance_schema |
| xueyuan            |
+--------------------+
4 rows in set (0.00 sec)
```

初始化后显示 MariaDB 数据库中自带的数据库，还有刚才创建的 xueyuan 数据库。MySQL 库里面有 MariaDB 的系统信息，修改密码，实际上就是对这个库中的 user 表进行修改。

(2) 创建数据库 student，命令如下：

```
MariaDB [(none)]> create database student;
Query OK, 1 row affected (0.00 sec)
MariaDB [(none)]> show databases;
+--------------------+
| Database           |
+--------------------+
| information_schema |
| mysql              |
| performance_schema |
| student            |
| xueyuan            |
+--------------------+
5 rows in set (0.00 sec)
```

(3) 切换当前数据库到 student 数据库，并显示 student 数据库中的表，命令如下：

MariaDB [(none)]> use student;

Database changed

MariaDB [student]> show tables;

Empty set (0.00 sec)

（4）删除 student 数据库，并查看是否删除成功，命令如下：

MariaDB [student]> drop database student;

MariaDB [(none)]> show databases;

3. 授权

在上述命令中，由用户 root 登录到 MariaDB 数据库中，当然也可以使用其他用户进行登录，可以登录本地的 MariaDB 数据库也可以登录远程的 MariaDB 数据库服务器，这些功能的实现都需要在管理员(root)的权限下对数据库、用户、登录主机进行授权。如果用户权限足够，任何用户都可以在 MariaDB 的命令提示窗口中进行 SQL 操作。实际应用中比较广泛的是从另一台 Linux 系统上直接登录提供 MariaDB 数据库服务器的主机。

在远程主机中以管理员 root 身份进入，输入如下命令：

mysql>grant 权限列表 on 数据库名列表.数据库表 to 用户名@'登录的主机' identified by '用户密码';

其中各选项及含义如下：

权限列表：该列表中多个权限用"，"分割，如 select，insert，update。使用 all privileges 表示所有权限。

数据库名列表：可以使用通配符"*"表示所有数据库，如 student.*表示 student 数据库中的所有表。

登录的主机：localhost 表示本地主机；%表示任意主机，支持远程登录。

注意：用户密码和登录的主机名可以用英文单引号也可以用英文双引号。

在远程主机上做好设置，通过如下命令连接远程的 MariaDB 数据库服务器：

mysql -h 远程主机 IP -u 用户名 -p 密码

（1）创建用户，并对该用户授权。

添加用户 kk，密码为"654321"，具有本地登录 student 数据库的所有全部权限，命令如下：

MariaDB [(none)]> create user 'kk'@'localhost' identified by '654321';

MariaDB [(none)]> grant all privileges on student.* to kk@'localhost' identified by '654321';

刷新系统权限表，查看 kk 用户的权限，命令如下：

MariaDB [(none)]> flush privileges;

MariaDB [(none)]> show grants for 'kk'@'localhost';

MariaDB [(none)]> show grants for 'kk'@'%';

（2）以 KK 用户登录，命令如下：

[root@localhost ~]# mysql -u kk -p654321

MariaDB [(none)]> show databases;

+--------------------+

```
| Database           |
+--------------------+
| information_schema |
| student            |
+--------------------+
```

(3) 添加远程登录的用户 user1。

允许名为 user1，密码为"000000"的用户从任意机器上登入 MariaDB 数据库，则可在 MariaDB 数据库中添加用户账号和密码。

```
MariaDB [(none)]> grant all privileges on student.*to user1@"%" identified by "000000";
MariaDB [(none)]> show grants for 'user1'@'%';
```

注意：不用单独创建用户，直接通过授权也可以完成创建一个新用户的操作。

(4) 在远程客户端登录 MariaDB 数据库。

首先要在远程客户端主机上安装 MariaDB 主程序，假设 MariaDB 数据库服务器的 IP 地址为 172.16.43.254，通过远程主机登录数据库。登录命令如下：

```
[root@localhost ~]# mysql -h 172.16.43.254 -u user1 -p000000
MariaDB [(none)]> show databases;
+--------------------+
| Database           |
+--------------------+
| information_schema |
| student            |
+--------------------+
2 rows in set (0.01 sec)
```

(5) 创建用户，授予部分权限。

增加一个用户 test1，密码为 abc，该用户可以在任何主机上登录数据库，并对所有数据库有查询、插入、修改、删除的权限。首先以用户 root 登录 MariaDB，并对用户 testl 进行授权。

```
[root@localhost~]#mysql -uroot -p111111
MariaDB [(none)]>   grant select, insert, update, delete on *.* to test1@"%" Identified by "abc";
```

增加一个用户 test2，密码为 abc，该用户可以在 localhost 上登录，并可以对数据库 student 进行查询、插入、修改及删除操作(localhost 指本地主机，即 MariaDB 数据库所在的那台主机)，命令如下：

```
MariaDB[(none)]>   grant select, insert, update, delete on student.* to test2@localhost identified by "abc";
```

如果不想用户 test2 有密码，可以再输入一个命令将密码消掉，命令如下：

```
MariaDB [(none)]>   grant select, insert, update, delete on student.* to test2@localhost identified by "";
```

4. 数据库中表操作

用户可以在一个数据库中继续创建属于该库的 MariaDB 表，格式为：

create table 表名(字段名，类型);

例　在 student 数据库中创建 info(学生信息)表，表结构如表 15-1 所示。

表 15-1　Info 表结构

字段名	类　型	长　度	说　明
xm	char	8	姓名
no	char	8	学号
cj	int	10	成绩
addr	text		地址

具体操作为：

① 切换当前数据库为 student。

　　MariaDB [(none)]> use student;

　　Database changed

② 创建表 info，并查看结果。

　　MariaDB [student]> create table info(xm char(8),no char(8),cj int(10),addr text);

③ 显示 student 数据库中的表。

　　MariaDB [student]> show tables;

```
+-------------------+
| Tables_in_student |
+-------------------+
| info              |
+-------------------+
1 row in set (0.00 sec)
```

④ 显示表的 info 结构。

查看表的字段设置，可以使用 describe 表名，命令如下：

　　MariaDB [student]> describe info;

```
+-------+---------+------+-----+---------+-------+
| Field | Type    | Null | Key | Default | Extra |
+-------+---------+------+-----+---------+-------+
| xm    | char(8) | YES  |     | NULL    |       |
| no    | char(8) | YES  |     | NULL    |       |
| cj    | int(10) | YES  |     | NULL    |       |
| addr  | text    | YES  |     | NULL    |       |
+-------+---------+------+-----+---------+-------+
4 rows in set (0.00 sec)
```

⑤ 在表中插入记录，格式如下：

　　insert into 表名(字段 1,字段 2, 字段……..) values(值 1,值 2,值……..);

如果数据是字符型，必须使用英文状态下的单引号或双引号。

向表 info 中插入如下两条记录。

　　MariaDB [student]> insert into info values("zhangsan","20170102",98,"hangzhou");

　　MariaDB [student]> insert into info values("lisi","20170105",94,"hainan");

⑥ 查看表中的记录。

MariaDB 数据库使用 SQL SELECT 语句查询数据，格式如下：

　　select 字段名,字段名,……字段名 from 表名，表名，….[where 条件]

查询语句中可以使用一个或多个表，各表之间使用逗号"，"分隔开，并使用 where 语句来设定查询条件。select 命令可以读取一条或者多条记录，可以使用"*"来代替其他字段，select 语句会返回表中所有字段数据。

查询表 info 中所有记录。

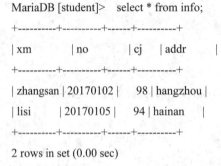

```
MariaDB [student]>    select * from info;
+----------+----------+------+----------+
| xm       | no       | cj   | addr     |
+----------+----------+------+----------+
| zhangsan | 20170102 |   98 | hangzhou |
| lisi     | 20170105 |   94 | hainan   |
+----------+----------+------+----------+
2 rows in set (0.00 sec)
```

⑦ 修改表中记录。

修改或更新 MariaDB 中的数据，可以使用 SQL UPDATE 命令来操作。以下是 UPDATE 命令修改 MariaDB 数据表的通用 SQL 语法：

　　update 表名 set 字段名 1=值 1,字段名 2=值 2 ….[where 条件]

用户可以同时更新一个字段或多个字段，还可以在 where 中指定任何条件。

修改 xm 为 lisi 的学生 no 为 20180105，并查看结果。

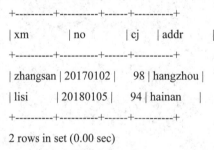

```
MariaDB [student]>    update info set no=20180105 where xm="lisi";
MariaDB [student]>    select * from info;
+----------+----------+------+----------+
| xm       | no       | cj   | addr     |
+----------+----------+------+----------+
| zhangsan | 20170102 |   98 | hangzhou |
| lisi     | 20180105 |   94 | hainan   |
+----------+----------+------+----------+
2 rows in set (0.00 sec)
```

⑧ 删除表中的记录。

删除 MariaDB 数据库表中的记录，可以使用 SQL 中 DELETE FROM 命令来操作。以下是 SQL DELETE 语句从 MariaDB 数据表中删除数据的通用 SQL 语法：

　　delete from 表名[where 条件]

如果没有指定 where 子句，MariaDB 表中的所有记录都将被删除。

删除 xm 为 lisi 的记录并查看结果。

MariaDB [student]> delete from info where xm="lisi";

MariaDB [student]>　select * from info;

```
+----------+----------+------+----------+
| xm       | no       | cj   | addr     |
+----------+----------+------+----------+
| zhangsan | 20170102 |   98 | hangzhou |
+----------+----------+------+----------+
```

1 row in set (0.00 sec)

⑨ 删除数据库和数据库中的表。

删除 MariaDB 数据库或数据库中的表，可以使用 SQL DROP 命令来操作，以下是 DROP 命令删除 MariaDB 数据库、数据表的通用 SQL 语法：

　　drop database　库名；

　　drop table　表名；

删除 student 数据库及该数据库中的表 info，并查看结果。

MariaDB [student]> drop table info;

MariaDB [student]> drop database student;

MariaDB [(none)]> show databases;

5. 备份数据库

使用 mysqldump 将数据库备份到 MariaDB 服务器上，将数据库 student 备份到/home 目录下，备份的数据库名为 studentbak.sql。备份命令如下：

[root@localhost ~]# mysqldump student -u root -p111111>/home/studentbak.sql

[root@localhost ~]# vim /home/studentbak.sql

打开备份的数据库文件，如图 15-8 所示。

图 15-8　备份后的数据库文件

6. 恢复数据库

备份数据库是为了防止已有的数据库文件被损坏。当原数据库被损坏后可以用备份数据库进行恢复，其恢复操作的前提是先建立一个空的数据库。

(1) 删除 student 数据库。删除数据库必须要到 MySQL 环境下，使用的命令为 drop。

```
[root@localhost ~]# mysql -uroot -p
Enter password:
MariaDB [(none)]> drop database student;
MariaDB [(none)]> show databases;
+--------------------+
| Database           |
+--------------------+
| information_schema |
| mysql              |
| performance_schema |
| xueyuan            |
+--------------------+
4 rows in set (0.00 sec)
```

(2) 先建立一个空的数据库 student，然后把备份文件 studentbak.sql 恢复到 student 数据库中，输入命令：

```
MariaDB [(none)]> create database student;
MariaDB [(none)]> exit
```

(3) 恢复数据库 student，命令如下：

```
[root@localhost ~]# mysql student -u root -p111111< /home/studentbak.sql
```

(4) 进入数据库中查看结果，命令如下：

```
[root@localhost ~]# mysql -uroot -p111111
MariaDB [(none)]> show databases;
+--------------------+
| Database           |
+--------------------+
| information_schema |
| mysql              |
| performance_schema |
| student            |
| xueyuan            |
+--------------------+
5 rows in set (0.00 sec)
MariaDB [(none)]> use student;
```

```
MariaDB [student]> select *from info;
+----------+----------+------+----------+
| xm       | no       | cj   | addr     |
+----------+----------+------+----------+
| lisi     | 20170105 |   94 | hainan   |
| zhangsan | 20170102 |   98 | hangzhou |
+----------+----------+------+----------+
2 rows in set (0.00 sec)
```

7. 其他操作

(1) 显示最后一个执行的语句所产生的错误、警告和通知。

```
MariaDB [student]> show warnings;
```

(2) 只显示最后一个执行语句所产生的错误。

```
MariaDB [student]> show errors;
```

(3) 查看当前数据库服务的日志文件信息。

```
MariaDB [student]> show master logs;
```

(4) 查看数据库中所有用户。

```
MariaDB [student]>    select user,host from mysql.user;
```

其中，mysql.user 是指从 MySQL 数据库的 user 表中查询数据。

15.2.6　部署 WordPress 博客系统

WordPress 是一个免费的开源项目，在 GNU 通用公共许可证下授权发布，是使用 PHP 语言开发的博客平台，用户可以在支持 PHP 和 MySQL 数据库的服务器上架设属于自己的网站。

Wordpress 博客系统的简介

由于安装方便、易于扩充功能，以及拥有丰富的插件和模板等优势，让 WordPress 逐渐成为世界上使用最广泛的博客系统之一，因使用者众多，所以 WordPress 社区非常活跃。使用 WordPress 可以快速搭建独立的博客网站，但 WordPress 不仅仅是一个博客程序，也是一款内容管理系统(CMS)，很多非博客网站也是用 WordPress 搭建的。同时，因为

部署 WordPress 博客系统

Wordpress 具有强大的扩展性，很多网站已经开始使用 Wordpress 作为内容管理系统来架设商业网站。

下面采用黄金组合 LAMP 部署 WordPress，具体操作如下：

(1) 查看是否安装 Apache 软件包。

```
[root@localhost ~]# rpm -q httpd
httpd-2.4.6-88.el7.x86_64
```

(2) 查看是否安装 MariaDB 软件包。

[root@localhost ~]# rpm -q mariadb

mariadb-5.5.60-1.el7_5.x86_64

(3) 安装 PHP 软件包。

默认系统是没有安装 PHP 软件包的，通过 YUM 安装 PHP。PHP 软件包内容如图 15-9 所示。

[root@localhost ~]# yum install -y php*

[root@localhost ~]# rpm -qa|grep php

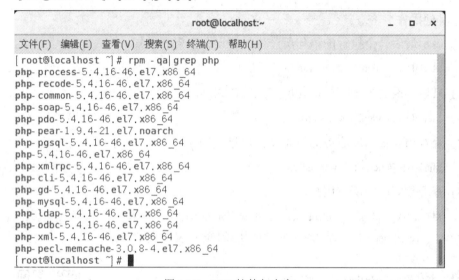

图 15-9　PHP 软件包内容

其中，php-mysql 用于 PHP 连接 MariaDB 数据库。安装完成后在/etc/httpd/conf.d/目录下会生成一个 php.conf 文件，此文件为 httpd 服务的 PHP 模块的配置文件。

[root@localhost ~]# cd /etc/httpd/conf.d

[root@localhost conf.d]# ls

autoindex.conf　php.conf　README　userdir.conf　welcome.conf

(4) 创建 PHP 测试页面。

[root@localhost ~]# cd /var/www/html/

[root@localhost html] # vim index.php

<?php

phpinfo();

?>

(5) 启动 httpd，访问 PHP 测试页面，如图 15-10 所示，表示 PHP 访问正常。如果在页面中能找到 mysql、mysqli 的信息内容，说明 PHP 能正常访问 mysql 和 mysqli 接口。

[root@localhost ~]# systemctl start httpd

(6) 启动数据库服务。

[root@localhost ~]# systemctl start mariadb

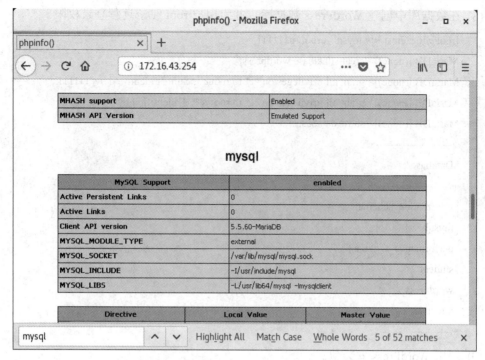

图 15-10 PHP 测试页面

(7) 测试 PHP 与 MariaDB 的连接性。

在/var/www/html 目录下创建 mysql.php 文件，然后访问相应的测试页面，如图 15-11 所示。

```
[root@localhost ~]# vim /var/www/html/mysql.php
[root@localhost ~]# cat /var/www/html/mysql.php
<?php
$conn=mysql_connect('127.0.0.1','root','111111');
if ($conn)
echo "Connected to mariadb.";
else
echo "Fail";
?>
```

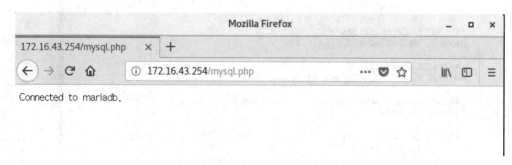

图 15-11 测试 PHP 与 MariaDB 的连接性

(8) 在数据库中创建 WordPress 数据库，并为用户 root 赋予远程登录权限。

```
[root@localhost ~]# mysql -uroot -p111111
MariaDB [(none)]> create database wordpress;
MariaDB [(none)]> grant all privileges on *.* to root@localhost identified by '111111';
MariaDB [(none)]> grant all privileges on *.* to root@"%" identified by '111111';
MariaDB [(none)]> show databases;
+--------------------+
| Database           |
+--------------------+
| information_schema |
| mysql              |
| performance_schema |
| student            |
| wordpress          |
| xueyuan            |
+--------------------+
```

(9) 解压 WordPress 安装包。

```
[root@localhost ~]# cd /var/www/html/
[root@localhost html] # ls
index.php   mysql.php   wordpress.zip
[root@localhost html] # unzip wordpress.zip
[root@localhost html] # ls
index.php   wordpress      mysql.php   wordpress.zip
```

(10) 创建配置文件 wp-config.php，如图 15-12 所示。

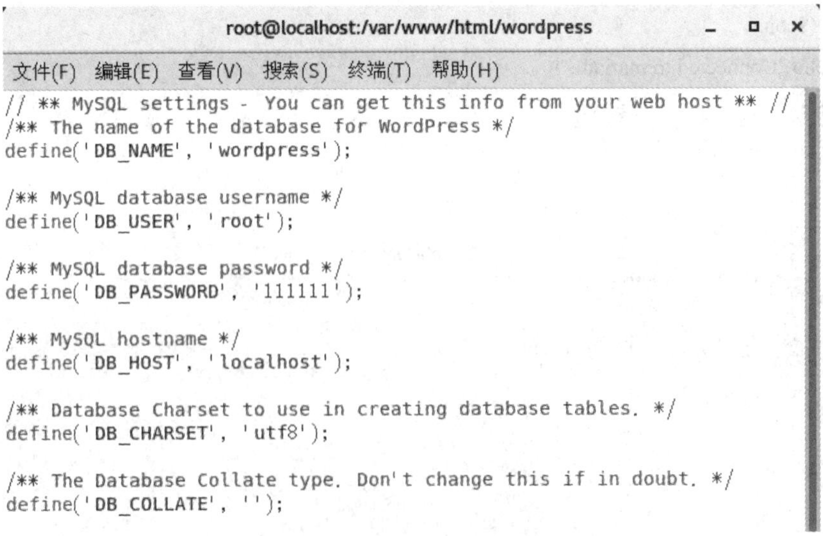

图 15-12　配置文件 wp-config.php

```
[root@localhost html] # cd wordpress
[root@localhost wordpress] # ls
index.php             wp-comments-post.php    wp-login.php
license.txt           wp-config-sample.php    wp-mail.php
readme.html           wp-content              wp-settings.php
wordpress-4.9.2       wp-cron.php             wp-signup.php
wp-activate.php       wp-includes             wp-trackback.php
wp-admin              wp-links-opml.php       xmlrpc.php
wp-blog-header.php    wp-load.php
[root@localhost wordpress]# cp wp-config-sample.php    wp-config.php
[root@localhost wordpress]# vim wp-config.php
```

(11) 进入 WordPress 安装界面。

在浏览器中输入地址 http://172.16.43.254/wordpress/，进 WordPress 安装界面，如图 15-13 所示。填写用户名、密码等信息，然后单击左下角 "Install WordPress" 按钮。跳转至安装完成界面，如图 15-14 所示。

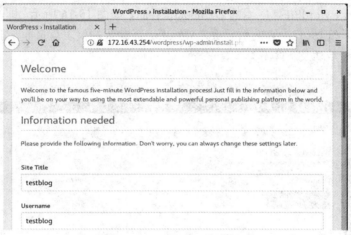

图 15-13　WordPress 安装界面

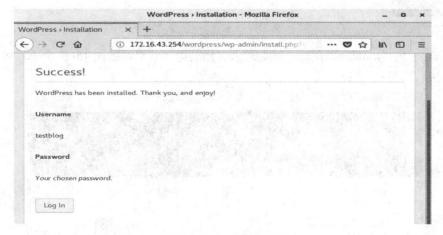

图 15-14　安装完成界面

单击"Log In", 登录 WordPress, 如图 15-15 所示。输入安装界面设置的用户名和密码, 单击"Log In"。

图 15-15 登录 WordPress

登录后, 进入 WordPress 应用的 Dashboard 界面, 如图 15-16 所示, 即 WordPress 仪表盘, 它是控制和管理所有内容的引导页, WordPress 默认的仪表盘页面一般有概览、快速草稿、WordPress 活动及新闻等。

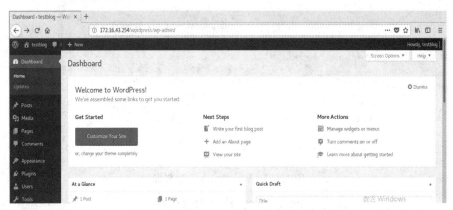

图 15-16 WordPress 仪表盘

单击左上角"testblog"图标, 就会进入自己的博客首页, 如图 15-17 所示, 可以在这里发表文章、记录生活感悟等。

图 15-17 博客首页

至此，WordPress 就全部安装完成，用户可以按照自己的喜好编辑创建自己的博客，发表文章。

15.3 反思与进阶

1. 项目背景

对于很多人而言，通过数据库查看相关数据不方便，也不人性化，通过 PHP 技术将数据库中存储的信息显示出来，已成为一种趋势。

IT 协会希望通过 PHP 页面将 student 数据库中的数据显示出来，方便师生查看。

2. 实施目的

(1) 熟练部署 MariaDB 数据库。

(2) 能够完成 MariaDB 数据库的常用操作。

(3) 能够使用 PHP 访问 MariaDB 数据库。

(4) 通过 LAMP 部署常用网站。

通过 PHP 访问
MariaDB 数据库

3. 实施步骤

(1) 安装 Apache 软件包。

```
[root@localhost ~]# yum install –y httpd
```

(2) 安装 MariaDB 软件包。

```
[root@localhost ~]# rpm -q mariadb*
```

(3) 安装 PHP 软件包。

```
[root@localhost ~]# rpm -q php*
```

(4) 创建项目实施部分的数据库。

(5) 创建 PHP 页面，程序代码如下：

```
[root@localhost ~]# cd /var/www/html/
[root@localhost html] # vim test.php
<?php
$con1=mysql_connect("localhost","root","111111");     #连接 mysql 数据库
mysql_select_db("student",$con1);                     #选择数据库 student
$r1=mysql_query("select * from info");                #对数据库表的操作
echo "<table align=center width=600 border=1>";
while($a=mysql_fetch_array($r1))
{
    echo "<tr>";
    echo "<td>".$a["xm"]."</td>";
    echo "<td>".$a["no"]."</td>";
    echo "<td>".$a["cj"]."</td>";
    echo "<td>".$a["addr"]."</td>";
```

```
        echo "</tr>";
    }
    echo "</table>";
    ?>
```

(6) 修改 httpd.conf 文件，默认首页为 test.php。

```
[root@localhost ~]# vim /etc/httpd/conf/httpd.conf
DirectoryIndex index.html    test.php
```

(7) 启动 htppd 和 mysql，访问网站，如图 15-18 所示。

```
[root@localhost html]# systemctl start httpd
[root@localhost html]# systemctl start mariadb.service
```

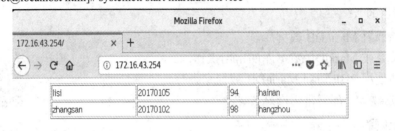

图 15-18　访问 MariaDB 数据库

4. 项目总结

MariaDB 不仅有文本管理方式，也有借助工具的图形管理方式。图形管理的工具是"phpmyadmin"，通过图形界面可以更直观地进行数据库管理。

项 目 小 结

通过学习掌握 MariaDB 数据库的部署方法，在完成数据库的安装后，能够根据实际情况创建数据库及数据库中表。为了防止数据库中数据的丢失，养成良好的数据库备份和恢复习惯。应用 Linux 下黄金组合 LAMP 来部署 WordPress 博客系统，能通过 PHP 技术在网站上显示数据库的信息。

练 习 题

一、选择题

1. 若 MariaDB 运行在 Linux 系统上，那访问 MariaDB 服务器的客户端程序也必须运行在 Linux 系统吗?(　　)

A. 是　　　　　　　　　　　　B. 否

2. 用以下(　　)查找表结构。

A. FIND　　　　　　　　　　　B. SELETE

C. ALTER
D. DESC

3. 查找姓名不是 NULL 的记录(　　)。

A. WHERE NAME ! NULL
B. WHERE NAME NOT NULL

C. WHERE NAME IS NOT NULL
D. WHERE NAME!=NULL

4. SQL 语言的数据操纵语句包括 SELECT、INSERT、UPDATE、DELETE 等，其中最重要的，也是使用最频繁的语句是(　　)。

A. UPDATE
B. SELECT

C. DELETE
D. INSERT

二、操作题

1. 开启 MariaDB 服务。

2. 检测端口是否运行。

3. 为 MariaDB 设置密码或修改密码。

4. 登录 MariaDB 数据库。

5. 查看当前数据库的字符集。

6. 查看当前数据库版本。

7. 查看当前登录的用户。

8. 创建 GBK 字符集的数据库 oldboy，并查看已建库完整语句。

9. 创建用户 oldboy，使之可以管理数据库 oldboy。

10. 查看创建的用户 oldboy 拥有哪些权限？

11. 查看当前数据库里有哪些用户？

12. 进入 oldboy 数据库。

13. 创建 innodb GBK 表 test，字段 id int(4)和 namevarchar(16)。

14. 查看建表结构及表结构的 SQL 语句。

15. 插入条数据"1，oldboy"。

16. 再批量插入 2 行数据"2，老男孩"和"3,oldboyedu"。

17. 查询名字为 oldboy 的记录。

18. 把数据 id 等于 1 的名字 oldboy 更改为 oldgirl。

19. 在字段 name 前插入 age 字段，类型 tinyint(2)。

20. 不退出数据库,完成备份 oldboy 数据库。

21. 删除 test 表中的所有数据，并查看。

22. 删除表 test 和 oldboy 数据库，并查看。

23. 不退出数据库，恢复以上删除的数据。

24. 收回 oldboy 用户的 select 权限。

25. 删除 oldboy 用户。

26. 删除 oldboy 数据库。

27. 使用 mysqladmin 关闭数据库。

三、面试题

1. 解释关系型数据库概念及主要特点。

2. 说出关系型数据库的典型产品、特点及应用场景。

3. 详细描述 SQL 语句分类及对应代表性关键字。

4. 详细描述 char(4)和 varchar(4)的差别。

5. MariaDB root 密码忘记时如何找回？

6. 误操作执行了一个 drop 库 SQL 语句，如何完整恢复？

7. mysqldump 备份使用了-A -B 参数，如何实现恢复单表？

8. 详述 MariaDB 主从复制原理及配置主从的完整步骤。

四、操作题

通过 LAMP 环境部署"Discuz!"论坛。

学习情境三　Linux 系统安全管理

项目 16　部署 Linux 防火墙

项目引入

随着计算机网络的飞速发展和广泛应用，各行各业对网络的依赖程度越来越高，但是网络攻击和入侵工具却更容易获取，实施攻击的技术成本越来越低。一台计算机如果要连接网络，就必须做好足够的安全防护措施。网络中数据通信一般都是通过控制和检测网络之间的信息和信息的交换来实施安全管理。为了采用这种访问控制技术规范网络行为，防火墙技术随之诞生。据统计，全球大约有一半的用户都在防火墙的保护之下，所以防火墙技术在网络安全中是不可缺少的一项技术。

需求分析

在之前的服务部署中，为了加快工作进度，IT 协会总是禁用防火墙来避免遇到一些异常问题。但是对于一台服务器来说，没有防火墙的保护，服务器很有可能会被黑客入侵，以致中断服务，甚至破坏重要的数据。为了保护系统免受侵害，IT 协会需要为学院网络部署防火墙。

◇ 了解防火墙的工作原理。
◇ 掌握防火墙工具的使用。
◇ 能够按要求部署防火墙。
◇ 了解在生产实际中防火墙的应用方式。

16.1　知　识　准　备

16.1.1　防火墙简介

防火墙是位于内部网和外部网之间的屏障，按照系统管理员预先定义好的规则来控制数据包的进出。防火墙允许授权的数据通过，而拒绝未经授权的数据通信，并记录访问报告等。由于使用防火墙能增强内部网络的安全性，因此防火墙技术的研究已经成为网络信息安全技术的主导研究方向，必要时可以提供 NAT、VPN 功能。

防火墙可以由一台路由器，也可以由一台或一组主机构成。防火墙一般放置在内外网的接口处，用来过滤进出网络的数据包。防火墙设置有一系列的过滤规则。防火墙审查每一个经过它的数据包，将数据包的信息与过滤规则按顺序比较。如果有相匹配的规则，按

规则处理该数据包；如果找不到相匹配的规则，将数据包丢弃以保护网络安全，如图 16-1
所示。

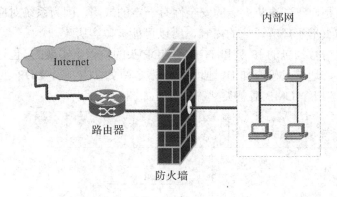

内部网

Internet

路由器

防火墙

图 16-1   防火墙设置

其功能为：

(1) 提供边界防护。控制内外网之间的所有网络数据流都必须经过防火墙，控制内外
网之间网络系统的访问，提高内部网络的保密性和私有性。

(2) 提供网络服务访问限制功能。只有符合安全策略的数据流，才能通过防火墙保护
易受攻击的服务。

(3) 提供审计和监控功能。记录网络的使用状态，可以实现对异常行为的报警，集中
管理内网的安全性，降低管理成本。

(4) 对网络渗透的自身免疫。保证防火墙自身的安全性。

16.1.2 防火墙分类

1. 按照是否使用专用设备

防火墙的分类和组成

1) 硬件防火墙

硬件防火墙是将防火墙程序做到芯片里，由硬件执行防护功能，可减少 CPU 的负担，
使路由更稳定。硬件防火墙通常放置在连接两个或多个网络区域的边界位置，对网络区域
之间的数据实施一系列的安全策略。硬件防火墙通常具有执行路由、数据包过滤、网络地
址转换及入侵防御等功能。

2) 软件防火墙

软件防火墙单独使用软件系统来完成防火墙功能，将软件部署在系统主机上，其安全
性较硬件防火墙差，同时占用系统资源，在一定程度上影响系统性能。其一般用于单机系
统或极少数的个人计算机，很少用于计算机网络中。软件防火墙主要用于保护主机不被外
部网络入侵，阻挡外界对主机的非法访问，如天网防火墙及 Windows 防火墙，都是软件防
火墙。软件防火墙可以对进出主机的数据包实施检查及过滤操作。

2. 按照防火墙的工作原理

1) 包过滤防火墙

包过滤(Packet Filter)是所有防火墙中最核心的功能，用以过滤用户定义的内容(如 IP

地址)。

　　包过滤防火墙的工作原理是系统在网络层检查数据包,这样系统就具有很好的传输性能和可扩展性。但是,包过滤防火墙的安全性有一定的缺陷,因为系统对应用层信息无感知。也就是说,防火墙不理解通信的内容,所以可能被黑客所攻破。

　　包过滤是通过对数据包的 IP 头和 TCP 或 UDP 头的检查来实现的。包过滤器并不检查数据包的所有内容,通常只检查如 IP 地址、协议类型(如 TCP 包、UDP 包或 ICMP 包)、TCP 或 UDP 包的端口、ICMP 消息类型等信息,如图 16-2 所示。

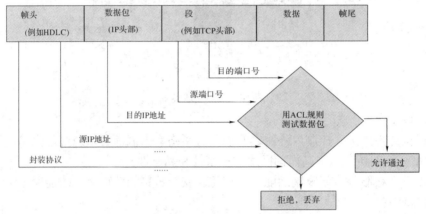

图 16-2　ACL 对数据包的过滤

　　包过滤规则一般存放于路由器的 ACL 中,并在 ACL 中定义了各种规则来表明是否同意或拒绝数据包的通过。包过滤的核心是安全策略,即包过滤算法的设计。

　　数据包到达防火墙之后,防火墙抢在网络层向传输层递交数据包之前,将数据包转发给包检查器进行处理,包检查器取出包头部的相关字段与路由表和过滤规则按顺序比较。首先取出目标查看路由表,以判断目标网络是否可以到达。如果不能到达目标网络,则通知数据包发送者“数据不可达”;如果可以到达目标网络,再根据过滤规则确定是否转发数据包,其过滤过程如图 16-3 所示。

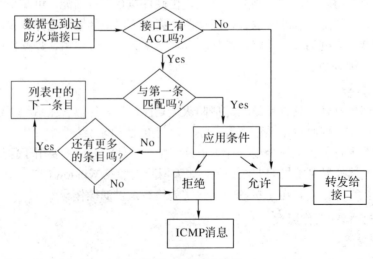

图 16-3　包过滤过程

包检查器使用过滤规则的过程如下：

① 首先将数据包信息与第一个过滤规则比较。如果两者相匹配，则对数据包进行审核，规则判断是否转发该数据包。如果审核结果是转发数据包，则将数据包递交给传输层进行处理；如果审核结果不允许转发数据包，则将数据包丢弃。

② 如果数据包信息不能与前面的过滤规则匹配，则查看是否有其他过滤规则；如果有，则继续比较下面的规则，过程与上一个步骤相同，直至所有规则都比较完。

③ 如果所有的规则都不匹配，则丢弃数据包。

包过滤防火墙的优点是：防火墙对用户透明，处理速度快且易维护。包过滤防火墙的缺点是：非法访问一旦突破防火墙，即可对主机上的软件和配置漏洞进行攻击；由于数据包头部中的源地址、目标地址和 IP 端口号等信息极易被伪造，导致黑客容易突破包过滤防火墙。

2) 代理服务型防火墙

代理服务型防火墙主要在应用层实现。当代理服务器收到一个客户的连接请求时，先核实该请求，然后将处理后的请求转发给真实服务器，接受真实服务器应答并做进一步处理后，再将回复交给发出请求的客户。代理服务器在外部网络和内部网络之间发挥了中间转接的作用，所以代理服务器有时也称作应用层网关。

代理服务器可对网络上任一层的数据包进行检查并经过身份认证，让符合安全规则的包通过，并丢弃其余的包。它允许通过的数据包由网关复制并传递，防止在受信任服务器和客户端与不受信任的主机间直接建立联系。

代理服务器型防火墙利用代理服务器主机将外部网络和内部网络分开。从内部发出的数据包经过这样的防火墙处理后，就好像是源于防火墙外部的网卡一样，从而可以达到隐藏内部网络结构的作用。内部网络的主机无须设置防火墙为网关，只需直接将需要服务的 IP 地址指向代理服务器主机，就可以获取 Internet 资源。

使用代理服务器型防火墙的好处是可以提供用户级的身份认证、日志记录和账号管理，彻底分隔外部与内部网络。但是，所有内部网络的主机均需通过代理服务器主机才能获得 Internet 上的资源，因此会造成使用上的不便，而且代理服务器很有可能会成为系统的"瓶颈"，可能需要为每种服务配置各自的代理服务器等。

3) 状态检测防火墙

状态检测防火墙基本保持了简单包过滤防火墙的优点，性能比较好，同时对应用是透明的，在此基础上对于安全性有了大幅提升。这种防火墙摒弃了简单包过滤防火墙仅考察进出网络的数据包，而不关心数据包状态的缺点，在防火墙的核心部分建立状态连接表，维护了连接，将进出网络的数据当成一个个的事件来处理。可以这样说，状态检测包过滤防火墙规范了网络层和传输层行为，而代理型防火墙则是规范了特定的应用协议上的行为。

4) 复合型防火墙

复合型防火墙是指综合了状态检测与透明代理的新一代防火墙，进一步基于 ASIC 架构，把防病毒、内容过滤整合到防火墙里，其中还包括 VPN、IDS 功能，多单元融为一体，是一种新突破。常规的防火墙并不能防止隐蔽在网络流量里的攻击，在网络界面对应用层扫描，把防病毒、内容过滤与防火墙结合起来，体现了网络与信息安全的新思路。它在网络边界实施 OSI 第七层的内容扫描，实现了实时在网络边缘部署病毒防护、内容过滤等应用层服务措施。

5) 四类防火墙的对比

(1) 包过滤防火墙：不能防范黑客攻击，也无法判断 IP 地址是否可信。对于黑客来说，只需将源 IP 包改成合法 IP 即可轻松通过包过滤防火墙进入内网。包过滤防火墙不支持应用层协议。例如，只允许用户使用 HTTP 协议访问网页，而不允许使用 FTP 协议下载资源，此时包过滤防火墙就无能为力，因为它不识别数据包中的应用层协议。

(2) 代理服务型防火墙：不检查 IP、TCP 报头，不建立连接状态表，网络层保护比较弱。

(3) 状态检测防火墙：不检查数据区，建立连接状态表，前后报文相关，应用层控制很弱，如无法彻底地识别数据包中大量的垃圾邮件、广告及木马程序等。

(4) 复合型防火墙：可以检查整个数据包内容，根据需要建立连接状态表，网络层保护强，应用层控制细，会话控制较弱。

16.1.3　Linux 防火墙的组成

1. Linux 防火墙的发展历程

Linux 系统的防火墙功能是由内核实现的，其发展史就是从墙到链再到表、从简单到复杂的一个过程。

在 Linux 2.0 版内核中包过滤机制为 ipfw，管理工具是 ipfwadm。在 Linux 2.2 版内核中包过滤机制为 ipchain，管理工具是 ipchains。在 Linux 2.4、2.6 和 3.0+ 版内核中包过滤机制为 netfilter，管理工具是 iptables。而在 Linux 3.1(3.13+) 版内核中，包过滤机制为 netfilter，中间采取 daemon 动态管理防火墙，管理工具是 firewalld、iptables 等多种工具。

2. Linux 防火墙的组成

1) netfilter 框架(内核层)

netfilter 是内核空间中实现防火墙的内部架构，用户不能直接操作 nefilter 组件。netfilter 在内核运行的内存中维护一系列的表，内核模块通过查表方法决定数据包的处理方式。netfilter 通过表→链→规则的分层结构来组织规则，其具体结构如图 16-4 所示。

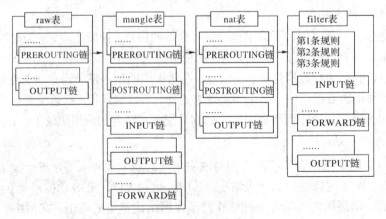

图 16-4　netfilter 框架

规则：存储在内核的包过滤表中，分别指定了源和目的 IP 地址、传输协议、服务类型等。当数据包与规则匹配时，就根据规则所定义的方法来处理数据包，如放行、丢弃等动作。

链：数据包传播的路径，每一条链其实就是众多规则中的一个检查清单，每一条链中可以有一条或数条规则。当数据包到达一条链时会从链中第一条规则开始检查，查看该数据包是否满足规则所定义的条件。如果满足，系统就会根据该条规则所定义的方法处理该数据包，否则将继续检查下一条规则。如果该数据包不符合链中任一条规则，就根据该链预先定义的默认策略处理数据包。

表：netfilter 中内置有 4 张表，即 filter 表、nat 表、mangle 表和 raw 表，其中 filter 表用于实现数据包的过滤，nat 表用于网络地址转换，mangle 表用于包的重构。各表的功能为：

filter 表用于数据包的过滤。filter 表包含了 INPUT 链(匹配到达本机的数据包)、FORWARD 链(处理转发的数据包)和 OUTPUT 链(匹配从本机发出的数据包)。

nat 表用于网络地址转换。nat 表包含了 PREROUTING 链(修改即将到来的数据包)、OUTPUT 链(修改在路由之前本地生成的数据包)和 POSTROUTING 链(修改即将出去的数据包)。

mangle 表用于对指定的包进行修改。在 Linux 2.4.18 内核之前，mangle 表仅包含 PREROUTING 链和 OUTPUT 链；在 Linux 2.4.18 内核之后，包括 PREROUTING、INPUT、FORWARD、OUTPUT 和 POSTROUTING 五个链。

raw 表用于数据跟踪处理，包括 OUTPUT 和 PREROUTING 两个链。

表的查询顺序为：raw→mangle→nat→filter。如果 INPUT 链上既有 mangle 表也有 filter 表，那么先处理 mangle 表，然后再处理 filter 表。

2) 中间层服务程序

中间层服务程序是用于连接内核和用户的服务程序或守护进程，能直接与内核 netfilter 进行交互，将用户配置的规则传输给内核中的 netfilter 读取，从而调整系统的防火墙规则。

3) 用户层工具

Linux 系统为用户提供用来定义和配置防火墙规则的工具软件。

3. iptables 防火墙

在 RHEL7 之前的 Linux 系统默认采用 iptables 作为防火墙软件，能够实现数据包过滤、网络地址转换和数据包修改等功能，其主要工作在 TCP/IP 协议栈的第 2、3、4 层，能够识别数据包的 MAC 地址、IP 地址及 TCP/UDP 端口。通过外挂模块，还能实现状态检测和第 7 层应用过滤等功能。

4. firewalld 防火墙

RHEL7 默认使用 firewalld 作为防火墙管理工具，拥有运行时配置(临时)与永久配置选项，支持动态更新及 "zone" 的区域功能概念，可使用图形化工具 firewall-config 和文本管理工具 firewall-cmd。

RHEL7 中有 firewalld、iptables、ebtables 等多种防火墙并存，默认使用 firewalld 作为防火墙，管理工具是 firewall-cmd，不过底层调用的命令仍然是 iptables 等，其结构如图 16-5 所示。

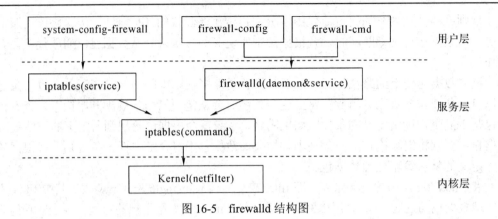

图 16-5　firewalld 结构图

5. nftables

nftables 诞生于 2008 年，2013 年底合并到 Linux 内核，从 Linux 3.13 起作为 iptables 的替代品，并提供给用户。它是新的数据包分类框架和新的 Linux 防火墙管理程序，旨在替代现存的 {ip,ip6,arp,eb}_tables，其用户空间管理工具是 nft。由于 iptables 的一些缺陷，目前正在慢慢过渡用 nftables 替换 iptables，同时由于这个新框架的兼容性，nftables 支持在这个框架上运行直接 iptables 的管理工具。firewalld 同时支持 iptables 和 nftables，未来最新版本 0.8.0 默认使用 nftables。

firewalld 是基于 nftfilter 防火墙的用户界面工具，而 iptables 和 nftables 是命令行工具，它们之间的关系如图 16-6 所示。

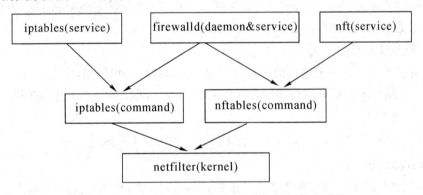

图 16-6　iptables、firewalld 与 nftables 之间的关系图

16.2　项　目　实　施

16.2.1　安装 firewalld 服务

Red Hat Enterprise Linux 7.6 中默认已经安装了 firewalld。如果系统中没有安装，可以通过 RPM 和 YUM 安装。

(1) 检查是否安装 firewalld 软件包。

在终端窗口输入："rpm -qa|grep firewalld" 命令，查看系统中是否已经安装了 firewalld

的版本信息。

```
[root@localhost ~]# rpm -qa|grep    firewalld
firewalld-0.5.3-5.el7.noarch
firewalld-filesystem-0.5.3-5.el7.noarch
```

(2) 安装 firewalld 服务。

```
[root@localhost ~]# yum install -y firewalld*
```

16.2.2　firewalld 区域管理

为了简化防火墙管理, firewalld 通过将网络划分成不同的区域, 制定出不同区域之间的访问控制策略来控制不同区域间传送的数据流。例如, 互联网是不可信任的区域, 而内部网络是高度信任的区域。firewalld 提供了几种预定义的区域及其默认配置, 如表 16-1 所示。

表 16-1　firewalld 区域管理

区　域(zone)	默　认　配　置
阻塞区域(block)	任何传入的网络数据包都将被阻止, 返回 icmp-host-prohibited 阻止, 只有服务器已经建立的连接会被通过, 即只允许由该系统初始化的网络连接
工作区域(work)	只能定义内部网络, 比如私有网络通信才被允许, 只允许 ssh、ipp-client 和 dhcpv6-client 通信
家庭区域(home)	拒绝流入的数据包, 允许外出及服务如 ssh、ipp-client、mdns、samba-client 和 dhcpv6-client
公共区域(public)	只接受那些被选中的连接, 默认只允许 ssh 和 dhcpv6-client, 这个 zone 是新添加网络接口的缺省 zone
隔离区域(DMZ)	隔离区域也称为非军事区域, 内外网络之间增加的一层网络, 起到缓冲作用。对于隔离区域, 只有选择接受传入的网络连接, 如仅接受 ssh 服务连接
信任区域(trusted)	允许所有流入数据包
丢弃区域(drop)	任何传入的网络连接都被拒绝。接受的数据包都被抛弃, 且没有任何回复
内部区域(internal)	拒绝流入的数据包, 允许外出及服务, 如 ssh、mdns、ipp-client 或 dhcpv6-client 服务连接
外部区域(external)	只有指定的连接会被接受, 即 ssh, 而其他连接将被丢弃或不被接受, 所有从该区域出去的数据包都将被映射成该区域所绑定的网卡 IP

其中, firewalld 的默认区域是 public。firewalld 默认提供了 9 个 zone 配置文件, 分别为 block.xml、dmz.xml、drop.xml、external.xml、 home.xml、internal.xml、public.xml、trusted.xml 及 work.xml, 保存在 "/usr/lib /firewalld/zones/" 目录下。

存放 firewalld 默认配置文件有两个目录, 即 /usr/lib/firewalld/ (系统配置)和 /etc/firewalld/ (用户配置)。

数据包要进入内核必须通过这些区域中的一个, 不同区域中预定义的防火墙规则也是不一样的, 可以根据计算机的用途及需求将网卡连接到相应的区域中, 可以对区域中的规则进行修改, 从而指定符合要求的防火墙规则。但是一个网络连接只能连接一个区域, 而一个区域可以由多个网络连接。

firewalld 包含的规则有 3 种：

(1) 标准规则：利用 firewalld 的基本语法规范所制定或添加的防火墙规则。

(2) 直接规则：firewalld 提供了"direct interface"(直接接口)，允许管理员手动编写 iptables、ip6tables 和 ebtables 规则并插入 firewalld 管理的区域中。适用于应用程序，而不是用户。

(3) 富规则：firewalld 的富语言(rich language)提供了一种不需要了解 iptables 语法，通过高级语言配置复杂 IPv4 和 IPv6 防火墙规则的机制，为管理员提供了一种表达性语言。通过这种语言可以表达 firewalld 的基本语法中未涵盖的自定义防火墙规则。

富规则主要是为了解决 firewalld 的基本语法无法满足要求的情况，rich 规则比基本的 firewalld 语法能实现更强的功能，不仅能实现允许/拒绝，还可以实现日志 syslog 和 auditd，甚至可以实现端口转发、伪装和限制速率。

16.2.3　启动与停止 firewalld 服务

在 Red Hat Enterprise Linux7.6 中，firewalld 被安装为服务，所以遵循服务的启动与停止规范。

(1) 启动 firewalld 服务。

```
[root@localhost ~]# systemctl start firewalld
```

firewalld 服务启动了，才能使用相关配置工具，即 firewall-config(图形界面)和 firewall-cmd(命令行)。

(2) 重启 firewalld 服务。

```
[root@localhost ~]# systemctl restart firewalld
```

(3) 停止 firewalld 服务。

```
[root@localhost ~]# systemct stop firewalld
```

(4) 查看 firewalld 服务器的状态。

```
[root@localhost ~]# systemctl status firewalld
```

(5) 将 ptable 服务配置为开机自动运行。

```
[root@localhost ~]# systemctl enable    firewalld
```

(6) 禁止 firewalld 开机启动。

```
[root@localhost ~]# systemctl disable    firewalld
```

16.2.4　firewalld 图形界面配置

在安装 Linux 操作系统时默认是启用防火墙的，但是在部署服务时为了提高服务效率，选择了禁用防火墙，这其实并不是将防火墙组件从系统中移除，而是把所有链的默认策略配置为 ACCEPT，并删除所有规则，以允许所有通信。

在 Linux 的开始菜单，选择"应用程序"→"杂项"→"防火墙"就可以打开防火墙的图形界面，如图 16-7 所示。选择 ftp 为可信服务，可信服务可以被任意主机或网络访问。

或者在终端输入如下命令，也可以打开如图 16-7 所示的图形界面。

[root@localhost ~]# firewall-config

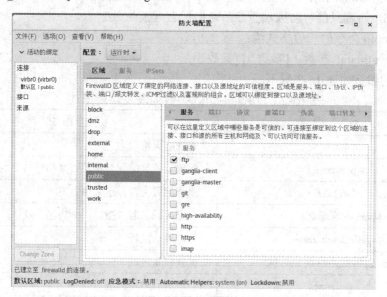

图 16-7 防火墙配置窗口

将网卡 ens33 从默认的区域移动到外部区域，在左侧连接处双击"ens33"，打开如图 16-8 所示的对话框进行选择。

图 16-8 将网卡 ens33 添加到外部区域

16.2.5 命令行工具 firewall-cmd

firewall-cmd 提供了一个动态管理的防火墙，支持网络/防火墙区域定义网络连接或接口的信任级别。它支持 IPv4、IPv6 防火墙设置和以太网网桥，并将运行时和永久配置选项分开，还支持服务或应用程序直接添加防火墙规则的接口。

一般情况，firewalld 规则有两种状态：

运行时(runtime)：修改规则马上生效，但仅是临时生效。

　　持久配置(permanent)：修改后需要重载才会生效，一旦使用了 permanent，配置完成后一定要 reload，否则只能待防火墙重启后这些配置才能生效。

　　firewall-cmd 命令的一般格式为：

　　　　firewall-cmd　参数 1 [参数 2] [参数 3]……

　　其常用的参数如表 16-2 所示。

表 16-2　firewall-cmd 参数列表及功能描述

参　　　数	功　能　描　述
--state	查询防火墙状态
--permanent	配置写入到配置文件，否则临时马上生效
--reload	重载配置文件，永久生效
--zone=<区域名称>	指定区域，若未指定，则为当前默认区域
--get-default-zones	获取默认区域
-set-default-zone= <区域名称>	设置默认区域
--get-zones	获取所有可用的区域
--get-active-zones	获取当前激活(活跃)的区域
--add-source=	添加源地址，可以是主机或网段
--remove-source=	移除源地址，可以是主机或网段
--add-service=	添加服务
--remove-service=	移除服务
--list-services	显示指定区域内允许访问的所有服务
--list-ports	显示指定区域内允许访问的所有端口号
--list-all	列出激活使用的区域的配置
--list-all-zones	列出所有区域的配置
--add-port=	添加端口
--remove-port=	移除端口
--add-interface= <网卡名称>	添加网卡到指定区域
--change-interface= <网卡名称>	改变网卡到指定区域
--get-zone-of-interface=　　<网卡名称>	获取指定接口所在的区域
--add-masquerade	启用伪装，私有网络的地址被隐藏并映射到一个公有的 IP
--remove-masquerade	禁止区域中使用伪装
--query-masquerade	查询区域中的伪装状态

　　下面列举一些 firewall-cmd 常用的应用。

　　(1) 查看 firewalld 版本。

　　　　[root@localhost ~]# firewall-cmd --version

0.5.3

(2) 查看 firewalld 服务运行状态。

[root@localhost ~]# firewall-cmd --state

running

这条命令等同于 systemctl status firewalld。

(3) 查看 firewall-cmd 帮助。

[root@localhost ~]# firewall-cmd –help

(4) 查看预定义的 zones。

[root@localhost ~]# firewall-cmd --get-zones

block dmz drop external home internal public trusted work

(5) 查看默认的 zone。

[root@localhost ~]# firewall-cmd --get-default-zone

public

(6) 设置默认的 zone 为 home。

[root@localhost ~]# firewall-cmd --set-default-zone   home

success

[root@localhost ~]# firewall-cmd --get-default-zone

home

(7) 查看前活动的区域信息。

[root@localhost ~]# firewall-cmd --get-active-zones

public

interfaces: ens33

(8) 查看指定接口所属区域。

[root@localhost ~]# firewall-cmd --get-zone-of-interface=ens33

(9) 将接口添加到区域，默认接口都在 public。

[root@localhost ~]# firewall-cmd --zone=public --add-interface=ens33

(10) 查看 public 区域所有允许的端口。

[root@localhost ~]# firewall-cmd --zone=public --list-ports

(11) 查看所有区域规则。

[root@localhost ~]# firewall-cmd --list-all-zones

(12) 查看 public 区域所有允许的规则。

[root@localhost ~]# firewall-cmd --zone=public --list-all

public (active)

target: default

icmp-block-inversion: no

interfaces: ens33

sources:

services: ssh dhcpv6-client

ports:

```
protocols:
masquerade: no
forward-ports:
source-ports:
icmp-blocks:
rich rules:
```

(13) 更新防火墙规则。

```
[root@localhost ~]# firewall-cmd --reload
[root@localhost ~]# firewall-cmd --complete-reload
```

第一条命令是临时生效防火墙规则，第二条命令类似重启后生效防火墙规则。

(14) 拒绝所有包。

```
[root@localhost ~]# firewall-cmd --panic-on
```

(15) 取消拒绝状态。

```
[root@localhost ~]# firewall-cmd --panic-off
```

(16) 查看是否拒绝。

```
[root@localhost ~]# firewall-cmd --query-panic
```

(17) 查看预定义的 services。

```
[root@localhost ~]# firewall-cmd --get-services
```

(18) 显示 public 区域中开放的服务。

```
[root@localhost ~]# firewall-cmd --zone=public --list-service
```

(19) 在默认 zone 中启用永久 ssh 服务。

```
[root@localhost ~]#   firewall-cmd --permanent --add-service=ssh --zone=public
```

(20) 创建一个名为 kk 的 service。

```
[root@localhost ~]# firewall-cmd --new-service=kk --permanent
```

(21) 删除 ssh 服务。

```
[root@localhost ~]# firewall-cmd --permanent --remove-service=ssh
[root@localhost ~]# firewall-cmd --reload
[root@localhost ~]# firewall-cmd   --list-all
```

在另一台主机上测试。

```
[root@localhost ~]# ssh 172.16.43.254
ssh: connect to host 172.16.43.254 port 22: No route to host
```

(22) 添加 80 端口对所有人访问，更新权限，并查看。

```
[root@localhost ~]# firewall-cmd --zone=public --add-port=80/tcp --permanent
[root@localhost ~]# firewall-cmd --reload
[root@localhost ~]# firewall-cmd --zone=public --query-port=80/tcp
```

(23) 永久删除 80 端口。

```
[root@localhost ~]# firewall-cmd --zone=public --remove-port=80/tcp --permanent
```

(24) 允许主机 172.16.43.252 通过 ssh 登录本机。

```
[root@localhost ~]# firewall-cmd --direct --add-rule ipv4 filter INPUT 1 -p tcp --dport 22 -s
```

172.16.43.252 -j ACCEPT

　　　　[root@localhost ~]# firewall-cmd --reload

测试成功。

　　(25)　查看设置的规则。

　　　　[root@localhost ~]# firewall-cmd　--direct --get-all-rules

　　(26)　限制某个 IP 访问。

　　　　[root@localhost　~]#　firewall-cmd　--permanent　--add-rich-rule='rule　family=ipv4　source
address="10.6.1.2" drop'

　　(27)　拒绝来自 public 区域中 IP 地址 192.168.0.11 的所有流量。

　　　　[root@firewalld ~]#　　firewall-cmd --zone=public --add-rich-rule='rule　family=ipv4　source
address=192.168.0.11/32 reject'

16.2.6　firewalld 应用

　　例 1　配置一台运行 Linux 的服务器，其地址为 172.16.43.254，子网
掩码为 255.255.255.0，默认网关为 172.16.43.1。客户端用 Windows 进行
测试，要满足如下要求：

　　◇　要求源地址是 172.16.43.0/24 的客户端都可以访问这台 Linux 服
务器的 Web 服务。

　　◇　修改 web 服务的端口为 8888，要求通过端口转换让用户仍然通
过 http://172.16.43.254 访问 web 服务。

firewalld 应用

　　具体操作步骤：

　　(1)　设置服务器的 IP 地址为 172.16.43.254，开启防火墙，设置防火墙开机自启。

　　　　[root@localhost ~]# ifconfig ens33

　　　　ens33: flags=4163<UP,BROADCAST,RUNNING,MULTICAST>　　mtu 1500

　　　　inet 172.16.43.254　netmask 255.255.255.0　broadcast 172.16.43.255

　　　　inet6 fe80::ac37:732a:8f61:7139　prefixlen 64　　scopeid 0x20<link>

　　　　ether 00:0c:29:87:37:6a　txqueuelen 1000　(Ethernet)

　　　　RX packets 9367　bytes 10222270 (9.7 MiB)

　　　　RX errors 0　dropped 0　overruns 0　frame 0

　　　　TX packets 1673　bytes 608671 (594.4 KiB)

　　　　TX errors 0　dropped 0 overruns 0　carrier 0　collisions 0

　　　　[root@localhost ~]# systemctl start firewalld

　　　　[root@localhost ~]# systemctl enable firewalld

　　(2)　编写测试页面，启动 Apache 服务。

　　　　[root@localhost ~]# vim /var/www/html/index.html

　　　　[root@localhost ~]# cat /var/www/html/index.html

　　　　This is test page.....

　　　　[root@localhost root] # service httpd start

（3）测试。

在主机 172.16.43.254 上测试。

```
[root@localhost ~]# systemctl restart httpd
[root@localhost ~]# curl 172.16.43.254
This is test page......
```

在主机 172.16.43.252 上测试，结果如图 16-9 所示。

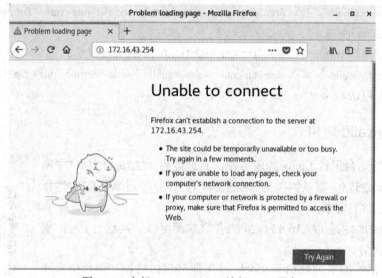

图 16-9　主机 172.16.43.252 访问 Web 服务

（4）查看 public 区域所有允许的规则。

```
[root@localhost ~]# firewall-cmd --zone=public --list-all
public (active)
target: default
icmp-block-inversion: no
interfaces: ens33
sources:
services: ssh dhcpv6-client
ports:
protocols:
masquerade: no
forward-ports:
source-ports:
icmp-blocks:
rich rules:
```

（5）在 public 区域中允许 Web 服务通过，永久且立即生效。

```
[root@localhost ~]# firewall-cmd --permanent --zone=public --add-service=http
success
[root@localhost ~]# firewall-cmd --reload
```

success

(6) 测试。

在主机 172.16.43.252 上测试，结果如图 16-10 所示。

[root@localhost ~]# curl 172.16.43.254

This is test page......

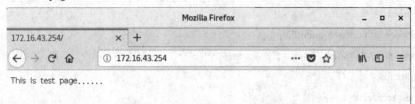

图 16-10 主机 172.16.43.252 访问 Web 服务(防火墙允许)

(7) 在 Web 服务器的主配置文件中监听 8888 端口，并在本机上测试。

[root@l ocalhost ~]# vim /etc/httpd/conf/httpd.conf

Listen 8888

[root@localhost ~]# systemctl restart httpd

[root@localhost ~]# curl 172.16.43.254:8888

This is test page......

(8) 在主机 172.16.43.252 上测试。

[root@localhost ~]# curl 172.16.43.254:8888

curl: (7) Failed connect to 172.16.43.254:8888; 没有到主机的路由

(9) 允许 8080 与 8888 端口进入 public 区域，永久并立即生效。

[root@localhost ~]# firewall-cmd --permanent --zone=public --add-port=8080-8888/tcp

success

[root@localhost ~]# firewall-cmd --reload

success

[root@localhost ~]# firewall-cmd --zone=public --list-ports

8080-8888/tcp

(10) 在主机 172.16.43.252 上测试，不能使用 http://172.16.43.254 直接访问。

[root@localhost ~]# curl 172.16.43.254:8888

This is test page......

[root@localhost ~]# curl 172.16.43.254

curl: (7) Failed connect to 172.16.43.254:80; 拒绝连接

(11) 添加一条永久生效的富规则，将 172.16.43.0/24 网段数据的目标端口 80 转换为 8888 端口，立即生效，并查看。

[root@localhost ~]# firewall-cmd   --permanent --zone=public --add-rich-rule="rule family=ipv4
            source address=172.16.43.0/24 forward-port port=80 protocol=tcp to-port=8888"

success

[root@localhost ~]# firewall-cmd --reload

success

```
[root@localhost ~]# firewall-cmd    --list-all
public (active)
target: default
icmp-block-inversion: no
interfaces: ens33
sources:
services: ssh dhcpv6-client http
ports: 8080-8888/tcp
protocols:
masquerade: no
forward-ports:
source-ports:
icmp-blocks:
rich rules:
    rule    family="ipv4"    source    address="172.16.43.0/24"    forward-port    port="80"    protocol="tcp"
to-port="8888"
```

(12) 在主机 172.16.43.252 上测试，结果如图 16-11 所示。

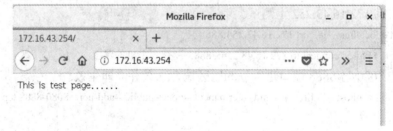

图 16-11　添加富规则后访问 Web 服务

16.2.7　NAT 技术

NAT(Network Address Translation，网络地址转换)是 1994 年提出的，根据 RFC 1631 开发的 IETF 标准，是将一个地址域映射到另一个地址域(如 Internet)的标准方法。也就是说，NAT 可以将内部网络中的所有节点的私有 IP 地址转换成一个公有 IP 地址，反之亦然。这种方法可以有效解决 IP 地址不足的问题。同时，也可以应用到防火墙技术中，把个别 IP 地址隐藏起来而不被外部发现，使外部无法直接访问内部网络设备。

NAT 不仅能解决 IP 地址不足的问题，而且还能够有效地避免来自网络外部的攻击，隐藏并保护网络内部的计算机。

1. NAT 的工作原理

NAT 服务器通常安装有两个网卡，一个连接内网，另一个连接外网。只有在内外网络之间传输数据时才进行地址转换。按照地址转换的方式来分，NAT 技术有 3 种类型。

1) 静态转换 Static Nat

静态 NAT 是指依赖于手工建立的内外部 IP 地址映射表来进行的地址转换技术，IP 地址对是一对一的，也是一成不变的，某个私有 IP 地址只转换为某个公有 IP 地址。借助于静态转换，可以实现外部网络对内部网络中某些特定设备(如服务器)的访问。

2) 动态转换 Dynamic Nat

动态 NAT 是指地址映射表由 NAT 服务器动态建立的地址转换方式技术，将内部网络的私有 IP 地址转换为公用 IP 地址时，IP 地址是不确定的、随机的，所有被授权访问 Internet 的私有 IP 地址可随机转换为任何指定的合法 IP 地址。也就是说，只要指定哪些内部地址可以进行转换及用哪些合法地址作为外部地址时，就可以进行动态转换。动态转换可以使用多个合法外部地址集。当 ISP 提供的合法 IP 地址略少于网络内部的计算机数量时，可以采用动态转换的方式。

3) 端口多路复用 OverLoad

端口多路复用(Port address Translation,PAT)是指改变外出数据包的源端口并进行端口转换，即端口地址转换。适用于多个私有 IP 地址映射到一个公有 IP 地址的情况，从而可以最大限度地节约 IP 地址资源。同时，又可隐藏网络内部的所有主机，从而有效避免来自 Internet 的攻击。因此，目前网络中应用最多的就是端口多路复用方式。

2. NAT 的工作过程

(1) 客户机将数据包发给运行 NAT 的计算机。

(2) NAT 将数据包中的端口号和专用的 IP 地址换成自己的端口号和公用的 IP 地址，然后将数据包发给外部网络的目的主机，同时记录一个跟踪信息在映像表中，以便向客户机发送回答信息。

(3) 外部网络发送回答信息给 NAT。

(4) NAT 将所收到的数据包的端口号和公用 IP 地址转换为客户机的端口号和内部网络使用的专用 IP 地址并转发给客户机。

3. NAT 的分类

源 NAT(Source NAT，SNAT)，修改第一个包的源 IP 地址。SNAT 会在包送出之前的最后一刻做好 Post-Routing 的动作。Linux 中的 IP 伪装(MASQUERADE)就是 SNAT 的一种特殊形式。源 IP 地址转换的数据包规则被添加到 POSTROUTING 链中。

目的 NAT(Destination NAT，DNAT)，修改第一个包的目的 IP 地址。DNAT 总是在包进入后立刻进行 Pre-Routing 动作。端口转发、负载均衡和透明代理均属于 DNAT。目的 IP 地址转换的数据包的规则被添加到 PREROUTING 链中。

firewalld 通过伪装和端口转发(端口映射)来支持两种类型的网络地址转换(NAT)，可以在基本级别使用常规 firewall-cmd 规则来同时配置两者，更高级的转发配置可以使用富规则来完成。这两种形式的 NAT 会在发送包之前修改包的某些方面，如源或目标。

16.3 反思与进阶

1. 项目背景

学院部署 firewalld 服务器目的是维护内网的安全性和节约 IP 地址。为解决 IP 地址不足，firewalld 服务器需要实现 NAT 转化，即将私有的 IP 与学院申请的公有 IP 进行相互转化。学院网络拓扑图如图 16-12 所示。

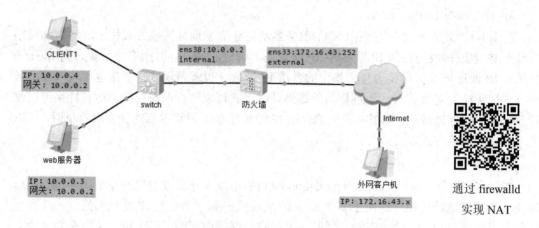

图 16-12　NAT 网络拓扑图

在 firewalld 服务器上：位于外部区域的网卡 ens33 的 IP 地址为 172.16.43.252，用于共享上网；位于内部区域的网卡 ens38 的 IP 地址为 10.0.0.2，用于和内网的连接。

学院内部有一台集 Web 服务、Mail 服务和 FTP 服务为一体的服务器，其 IP 地址为 10.0.0.3，需要外部客户机通过 http://10.0.0.3 来访问。以上所有的计算机和服务器都要求架设在防火墙内。

2. 实施目的

(1) 能够根据工作实际部署防火墙。

(2) 能够实施 SNAT。

(3) 能够实施 DNAT。

3. 实施步骤

(1) NAT 共享上网。

① 在 firewalld 服务器上配置相应网卡的 IP 地址。

```
[root@firewalld network-scripts]# ifconfig
ens33: flags=4163<UP,BROADCAST,RUNNING,MULTICAST>    mtu 1500
inet 172.16.43.252   netmask 255.255.255.0   broadcast 172.16.43.255
(略)
ens38: flags=4163<UP,BROADCAST,RUNNING,MULTICAST>    mtu 1500
inet 10.0.0.2   netmask 255.255.255.0   broadcast 10.0.0.255
(略)
```

② 启动防火墙，并设置开机启动。

```
[root@firewalld ~]# systemctl start firewalld
[root@firewalld ~]# systemctl enable   firewalld
```

③ 将网卡 ens33 永久移动到外部区域(external)，将 ens38 永久移动到内部区域(internal)，并查看各网卡所在区域。

```
[root@firewalld ~]# firewall-cmd    --change-interface=ens33 --zone=external    --permanent
[root@firewalld ~]# firewall-cmd    --change-interface=ens38 --zone=internal    --permanent
[root@firewalld ~]# firewall-cmd    --get-zone-of-interface=ens33
external
[root@firewalld ~]# firewall-cmd    --get-zone-of-interface=ens38
internal
```

④ 查看 external 外部区域是否开启防火墙伪装(masquerade)，默认已经开启。

```
[root@firewalld ~]# firewall-cmd    --list-all --zone=external
external (active)
target: default
icmp-block-inversion: no
interfaces: ens33
sources:
services: ssh
ports:
protocols:
masquerade: yes
forward-ports:
source-ports:
icmp-blocks:
rich rules:
```

如果没有开启，可以使用下列命令开启。

```
[root@firewalld ~]# firewall-cmd --zone=external    --add-masquerade –permanent
```

⑤ 开启内核路由转发功能，并生效。

```
[root@firewalld ~]# vim /usr/lib/sysctl.d/00-system.conf
```

添加如下命令：

```
net.ipv4.ip_forward=1
[root@firewalld ~]# sysctl -p /usr/lib/sysctl.d/00-system.conf
net.ipv4.ip_forward = 1
```

⑥ 将内部区域设置为默认区域，并查看。

```
[root@firewalld ~]# firewall-cmd    --set-default-zone=internal
[root@firewalld ~]# firewall-cmd    --get-default-zone
internal
```

⑦ 重载防火墙规则，使其在当前运行下生效。

```
[root@firewalld ~]# firewall-cmd --reload
```

⑧ 在内网中的客户机 10.0.0.4，网关为 10.0.0.2 测试能否访问 www.baidu.com。

```
[root@localhost ~]# ping -c 2 www.baidu.com
PING www.a.shifen.com (14.215.177.39) 56(84) bytes of data.
64 bytes from 14.215.177.39: icmp_seq=1 ttl=54 time=44.9 ms
```

```
64 bytes from 14.215.177.39: icmp_seq=2 ttl=54 time=41.5 ms
--- www.a.shifen.com ping statistics ---
2 packets transmitted, 2 received, 0% packet loss, time 1001ms
rtt min/avg/max/mdev = 41.535/43.265/44.996/1.742 ms
```

(2) 发布 Web 服务。

① 在 Web 主机中创建测试网页。

```
[root@localhost ~]#vimt /var/www/html/index.html
[root@localhost ~]# cat /var/www/html/index.html
Welcome to NAT testing...
[root@localhost ~]# systemctl start httpd
[root@localhost ~]# curl 10.0.0.3
Welcome to NAT testing...
```

② 在 firewalld 服务器上添加 http 服务，允许外部主机访问 Web 服务。

```
[root@firewalld ~]# firewall-cmd --permanent --zone=external   --add-service=http
[root@firewalld ~]# firewall-cmd   --permanent   --zone=external   --add-forward-port=port=80:
                     proto=tcp:toport=80:toaddr=10.0.0.3
[root@firewalld ~]# firewall-cmd   --reload
success
[root@firewalld ~]# firewall-cmd --zone=external   --list-all
external (active)
target: default
icmp-block-inversion: no
interfaces: ens33
sources:
services: ssh http
ports:
protocols:
masquerade: yes
forward-ports: port=80:proto=tcp:toport=80:toaddr=10.0.0.3
source-ports:
icmp-blocks:
rich rules:
```

③ 在防火墙主机中进行测试。

```
[root@firewalld ~]# curl 10.0.0.3
Welcome to NAT testing...
```

④ 在外网的 Linux 主机进行测试。

在 Linux 主机中添加去往 10.0.0.0/24 的路由。

```
[root@localhost ~]#ip route add 10.0.0.0/24 via 172.16.43.252
```

测试能否访问内网中的 Web 服务，并跟踪路由。

[root@localhost ~]# curl 10.0.0.3

Welcome to NAT testing...

[root@localhost ~]# traceroute 10.0.0.3

traceroute to 10.0.0.3 (10.0.0.3), 30 hops max, 60 byte packets

1 172.16.43.252 (172.16.43.252) 0.293 ms 0.287 ms 0.230 ms

2 10.0.0.3 (10.0.0.3) 0.445 ms 0.528 ms 0.444 ms

⑤ 在外网的 Windows 主机进行测试。

在 Windows 主机中添加一条永久路由，命令如下：

C:\Users\Administrator>route add -p   10.0.0.0 mask 255.255.255.0 172.16.43.252

C:\Users\Administrator>ping 10.0.0.3

在 Windows 主机的浏览器中访问 Web 服务，如图 16-13 所示。

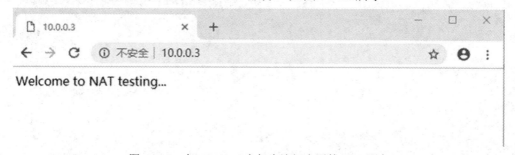

图 16-13　在 Windows 主机中访问内网的 Web 服务

4. 项目总结

(1) firewalld 通过伪装和端口转发来实现 SNAT 和 DNAT 的功能。

(2) 应用 SNAT 时客户端的网关一定要设置为 firewalld 服务器的内网 IP 地址才能访问外网。

项目小结

为了确保服务器的安全，需要为服务器配置防火墙。了解防火墙的工作原理，掌握 Linux 中防火墙的组成及 firewalld 防火墙的配置方法。

firewalld 防火墙不仅能够保护主机的网络服务，加强 Linux 操作系统的安全性，配合路由功能，还能让 Linux 主机作为一台网络防火墙来保护内、外部网络之间的数据通信。为了解决 IP 地址不足，firewalld 通过伪装和端口映射来实现 NAT 地址转换。

练 习 题

一、填空题

1. 防火墙大致可以分为 3 类，分别是_____、_____和_____。

2. Netfilter 设计了 3 个表(table)，即_____、_____和_____。

3. _____表仅用于网络地址转换。

4. firewalld 进入图形界面配置的命令_____。

5. NAT 在 firewalld 中的应用是_____和_____。

二、面试题

1. firewalld 有哪几种配置方式？

2. firewalld 有哪几种规则？

项目 17 部署代理服务

随着学院网络服务的丰富，客户端随之增多，学院内网的上网速度越来越慢，而且来自网络的攻击也越来越多。经过协商，IT 协会决定部署代理服务器，一方面提高网络访问速度，一方面隐藏自己的真实地址，防止网络攻击，确保内网的安全性。

在网络中部署代理服务器的优点非常多，Linux 系统中一般采用 squid 软件部署代理服务。IT 协会决定使用 squid 来为学院网络部署代理服务。

◇ 了解代理服务的工作原理。
◇ 掌握代理服务器的类型以及区别。
◇ 熟练运用 squid 部署各类代理服务器。
◇ 根据实际情况，部署符合学院需求的代理服务器。

17.1 知识准备

17.1.1 代理服务器简介

代理服务器工作原理

代理服务器的英文全称是(Proxy Server)，其功能就是代理网络用户获取网络信息，让多台没有公有 IP 地址的客户端高速、安全地访问互联网资源。具体为以下几方面：

(1) 突破自身 IP 访问限制，访问国外站点：如使用教育网内地址段免费代理服务器，就可以用于对教育网开放的各类 FTP 下载上传及各类资料查询共享等服务。

(2) 提高访问速度。通常代理服务器都设置一个较大的硬盘缓冲区。当有外界的信息通过时，同时也将其保存到缓冲区中；当其他用户再次访问相同的信息时，则直接由缓冲区中取出信息，传给用户以提高访问速度。

(3) 防止攻击。网络用户可以通过这种方法隐藏自己的 IP，免受攻击，保护主机的安全。

(4) 充当防火墙。通过在代理服务器上设置相应的限制，可以过滤或屏蔽掉某些信息，起到防火墙的作用。

17.1.2　代理服务器工作原理

代理服务器是基于 HTTP 协议的服务软件。当客户在浏览器中设置好代理时，代理服务器会开启主进程监听某个绑定的端口并初始化缓存。客户通过代理服务器访问目标服务器时，其实是将请求发送给代理服务器。当代理服务器接收到客户端的请求后，首先会检测自己的 cache 里面是否有相关的响应信息。如果有，代理服务器就直接将响应结果发送给客户使用；如果没有，代理服务器会根据客户需求访问目标服务器，目标服务器发送响应结果给代理服务器，代理服务器将响应数据在 cache 存储记录下来，以便以后需要的时候直接读取，同时将响应结果返回给客户。当代理服务器主进程处理完客户请求后进程自动终止，所有相关资源全部释放。

对于用户来说，是感觉不到代理服务器的存在，用户以为是直接通过目标服务器获取的响应结果。由于网络中很多数据都是从代理服务器的缓存 cache 中获取，所有用户的上网速度比较快。

17.2　项　目　实　施

17.2.1　squid 简介

squid 的简介

squid 是一个高性能的代理缓存服务器。目前，squid 支持 FTP、gopher、HTTPS、HTTP、SSL 和 WAIS 等协议，但它不能处理如 POP3、NNTP、RealAudio 及其他类型的东西。和一般的代理缓存软件不同，squid 用一个单独的、非模块化的、I/O 驱动的进程来处理所有的客户端请求，它可以工作在很多操作系统中，如 AIX、Digital、Unix、FreeBSD、HP-UX、Irix、Linux、NetBSD、Nextstep、SCO、Solaris、OS/2 等。

squid 的另一个优越性在于使用访问控制清单(ACL)和访问权限清单(ARL)。访问控制清单和访问权限清单通过阻止特定的网络连接来减少潜在的 Internet 非法连接，通过使用这些清单来确保内部网的主机无法访问有威胁的或不适宜的站点。

1. squid 代理类型

按照代理类型的不同，可以将 squid 代理分为正向代理和反向代理。

1) 正向代理

根据实现方式的不同，正向代理可以分为普通代理和透明代理。

◇ 普通代理：需要客户机在浏览器中指定代理服务器的地址、端口。

普通代理用于缓存静态的网页到代理服务器。当被缓存的页面被第二次访问时，浏览器将直接从代理服务器那里获取请求数据而不再向目标服务器请求数据，这样就节省了网络带宽，而且提高了访问速度。

要实现这种方式，必须在每一个内部主机的浏览器上明确指名代理服务器的 IP 地址和端口号。客户上网时，每次都把请求发送给代理服务器处理，代理服务器根据请求确定是否连接到远程目标服务器获取数据。如果在本地缓冲区有目标文件，则直接将文件发送给客户即可；如果没有，代理服务器通过访问目标服务器获取文件，可先在本地保存一份缓冲，再将文件发送给客户。

◇　透明代理：与普通代理相同，但是不需指明代理服务器的 IP 和端口。

适用于企业的网关主机(共享接入 Internet)中，客户不需要指定代理服务器地址、端口等信息，代理服务器需要设置防火墙策略将客户的 Web 访问数据转交给代理服务程序处理。

正向代理作为客户的代表，为在防火墙内的客户提供访问 Internet 的途径。

2) 反向代理

反向代理也就是通常所说的 Web 服务器加速，代理服务器接受 Internet 上的连接请求，然后将请求转发给内部网络上的服务器，并将从服务器上得到的结果返给 Internet 上请求连接的客户端，此时代理服务器对外就表现为一个服务器。大量 Web 服务工作量被转移到反向代理服务器上，不但能够防止外部网主机直接与 Web 服务器通信带来的安全隐患，而且能在很大程度上减轻 Web 服务器的负担，提高访问速度。所以说，利用反向代理服务器可以大大提高 Web 服务器的性能和安全性。

反向代理作为内部服务器的代表，为局域网内部的多台服务器提供负载平衡和缓冲服务。但是对外部客户来说，它是透明的，访问者并不知道自己访问的是一个代理服务器。

2. squid 主要组成部分

squid 的默认配置有以下几项：

主程序：/usr/sbin/squid。

配置目录：/etc/squid。

主配置文件：/etc/squid/squid.conf。

监听 TCP 端口号：3128。

默认访问日志文件：/var/log/squid/access.log。

17.2.2　安装 squid 服务

(1) 检查并安装 squid 软件包。

在终端窗口输入"rpm -q squid"命令，检查系统是否安装了 squid 软件包。

部署 squid 代理服务

```
[root@localhost ~]# rpm -q squid
未安装软件包  squid
```

使用 yum 命令安装 squid。

```
[root@localhost ~]# yum install -y squid
```

(2) 安装完成后再次进行查询。

```
[root@localhost ~]# rpm -qa|grep squid
squid-migration-script-3.5.20-12.el7.x86_64        #依赖包
squid-3.5.20-12.el7.x86_64                         #主程序
```

(3) 进行其他准备工作。

　　配置 squid 服务器 IP 地址为 172.16.43.254，关闭防火墙，设置系统的安全机制为
Permissive，并生效。

```
[root@localhost ~]# vi /etc/sysconfig/network-scripts/ifcfg-ens33
[root@localhost ~]# ifconfig ens33
ens33: flags=4163<UP,BROADCAST,RUNNING,MULTICAST>    mtu 1500
    inet 172.16.43.254   netmask 255.255.0.0   broadcast 172.16.255.255
    inet6 fe80::1550:c52f:892b:34db   prefixlen 64   scopeid 0x20<link>
    ether 00:0c:29:87:37:6a   txqueuelen 1000   (Ethernet)
    RX packets 2594   bytes 784966 (766.5 KiB)
    RX errors 0   dropped 0   overruns 0   frame 0
    TX packets 142   bytes 19420 (18.9 KiB)
    TX errors 0   dropped 0 overruns 0   carrier 0   collisions 0
[root@localhost ~]# systemctl stop firewalld
[root@localhost ~]# systemctl disable firewalld
[root@localhost ~]# vi /etc/selinux/config
[root@localhost ~]# setenforce 0
[root@localhost ~]# getenforce
Permissive
```

17.2.3　启动与停止 squid 服务

　　在 Red Hat Enterprise Linux 7.6 中，squid 程序被安装为服务，所以遵循服务的启动与
停止规范。

　　(1) 启动 squid 服务。

```
[root@localhost ~]# systemctl start squid
```

　　(2) 停止 squid 服务。

```
[root@localhost ~]# systemctl stop squid
```

　　(3) 重启 squid 服务。

```
[root@localhost ~]# systemctl restart squid
```

　　(4) 查看 squid 服务状态。

```
[root@localhost ~]# systemctl status squid
```

　　(5) 设置 squid 服务自启动。

```
[root@localhost ~]# systemctl enable squid
```

17.2.4　客户端配置

1. Linux 客户端配置

　　在 Linux 环境下通常都使用 Firefox 作为 Web 浏览器，通过 Firefox 配置使用代理服务
的客户端。

打开 Firefox 浏览器，选择"编辑"→"参数"→"常规"→"网络代理"，单击"设置"。在"连接设置"对话框中选中"手动代理配置"选项，然后在"HTTP 代理"文本框中输入正确的代理服务器的 IP 地址为 172.16.43.254 和端口号 3128。如果还想通过代理服务器使用 SSL、FTP 和 SOCKS 协议，则可以选中"为所有协议使用相同代理"复选框，最后单击"确定"按钮完成代理客户端的配置工作，如图 17-1 所示。

图 17-1 Linux 客户端配置

2. Windows 客户端配置

在 Windows 环境下通常使用 IE 作为默认的 Web 浏览器，通过 IE 浏览器配置使用代理服务的客户端。

打开 IE 浏览器，选择"工具"→"Internet 选项"→"连接"，单击"局域网设置"，选择"为 LAN 使用代理服务器"复选框，然后输入代理服务器的 IP 地址 172.16.43.254 和端口号 3128，如图 17-2 所示。如果还想通过代理服务器使用 SSL、FTP 和 SOCKS 等协议，则可以单击"高级"进行相关的配置，最后单击"确定"按钮完成代理客户端的配置工作，如图 17-3 所示。

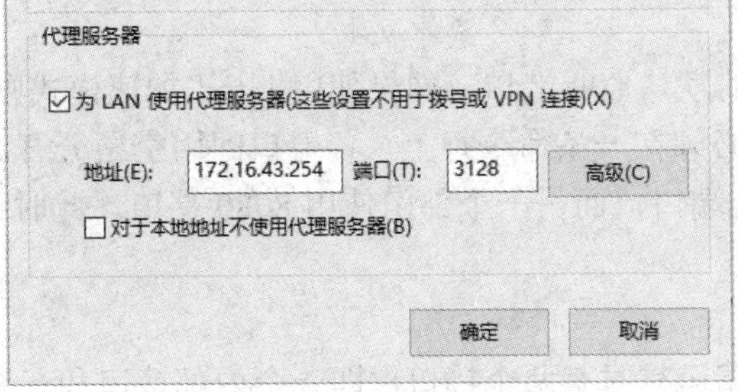

图 17-2 Windows 客户端配置

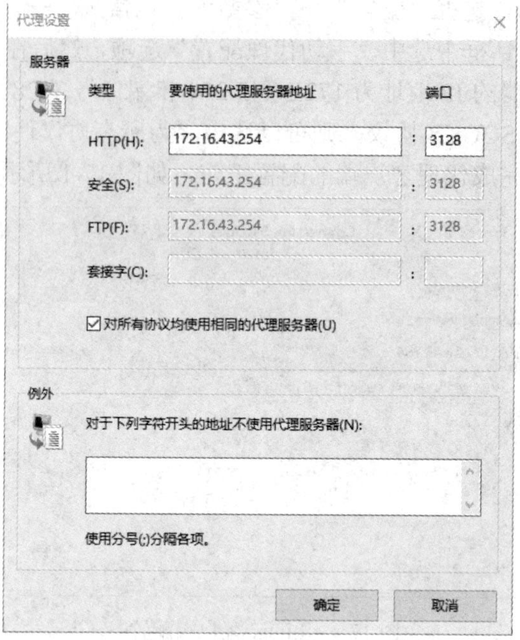

图 17-3　配置其他代理服务

17.2.5　配置 squid 服务

1. 初始化 squid

在第一次启动 squid 服务之前一定要使用 squid-z 命令来帮助 squid 在硬盘缓存中建立 cache 目录，或者重新设置 cache_dir 字段后，也需要使用该命令来重新建立硬盘缓存目录。

2. 常见的配置选项

在 Red Hat 环境下所有 squid 的配置文件都位于/etc/squid 子目录下。在该目录中系统同时提供了一个默认的配置文件，其名称为 squid.conf.default。squid 的主配置文件是 /etc/squid/squid.conf，所有 squid 的设定都是在这个文件里配置。通过如下命令可编辑主配置文件 squid.conf：

　　　　[root@localhost ~]# vim /etc/squid/squid.conf

该文件常见的配置内容如下：

1）http_port　3128

设置 squid 服务器的默认监听端口。如果使用 httpd 加速模式则为 80，可以指定多个端口，但是所有端口都必须在一条命令行上，各端口间用空格分开。若来自某一个部门的浏览器发送请求到 3128 端口，而另一个部门使用 8080 端口。此时该参数定义为：

　　　　http_port　3128

　　　　http_port　8080

当 squid 作为防火墙运行时有两个接口，即一个内部接口和一个外部接口。若不想接受来自外部的 HTTP 请求，但需要接收来自内部的 HTTP 请求时 squid 只需要侦听内部接口。此时该参数定义为：

　　　http_port　　内部接口 IP 地址:3128

　　2）cache_mem 64 MB

　　额外使用内存量可根据系统内存进行设定，一般为实际内存的 1/3。如内存是 200 MB，设置 1/3 就是 64 MB。

　　3）cache_dir ufs /var/spool/squid 4096 16 256

　　定义 squid 的 cache 存放路径、cache 目录容量(单位 M)、一级缓存目录数量及二级缓存目录数量。其中 ufs 是指缓冲的存储类型，一般为 ufs；/var/spool/squid 表示缓冲存放的目录；4096 是指缓存空间的最大存储空间为 4096MB；16 代表在硬盘缓存目录下建立的第一级子目录的个数；默认为 16；256 代表可以建立的二级子目录的个数。客户端访问网站的时候 squid 会从自己的缓存目录中查找客户端请求的文件，可以选择任意分区作为硬盘缓存目录，最好选择较大的分区，如/usr、/var 等。

　　这个例子完整的意思就是 squid 服务器缓存路径为/var/spool/squid，缓存的存储类型为 ufs，缓存空间为 4096 MB，缓存目录下有 16 个一级子目录，每个子目录下有 256 个二级子目录。

　　4）icp_port　　3130

　　设置 squid 服务器之间共享缓存协议 ICP 的默认监听的 UDP 端口。

　　5）cache_effective_user squid

　　设置使用缓存的有效用户，系统安装 squid 服务器时会创建一个名为 squid 的系统用户。

　　6）cache_effective_group squid

　　设置使用缓存的有效用户组，默认为 squid。

　　7）dns_nameservers 172.16.2.100

　　设置有效的 DNS 服务器的地址，一般不设置，而是用服务器默认的 DNS 地址。

　　8）cache_access_log /var/log/squid/access.log

　　设置访问日志文件路径。

　　9）cache_log /var/log/squid/cache.log

　　设置缓存日志文件。

　　10）cache_store_log /var/log/squid/store.log

　　设置网页缓存日志文件。

　　11）visible_hostname 172.16.43.254

　　定义运行 squid 主机的名称。当访问出错时，该选项必须出现在提示网页中，建议输入主机 IP 地址。

　　12）cache_mgr webmaster@test.com

　　定义管理员邮箱。

17.2.6　访问控制列表 ACL

默认情况下，squid 默认的配置文件中拒绝所有客户的请求。为了让所有的客户通过 squid 代理服务器访问 Internet 资源，在所有的客户能使用该代理前，必须首先在 squid.conf 文件中附加相应的访问控制规则，也就是定义访问控制列表。

访问控制列表 ACL(Access Control List)可以定义一系列不同的规则。squid 服务器根据这些规则对数据包进行分类，并针对不同类型的报文进行不同的处理，从而可以实现对网络访问行为的控制、限制网络流量、提高网络性能及防止网络攻击等。

ACL 是 squid 进行网络控制的有力工具，用来过滤进出代理服务器的数据，运用好 ACL 是应用 squid 的关键。

1. ACL 命令

ACL 命令的格式如下：

　　　ACL 列表名称　列表类型　[-i]　value1 value2 ...

列表名称：区分 squid 的各访问控制列表 ACL，任何两个 ACL 不能定义相同的列表名称。一般情况下，尽量使用意义明确的列表名称。

列表类型：可以被 squid 识别的类型，如表 17-1 所示。

表 17-1　可被 squid 识别的 ACL 列表类型

列表类型	功　能　描　述
src	通过源 IP 地址设定允许或拒绝访问代理服务器的客户端 IP 地址列表
dst	通过目的 IP 地址设定允许或拒绝访问的目标服务器的 IP 地址列表
dstdomain	通过目的域名设定允许或拒绝客户对某些站点的访问
srcdomain	通过源域名限制访问
port	通过端口号限制对代理服务器的访问
url_regex	通过匹配 URL 规则表达式限制访问
urlpath_regex	和 url_regex 类似，不同的是传输协议和主机名不包含在匹配条件里，这让某些类型的检测非常容易
maxcom	限定来自指定客户 IP 地址的同时最大连接数
time	控制基于时间的访问

注：i 表示忽略大小写，否则 squid 服务器是区分大小写的。

2. 访问控制规则的定义

访问控制列表 ACL 的定义仅仅是定义了需要控制的网络访问类型。根据访问控制列表允许或禁止某类用户访问，需要使用如 http-access deny、http-access allow 的语句定义相应的访问规则。代理服务器 squid 首先检查是否符合 ACL 的访问请求，然后根据访问规则决定允许还是拒绝相应的访问请求。

在有多条 ACL 列表的情况下，squid 按先后顺序对每条 ACL 进行匹配，找到第一条匹配的 ACL 后，不再匹配后面的 ACL 列表。如果某个客户端访问请求没有相符合的 ACL

列表，则默认为应用最后一条访问规则的"非"。比如，最后一条访问规则为允许，则默认就是禁止。通常为了避免这种安全性隐患，应该把最后的条目设为"deny all"或"allow all"来匹配所有不符合特定类别的其他网络访问请求。

访问控制的使用格式为：

　　http_access [deny|allow]　访问控制列表的名称

例 1　禁止 IP 地址为 192.168.16.202 的客户机上网。

　　acl badclientip1 src 192.168.16.202

　　http_access deny badclientip1

例 2　禁止客户机访问 202.114.144.2。

　　acl denyip dst 202.114.144.2

http_access deny denyip

例 3　禁止用户访问域名为 www.sohu.com 的网站。

　　acl banddomain1 dstdomain –i www.sohu.com

　　http_access deny banddomain1

例 4　只允许 IP 地址为 192.168.10.20 的客户机上网，禁止其余所有的主机上网。

　　acl client src 192.168.10.20

　　http_access allow client

　　http_access deny all

例 5　首先定义周一至周五的 9 点至 17 点为工作时间，然后定义访问规则：拒绝非工作时间外的所有网络访问。

　　acl worktime time MTWHE 09:00-17:00

　　http-access allow worktime

　　http-access deny ! worktime

控制基于时间的访问使用下面的命令格式：

　　acl aclname time [day_abbrevs] [h1:m1-h2:m2][hh:mm:hh:mm]

其中，S:代表 Sunday；

M：代表 Monday。

T：代表 Tuesday。

W：代表 Wednesday。

H：代表 Thursday。

F：代表 Friday。

A：代表 Saturday。

hl:ml 必须小于 h2:m2，表达式为[hh:mm:hh:mm]。

例 6　禁止所有客户端访问网址中包含 Linux 关键字的网站。

　　acl deny_keyword url_regex -i Linux

　　http_access deny deny_keyword

例 7　学院 squid 服务器的 IP 地址为 172.16.43.254，管理员的邮箱为 admin@zhiyuan.com，要求监听的端口为 3128，内存缓存大小为 128，硬盘缓存最大的存储空间为 4096 MB，建立 16 个一级目录和 256 个二级子目录，访问日志文件为/var/log/squid/access.log，缓存日志文件为/var/log/squid/cache.log，网页存储日志为/var/log/squid/store.log，禁止 172.16.43.252 主机的代理请求，允许所有主机通过代理服务器上网，但是禁止访问淘宝。

具体操作为：

① 修改主配置文件。

```
[root@localhost ~]# vim /etc/squid/squid.conf
http_port 3128
cache_mem 128 MB
cache_dir ufs /var/spool/squid 4096 16 256
cache_access_log /var/log/squid/access.log
cache_log /var/log/squid/cache.log
cache_store_log /var/log/squid/store.log
visible_hostname 172.16.43.254
cache_mgr admin@zhiyuan.com
acl baddaomain dstdomain -i www.taobao.com
acl badip src 172.16.43.252
http_access deny badip
http_access deny baddaomain
http_access allow all
```

② 初始化。

```
[root@localhost ~]# squid –z
```

③ 启动 squid。

```
[root@localhost ~]# systemctl start squid
```

④ 测试。

主机 172.16.43.252 访问外网，如图 17-4 所示，无法上网。

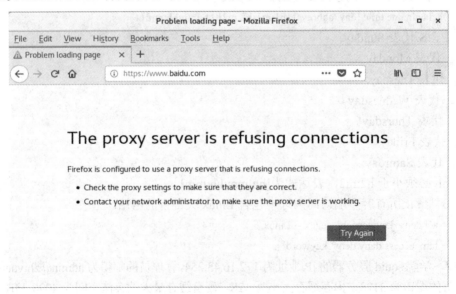

图 17-4　主机 172.16.43.252 访问 www.baidu.com

主机为 172.16.43.105 可以正常上网，但是不能访问 http://www.taobao.com/，如图 17-5 所示。

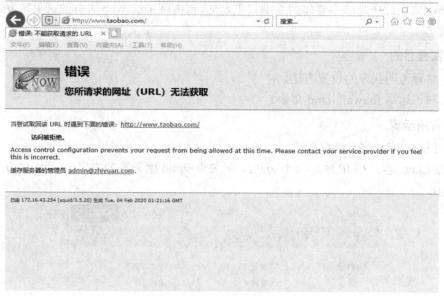

图 17-5　主机 172.16.43.105 访问 www.taobao.com

17.3　反思与进阶

1. 项目背景

为了确保内网的安全，防止网络攻击，提高网络传输速度，IT 协会决定在学院网络中部署透明代理服务器。整个网络拓扑图如图 17-6 所示。

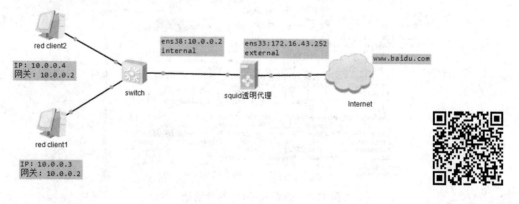

图 17-6　透明代理网络拓扑图

部署透明代理服务

提示：

透明代理的实现需要以下两步：

◇　修改 squid 主配置文件，支持透明代理。

http_port 3128 transparent

◇ 添加防火墙规则。

firewalld 在此所起的主要作用是端口重定向，将内网中的 Web 服务的请求转发到 squid 代理来处理。

2. 实施目的

(1) 掌握透明代理的设置方法。

(2) 熟练运用 firewall -cmd 命令。

3. 实施步骤

(1) Linux 客户端上的配置。

修改 Linux 客户端 IP 地址为 10.0.0.3，网关为 squid 服务器的内网 IP 为 10.0.0.2，如图 17-7 所示。

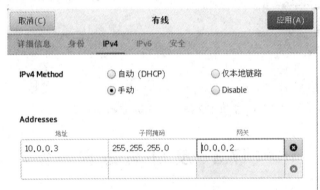

图 17-7　Linux 客户端 IP 配置

(2) squid 服务器的配置。

① 按照拓扑图，设置 squid 服务器的 IP 地址，并查看，如图 17-8 所示。

[root@localhost ~]# ifconfig

图 17-8　查看 squid 上网卡地址

② 测试 squid 服务器与外网的连通性。

[root@localhost ~]# ping -c 4 www.baidu.com

PING www.a.shifen.com (14.215.177.38) 56(84) bytes of data.

64 bytes from 14.215.177.38 (14.215.177.38): icmp_seq=1 ttl=55 time=39.7 ms

64 bytes from 14.215.177.38 (14.215.177.38): icmp_seq=2 ttl=55 time=37.5 ms

64 bytes from 14.215.177.38 (14.215.177.38): icmp_seq=3 ttl=55 time=36.9 ms

64 bytes from 14.215.177.38 (14.215.177.38): icmp_seq=4 ttl=55 time=37.1 ms

--- www.a.shifen.com ping statistics ---

4 packets transmitted, 4 received, 0% packet loss, time 3006ms

rtt min/avg/max/mdev = 36.924/37.844/39.711/1.117 ms

③ 修改主配置文件,监听内网端口,支持透明代理。

[root@localhost ~]# vim /etc/squid/squid.conf

http_port 10.0.0.2:3128　　transparent

④ 检查配置文件,并进行 squid 初始化。

[root@localhost ~]# squid -k parse

[root@localhost network-scripts]# squid –z

⑤ 启动 squid 服务,并设置开机启动。

[root@localhost ~]# systemctl start squid

[root@localhost ~]# systemctl enable squid

⑥ 查看 squid 端口。

[root@localhost ~]# lsof -i:3128

⑦ 开启内核路由转发功能。

[root@localhost ~]# vim /etc/sysctl.conf

net.ipv4.ip_forward = 1

[root@localhost ~]# sysctl -p

⑧ 启动防火墙,添加防火墙策略。

[root@localhost ~]# systemctl start firewalld.service

[root@localhost ~]# firewall-cmd　--change-interface=ens33 --zone=external　--permanent

[root@localhost ~]# firewall-cmd　--change-interface=ens38 --zone=internal　--permanent

(3) 测试。

在浏览器中访问 https://www.baidu.com/,如图 17-9 所示。

图 17-9　内网通过透明代理访问百度

跟踪路由访问 www.baidu.com 的路由。

[root@localhost ~]# traceroute www.baidu.com

traceroute to www.baidu.com (14.215.177.39), 30 hops max, 60 byte packets

1　gateway (10.0.0.2)　0.322 ms　0.208 ms　0.198 ms

2　172.16.43.1 (172.16.43.1)　4.599 ms　5.477 ms　5.531 ms

(略)

4. 项目总结

(1) 对 squid.conf 排错，即验证 squid.conf 的语法和配置，可以使用命令 squid -k parse。如果在 squid.conf 中有语法或配置错误，这里会返回提示；若无返回，则尝试启动 squid。

(2) 查看 squid 服务器的访问日志文件 access.log。

[root@localhost ~]# vim /var/log/squid/access.log。

项 目 小 结

掌握代理服务器的概念、工作原理及应用场景。squid 代理软件可以为内部网提供正向代理功能，节约公网 IP 资源的同时可以大大提高内网的访问速度，也可以为大型网站的反向代理，以便在多台服务器间做负载均衡。根据实际工作情况，选择部署合适的代理服务器，能够分别设置 Linux 客户端和 Windows 客户端。

练 习 题

一、选择题

1. 在配置代理服务器时，若设置代理服务器的工作缓存为 64MB，配置行应为(　　)。

A. cache 64MB　　　　　　　B. cache_dir ufs /usr/local/squid/cache 10000 16 256

C. cache_ mgr 64MB　　　　D. cache_ mem 64MB

2. 关于代理服务器的论述，正确的是 (　　)。

A. 使用 Internet 上已有的公开代理服务器，只需配置客户端。

B. 代理服务器只能代理客户端 http 的请求。

C. 设置好的代理服务器可以被网络上的任何主机使用。

D. 使用代理服务器的客户端没有自己的 IP 地址。

二、填空题

1. 目前代理服务器使用的软件包有很多种，Linux 中常见的是＿＿＿＿＿＿。

2. squid 代理类型的类型为＿＿＿＿＿＿和＿＿＿＿＿＿。

3. squid 的缓存位置为＿＿＿＿＿＿。

三、简答题

1. 什么是代理服务器？代理服务器在计算机网络中有什么用途？

2. squid 的默认端口是什么？如何去修改其操作端口？

3. 什么是 squid 的反向代理？

四、面试题

如何部署反向代理服务器？

习题参考答案

项目 1　部署 Linux 服务器

一、选择题

1. A　　2. C　　3. C　　4. B

二、填空题

1. root

2. 本地光盘安装、本地硬盘安装、NFS 安装、FTP 安装、HTTP 安装。

项目 2　维护 Linux 系统

一、选择题

1. B　　2. C　　3. C　　4. B　　5. D

二、操作题

1. [root@localhost ~]# cd /home

2. [root@localhost home] # ll

3. [root@localhost home] # touch cjh.txt

4. [root@localhost home] # cp cjh.txt newdoc.txt

5. [root@localhost home] # mv cjh.txt　wjz.txt

　　[root@localhost home] # ls

6. [root@localhost home] # rm wjz.txt

7. [root@localhost home] # mkdir aaa

8. [root@localhost home] # mkdir xiao

　　[root@localhost home] # ls

　　[root@localhost home] # rmdir xiao

　　[root@localhost home] # ls

9. [root@localhost home] #touch newdoc.txt

　　[root@localhost home] # tar -cvf　new　newdoc.txt

　　[root@localhost home] # ls

　　[root@localhost home] # tar -cvzf new.gz　　newdoc.txt

　　[root@localhost home] # ls

　　[root@localhost home] # tar -xvf　new

　　[root@localhost home] # tar -xzvf　new.gz

10.　[root@localhost home] # cd /

　　[root@localhost /]# mkdir test

　　[root@localhost /]# cd test

    [root@localhost test] # mkdir test1 test2

11. [root@localhost test] # rmdir test1

12. [root@localhost test] # history

13. [root@localhost test] # cat>aaa

14. [root@localhost test] # cat /etc/passwd>>aaa

15. [root@localhost test] # cat aaa

    [root@localhost test] # more aaa

    [root@localhost test] # less aaa

16. [root@localhost test] # cat /etc/passwd|tail -n +10|head -n 5

三、面试题

运行结果：4*6

项目 3　部署用户和组群

一、选择题

1. D   2. ACD   3. D   4. B   5. B   6. C

二、面试题

[root@localhost ~]# vi user.txt

[root@localhost ~]#cat user.txt

std01

std02

std03

std04

:

std30

[root@localhost ~]#vim useradd.sh

#!/bin/bash

#chmod 700 useradd.sh

#./useradd.sh

for user in `cat /root/user.txt`;

do

useradd $user

echo "123456" | passwd --stdin $user

echo "密码写入成功"

done

#以 root 的身份执行/usr/sbin/chpassw，将编译过的密码写入/etc/passwd 的密码栏

chpasswd < /etc/passwd

#执行命令/usr/sbin/pwconv 命令将密码编译为 shadow password，并将结果写入#/etc/shadow

pwconv

cat /etc/passwd

[root@localhost ~]#bash useradd.sh

[root@localhost ~]# groupadd class1

[root@localhost ~]#tail -1 /etc/group

class1:x:530:std01, std02, std03, std04, std05, std06, std07, std08, std09, std10, std11, std12, std13, std14, std15, std16, std17, std18, std19, std20, std21, std22, std23, std24, std25, std26, std27, std28, std29, std30

三、操作题

1. [root@localhost ~]# useradd -d /home/user01 user01

2. [root@localhost ~]# tail -1 /etc/passwd

    user01:x:530:531::/home/user01:/bin/bash

3. [root@localhost ~]# tail -1 /etc/shadow

    user01:!!:18158:0:99999:7:::

4. [root@localhost ~]# passwd user01

    更改用户 user01 的密码。

    新的密码：

    无效的密码：过于简单化/系统化

    无效的密码：过于简单

    重新输入新的密码：

    passwd：所有的身份验证令牌已经成功更新。

5. [root@localhost ~]# tail -1 /etc/shadow

    user01:6OhjJbFke$E2zrH/0LAWlcFpnkqBwx9negNvbymK6INxd9D1tijsZWmxFfzpKLiqezTZB Z7gIsJiFqJxMWVMSVvpbHIpbfG.:18158:0:99999:7:::

6. 正常登录

7. [root@localhost ~]# passwd -l user01

    锁定用户 user01 的密码

    passwd: 操作成功

8. [root@localhost ~]# tail -1 /etc/shadow

    user01:!!6OhjJbFke$E2zrH/0LAWlcFpnkqBwx9negNvbymK6INxd9D1tijsZWmxFfzpKLiqezTZ BZ7gIsJiFqJxMWVMSVvpbHIpbfG.:18158:0:99999:7:::

9. 无法登录系统

10. [root@localhost ~]   # passwd -u user01

    解锁用户 user01 的密码

    passwd: 操作成功

11. [root@localhost ~]# usermod -l user02 user01

    [root@localhost ~]# tail -1 /etc/shadow

    user02:6OhjJbFke$E2zrH/0LAWlcFpnkqBwx9negNvbymK6INxd9D1tijsZWmxFfzpKLiqezTZB Z7gIsJiFqJxMWVMSVvpbHIpbfG.:18158:0:99999:7:::

12. [root@localhost ~]# userdel –r user02

13. [root@localhost ~]   # groupadd stuff

14. [root@localhost ~] # tail -1 /etc/group

stuff:x:532:

15. [root@localhost ~] # useradd -g stuff -G stuff user02

16. [root@localhost ~] # gpasswd stuff

Changing the password for group stuff

New Password:

Re-enter new password:

17. [root@localhost ~] # gpasswd -d user02 stuff

Removing user user02 from group stuff

18. [root@localhost ~] # tail -1 /etc/group

user01:x:531:

stuff:x:532:

19. [root@localhost ~]# groupdel stuff

项目5 维护文件系统的安全

一、选择题

1. C 2. D 3. A 4. A 5. A 6. A 7. B

二、填空题

1. chmod 551 fido

2. 551 目录

三、面试题

1. (1) 读、写 (2) 读 (3) chmod a+x mydata

2. useradd -p zh1234 zhang

groupadd hr

gpasswd -a zhang hr

usermod -s /bin/ksh zhang

touch /home/zhang/zh1.sh

chown zhang /home/zhang/zh1.sh

chmod u+x,g+r,o+r /home/zhang/zh1.sh

项目6 磁盘管理

一、简答题

1. (略)

2. 编辑 /etc/fstab 文件 在最后一行写入 /dev/sdb3 /media/adb3 vaft defaults 0 0

项目7 网络通信

一、选择题

1. C   2. ACE   3. D   4. C

二、填空题

1. dig

2. /etc/sysconfig/network-scripts

3.　/etc/hosts

4.　icmp

5.　ifconfig

6.　netstart

7.　pstree

项目 8　部署 DHCP 服务

一、选择题

1. A　　2. D　　3. ABCD　　4. D　　5. B　　6. C　　7. A　　8. A

9. ABCD

二、填空题

1. 动态主机配置协议

2. 探测阶段　提供阶段　请求阶段　确认阶段

3. DHCPDISCOVER

4. DHCPREQUEST

项目 9　部署 NFS 服务

一、选择题

1. C　　2. A　　3. C　　4. C

二、填空题

1. Network File System　网络文件系统

2. Remote Procedure Call　远程过程调用

3. 111

项目 10　部署 Samba 服务

一、选择题

1. D　　2. A　　3. A　　4. D

二、填空题

1. rpm -qa|grep smaba

2. smbpasswd -a

3. /etc/rc.d/init.d/smb start

4. testparm

5. share

项目 11　部署 FTP 服务

一、选择题

1. D　　2. A　　3. D　　4. A　　5. D　　6. C　　7. C

二、填空题

1. 文件传输　File Transfer Protocol,

2. 主动传输　被动传输

项目 12　部署 DNS 服务

一、选择题

1. C　　2. C　　3. A　　4. A　　5. C　　6. B　　7. ABC　　8. BCD

项目 13　部署 Web 服务

一、选择题

1. C　　2. C　　3. B　　4. C　　5. C

二、填空题

1. httpd web 页面

2. http

3. service httpd start

4. ab

项目 14　部署电子邮件服务

一、选择题

1. B　　　　2. AD　　　　3. A　　　　4. D

二、填空题

1. 用户名称　邮箱地址

2. POP3

3. 25 110 143

项目 15　部署 MariaDB 服务

一、选择题

1. B　　　　2. D　　　　3. C　　　　4. B

项目 16　部署 Linux 防火墙

一、填空题

1. 包过滤防火墙　代理服务器防火墙　状态监视器防火墙

2. filter 表 nat 表 mangle 表

3. nat

4. firewall-config

5. 伪装　端口转发(映射)

项目 17　部署代理服务

一、选择题

1. D　　　　2. C

二、填空题

1. squid

2. 正向代理　反向代理

3. /var/spool/squid

参 考 文 献

[1]　杨云. Linux 网络操作系统与实训[M]. 北京：中国铁道出版社，2018.

[2]　顾润龙，刘智涛，侯玉香. Linux 操作系统及应用技术[M]. 北京：航空工业出版社，2016.

[3]　曹江华，杨骁勇. Red Hat Enterprise Linux 7.0 系统管理[M]. 北京：电子工业出版社，2015.

[4]　潘军，杨雨峰. Red Hat Enterprise Linux 6 服务器配置与管理[M]. 大连：东软电子出版社，2015.

[5]　张敬东. Linux 服务器配置与管理[M]. 北京：清华大学出版社，2014.

[6]　张同光，陈明，李跃恩，等. Linux 操作系统(RHEL7/CentOS7)[M]. 北京：清华大学出版社，2016.